ポリイミドの機能向上技術と応用展開

Functional Improvement Technologies and New Application Fields of Polyimides

監修：松本利彦
Supervisor : Toshihiko Matsumoto

シーエムシー出版

はじめに

　ポリイミドが論文に登場したのは，調べた限りではBogertらが1908年，*J. Am. Chem. Soc.* で報告した"4-amino-*o*-phthalic acid and some of its derivatives"になろう。彼らはその中で4-アミノフタル酸無水物を加熱すると"a polymolecular imide"が生成すると述べている。Staudingerが高分子説を提唱する約20年も前である。ポリイミドが意図的に開発されるのは1950年代からであり，背景には「米ソの冷戦」と「ナイロンの発明」があった。当初はナイロン塩型溶融重合法，次いで酸二無水物法が採用され，そして1965年のH-フィルム（後のKapton®）の発明に繋がっていくのである。現在に至るまで多くの耐熱性に優れる高分子が生まれ，そして消え去っていったが，ポリイミドは合成の簡便さから今もなお耐熱性高分子の代名詞になっている。また，本書のように"ポリイミド"という単独な高分子材料を冠した成書が出たり，高分子学会などで一つのセッションが構成できたのも稀有な例である。ポリイミドは，触媒を用いないで合成可能な稀有な高分子であり，したがって電気的性質，特に絶縁性に秀で，耐放射線性や耐薬品性を有し，さらには優れた機械的強度を持っている。これらの諸性質から宇宙・航空分野および電子産業分野で利用されている。ポリイミドは酸二無水物とジアミンをモノマーとして用いて合成されるが，これらを化学修飾や合成法を工夫することでポリイミドに多彩な機能を持たせることが可能であり，比較的分子設計が容易な点も大きな特徴の一つである。

　本書はポリイミドの基礎から機能向上技術，そして将来の応用展開について網羅している。本書の著者は，いずれもその分野の第一線で活躍されている専門家であり，多くの方は日本ポリイミド・芳香族系高分子研究会のメンバーである。ご多忙中，執筆を快諾していただいたことに感謝申し上げたい。本書の第1編は基礎編であり，ポリイミドの分子設計と合成について述べられている。第2編はポリイミドの機能向上技術動向について様々な内容から構成されている。設計，処理，複合／アロイ化，ハイブリッド化，ポリイミド材料の評価など，多彩である。第3編はポリイミドの応用について述べられ，ポリイミドを直接あるいは改質してメモリー，触媒，グラファイトへの展開が図られている。

　本書が，長い歴史を持つポリイミドに新たな命を吹き込み，その発展に貢献できれば幸いである。加えて，㈱シーエムシー出版の上本朋美氏のたゆみないご尽力に対して謝意を表したい。

2017年4月

東京工芸大学
松本利彦

執筆者一覧(執筆順)

松本 利彦	東京工芸大学 工学部 生命環境化学科 教授	
後藤 幸平	後藤技術事務所 代表	
森川 敦司	茨城大学 工学部 生体分子機能工学科 教授	
長谷川 匡俊	東邦大学 理学部 化学科 教授	
早川 晃鏡	東京工業大学 物質理工学院 材料系 准教授	
寺境 光俊	秋田大学 大学院理工学研究科 物質科学専攻 教授	
山田 保治	神奈川大学 工学研究所 客員教授	
古川 信之	佐世保工業高等専門学校 物質工学科 教授	
市瀬 英明	長崎県工業技術センター 応用技術部 工業材料科 主任研究員	
竹市 力	豊橋技術科学大学名誉教授	
岩佐 怜穂	明治大学 大学院理工学研究科	
風間 伸吾	明治大学 高分子科学研究所 研究・知財戦略機構 客員研究員	
永井 一清	明治大学 理工学部 応用化学科 教授	
津田 祐輔	久留米工業高等専門学校 生物応用化学科 教授	
石田 雄一	(国研)宇宙航空研究開発機構 航空技術部門 構造・複合材技術研究ユニット 主任研究開発員	
前田 郷司	東洋紡㈱ 総合研究所 コーポレート研究所 IT材料開発グループ 主幹	
富川 真佐夫	東レ㈱ リサーチフェロー 電子情報材料研究所 研究主幹	
村上 睦明	㈱カネカ 先端材料開発研究所 テクニカルアドバイザー;大阪大学招聘教授	
難波江 裕太	東京工業大学 物質理工学院 材料系 助教	
金子 達雄	北陸先端科学技術大学院大学 先端科学技術研究科 環境・エネルギー領域 教授	
劉 貴生	国立台湾大学 高分子科學與工程學研究所 特聘教授	

目次

【第1編　ポリイミドの合成・分子設計】

第1章　ポリイミドの機能化設計のための構造・特性と機能発現の制御　　後藤幸平

1　ポリイミドの構造と分類 …………… 3
2　ポリイミドの開発の歴史とエンプラ系での耐熱性の位置づけ …………… 4
3　ポリイミド構造と特性の関係 …………… 6
　3.1　ポリイミド固有の構造因子 …………… 6
4　おわりに …………… 14

第2章　ポリイミドの合成　　森川敦司

1　はじめに …………… 16
2　二段階合成法 …………… 16
　2.1　ポリアミド酸を経由する方法 …………… 16
　2.2　ポリアミド酸誘導体を経由する方法 …………… 18
3　一段階合成法 …………… 20
　3.1　高温溶液合成法 …………… 20
　3.2　イオン液体中での合成 …………… 21
　3.3　ジイソシアネートを用いる合成 …………… 21
　3.4　テトラカルボン酸ジチオ無水物を用いる合成 …………… 22
　3.5　溶媒を用いない合成 …………… 22
4　ポリイソイミドを経由する三段階合成法 …………… 23
5　反応溶液からの相分離を利用して成型体を作製する方法 …………… 24

【第2編　ポリイミドの機能向上技術動向　―設計・処理・複合／アロイ化・評価―】

第1章　無色透明ポリイミドの分子設計と高性能化技術　　松本利彦 …31

第2章　溶液加工性を有する低熱膨張性透明ポリイミド　　長谷川匡俊

1　透明耐熱樹脂の必要性 …………… 39
2　ポリイミドフィルムの着色の抑制と低熱膨張化のための方策 …………… 40
　2.1　透明性に及ぼす因子 …………… 40
　2.2　ポリイミドの化学構造と透明性の関係 …………… 40
　2.3　ポリイミドフィルムの透明性に及ぼす化学構造以外の因子 …………… 42
　2.4　ポリイミドの化学構造と低熱膨張特性の関係，およびモノマーの選択

……………………………………43	3.2 脂環式テトラカルボン酸二無水物と芳香族ジアミンからなる系 ………51
2.5 線熱膨張係数を測定する際の留意点 ……………………………………45	3.3 溶液キャスト製膜により低熱膨張性で可撓性のある透明耐熱フィルムを与える系 ………………………55
3 低熱膨張係数と高透明性を同時に実現するポリイミド系の探索 ……………45	
3.1 脂環式ジアミンを用いる系 ………45	4 おわりに ………………………………59

第3章 自己組織化を利用する多孔化ポリイミド膜の創成　　早川晃鏡

1 はじめに ………………………………62
2 高周期性ポーラスポリイミド膜の創製 ……………………………………62
  2.1 分子間相互作用を利用する高周期性ポリイミド前駆体（ポリアミド酸コンポジット）のナノ構造制御 ………62
  2.2 ポリアミド酸コンポジット膜（BCP/PAA膜）の調製とポーラスポリイミド化 …………………………………64
  2.3 高温加熱処理によるBCP/PAA膜の炭素化 ………………………………66
  2.4 BCP/PAA膜の高温熱処理膜の三角相図 ………………………………68
  2.5 BCP/PAAコンポジット薄膜におけるナノ構造制御 ……………………70
3 おわりに ………………………………70

第4章 多分岐ポリイミドの合成と機能化　　寺境光俊

1 多分岐ポリマー（ハイパーブランチポリマー）とは ………………………………72
2 AB_2型モノマーの自己重縮合によるハイパーブランチポリイミドの合成 ………73
3 A_2型，B_3型モノマーの重縮合によるハイパーブランチポリイミドの合成 ………76
4 まとめ …………………………………81

第5章 多分岐ポリイミド-シリカハイブリッドの合成と特性　　山田保治

1 はじめに ………………………………84
2 PI系複合材料の合成 …………………84
  2.1 PI-SiO_2 HBDの合成 ………………85
  2.2 HBPI-SiO_2 HBDの合成 ……………87
3 HBPI-SiO_2 HBDの特性 ………………90
4 HBPI-SiO_2 HBDの応用 ………………94
  4.1 多孔性ポリイミド ……………………95
  4.2 気体分離膜 ……………………………97
5 おわりに ……………………………100

第6章　熱可塑性ポリイミド／ポリヒドロキシエーテル系ポリマーアロイ　　古川信之，市瀬英明，竹市　力

1　はじめに …………………………… 102
2　ポリ（ヒドロキシエーテル）（PHE）の基礎 …………………………………… 103
3　熱可塑性ポリイミドの基礎 ……… 105
4　ポリマーアロイの基礎 …………… 106
5　熱可塑性ポリイミド／ポリヒドロキシエーテル系ポリマーアロイ …… 107
　5.1　主鎖にアミド構造を有するPHE（アミド構造含有PHE） ……………… 107
　5.2　有機溶剤に可溶な熱可塑性ポリイミド ………………………………… 108
　5.3　PHE/PI系ポリマーアロイフィルムの調製方法 …………………… 109
　5.4　PHEおよびPHE/PI系ポリマーアロイの熱機械的特性 …………… 109
　5.5　PHEおよびPHE/PI系ポリマーアロイの化学的耐熱性 …………… 112
　5.6　PHE/PI系ポリマーアロイの相溶性 ………………………………… 113
　5.7　PHEおよびPHE/PI系ポリマーアロイの表面構造 ………………… 113
　5.8　PHEおよびPHE/PI系ポリマーアロイの防湿性 …………………… 116
6　おわりに …………………………… 117

第7章　ポリイミドハイブリッド膜のガス透過性とガス分離性　　岩佐怜穂，風間伸吾，永井一清

1　はじめに …………………………… 120
2　ポリイミドハイブリッド膜開発の方向性 …………………………………… 121
3　イオン液体ハイブリッド膜 ……… 122
　3.1　液膜～ガス吸収液含有まで …… 122
　3.2　イオン液体 …………………… 123
4　ABAトリブロックコポリマー型ハイブリッド膜 ……………………………… 125
　4.1　ABAトリブロックコポリマー … 125
　4.2　PMMA ………………………… 127
　4.3　アダマンタン ………………… 128
　4.4　POSS …………………………… 128
5　おわりに …………………………… 130

第8章　紫外線照射表面濡れ性制御ポリイミド　　津田祐輔

1　はじめに …………………………… 132
2　紫外線照射濡れ性制御ポリイミドの合成と物性評価 ……………………… 133
3　長鎖アルキル基を有する紫外線照射濡れ性制御ポリイミド ……………… 135
4　天然物骨格に基づく紫外線照射濡れ性制御ポリイミド …………………… 137
5　不飽和長鎖アルキル基を有する紫外線照射濡れ性制御ポリイミド …… 137
6　光反応性の官能基を有する紫外線照射濡れ性制御ポリイミド …………… 139
7　各種の表面分析 …………………… 141

8　おわりに ……………………………… 142

第9章　ポリイミド／炭素繊維複合材料の作製と強度評価　　石田雄一

1　はじめに ……………………………… 145
2　CFRPマトリックス用ポリイミドの分子設計 …………………………………… 145
　2.1　成形材料に求められる条件 ……… 145
　2.2　反応性末端剤 ……………………… 146
3　プリプレグ用熱硬化性ポリイミド樹脂 …………………………………………… 147
　3.1　プリプレグ／オートクレーブ成形の概要 ………………………………… 147
　3.2　PMR-15 ……………………………… 148
　3.3　PETI-5 ……………………………… 149
　3.4　TriA-PI ……………………………… 149
　3.5　TriA-SI ……………………………… 150
　3.6　TriA-X ……………………………… 151
　3.7　PETI-340M ………………………… 154
4　レジントランスファーモールディング（RTM）用熱硬化性ポリイミド樹脂 … 154
　4.1　RTM成形の概要 …………………… 154
　4.2　PETI-330 …………………………… 155
5　熱可塑性ポリイミド樹脂 …………… 155
6　まとめ ………………………………… 156

【第3編　ポリイミドの応用展開】

第1章　耐熱・低線膨張ポリイミドフィルムとその応用　　前田郷司

1　はじめに ……………………………… 161
2　ポリイミド …………………………… 162
3　XENOMAX® の特性 ………………… 164
　3.1　CTE：線膨張係数 ………………… 164
　3.2　粘弾性特性 ………………………… 165
　3.3　機械特性，熱収縮率，電気特性 … 166
　3.4　耐薬品性 …………………………… 167
　3.5　ガス透過性 ………………………… 168
　3.6　難燃性 ……………………………… 168
4　XENOMAX® の応用技術 …………… 169
　4.1　半導体パッケージ用サブストレート …………………………………… 169
　4.2　三次元実装パッケージ …………… 170
　4.3　無機薄膜形成用フレキシブル基板 …………………………………… 170
5　まとめ ………………………………… 171

第2章　感光性ポリイミドの展開と将来動向　　富川真佐夫

1　はじめに ……………………………… 172
2　電子材料への展開 …………………… 172
3　リチウムイオン電池への展開 ……… 179
4　ディスプレイ分野への展開 ………… 181
5　イメージセンサーへの展開 ………… 182
6　おわりに ……………………………… 183

第3章　ポリイミドからのグラファイト作製と応用　　村上睦明

1　緒言 …………………………………… 190
2　ポリイミド（PI）からグラファイトへ
　　………………………………………… 190
　2.1　PIの熱分解反応 ………………… 190
　2.2　炭素前駆体の形成 ……………… 191
　2.3　グラファイト化反応 …………… 192
3　PIより得られるグラファイトの物性 … 193
　3.1　理想的グラファイトの物性 …… 193
　3.2　グラファイト膜（Graphinity）の物性 ………………………………… 193
　3.3　グラファイトブロック（GB）の物性
　　………………………………………… 194
　3.4　超薄膜グラファイトの物性 …… 194
4　グラファイトの応用 ………………… 195
　4.1　放熱シートとしての応用 ……… 195
　4.2　グラファイトブロック（GB）の応用
　　………………………………………… 196
　4.3　グラファイト超薄膜の加速器応用
　　………………………………………… 196
5　結論 …………………………………… 198

第4章　ポリイミドガス分離膜の設計開発　　風間伸吾，永井一清

1　はじめに ……………………………… 200
2　高分子膜のガス透過モデル ………… 200
3　膜材料としてのポリイミド ………… 202
4　ポリイミドの分離性能 ……………… 204
5　ポリイミド膜の分離性能向上 ……… 204
　5.1　拡散係数（D）の増大 ………… 204
　5.2　架橋構造の導入による拡散係数（D）の制御 …………………………… 207
　5.3　炭化による拡散係数の制御 …… 207
　5.4　溶解係数（S）の向上 ………… 207
　5.5　ブロックコポリマーによる拡散係数（D）と溶解係数（S）の制御の可能性 ………………………………… 208
　5.6　他素材とのハイブリッドとその他の方法 …………………………… 208
6　ポリイミド膜の展望 ………………… 209
　6.1　酸素富化空気の製造：O_2/N_2分離
　　………………………………………… 210
　6.2　CO_2回収技術 ………………… 210
7　おわりに ……………………………… 210

第5章　芳香族ポリイミドの炭素化による燃料電池用カソード触媒　　難波江裕太

1　はじめに ……………………………… 213
2　研究背景 ……………………………… 213
3　カーボン系カソード触媒の機能・要求特性
　　………………………………………… 215
4　ポリイミド微粒子から作製したカーボン系カソード触媒の性能 …………………… 216
5　ポリイミド微粒子の作製法，および炭素化法 ……………………………………… 218
6　メソポーラス化の取り組み ………… 221
7　おわりに ……………………………… 224

第6章　バイオポリイミドの開発と有機無機複合化による透明メモリーデバイスの作製　　金子達雄, 劉　貴生

1　芳香族生体分子 …………………… 226
2　バイオ芳香族ジアミン …………… 229
3　芳香族バイオポリイミドの合成 ……… 230
4　有機無機複合化 …………………… 233
5　おわりに …………………………… 236

【第1編　ポリイミドの合成・分子設計】

第1章　ポリイミドの機能化設計のための構造・特性と機能発現の制御

後藤幸平*

1　ポリイミドの構造と分類

　ポリイミドの構造を大きく分類すると，重縮合や重付加とこれに続く縮合反応や脱離反応によってイミド環骨格の生成を繰り返す重合体（縮合型）とマレイミドなどの不飽和イミド環構造のオリゴマーを重付加で繋いでいく重合体（付加型）のポリイミドがある（図1）。後者は熱硬化型ポリイミドへ応用されているが，ここでは構造の多様性と市場への展開例が圧倒的に多い前者の縮合型のポリイミドについて解説する。

　縮合型のポリイミドは図1に示す構造では，○と□の構造が全て芳香族，全て脂環族，芳香族と脂環族との混合系がある。それぞれ，全芳香族，全脂環族，半芳香族ポリイミドという[注1]。また，ポリイミドを構成するイミド環が5員環，6員環の環構造やモノマー構造からの対称，非対称構造などに分類できる。ポリマー構造からみれば，全芳香族ポリイミドは剛直性構造に近づくほど，耐熱性と力学的性質に優れ，高性能材料となる。また，ポリイミドは化学構造の多様性に富んでいるため，高分子設計によって耐熱性構造を維持した機能材料への展開にも期待できる。

　まず，現時点で表現に混乱のある性能と機能の定義の確認をしておきたい。性能はどの高分子でも高低，優劣の序列はあるが，共通して保有している性質のことをいう。例えば，熱的性質や力学的性質である。これらの特性を向上させたのが高性能材料という。接頭語に高をつける高性能材料の表現で，初めてその意味を持つ。一方，特定のポリマー構造で発現する特性，例えば，感光性，透明性，誘電性，液晶配向性，ガス分離性などを機能という。これらを機能材料という。

注1)　IUPACの定義では，芳香族化合物の対義語は脂肪族化合物であり，脂肪族は非環式または環式の非芳香族性の炭素化合物である。脂環族化合物は脂肪族化合物に含まれるが，ポリイミドでは発現特性の大きな違いから，環状の炭素化合物を脂環族，非環状の炭素化合物を脂肪族と区別した。

---

*　Kohei Goto　後藤技術事務所　代表

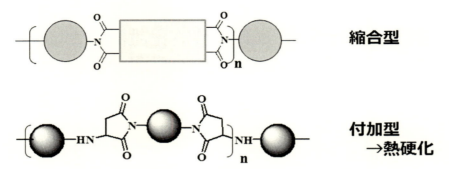

図1　ポリイミドの合成反応からの化学構造による分類

2　ポリイミドの開発の歴史とエンプラ系での耐熱性の位置づけ

　市場に登場した最初のポリイミドは1965年のDu Pont社のポリ(4,4'-オキジフェニレンピロメリットイミド)，商品名Pyre M. L.®（ワニス），Kapton®（フィルム），Vespel®（成型体），であり，無水ピロメリット酸（PMDA）への4,4'-ジアミノジフェニルエーテル（4,4'-DDE）の重付加とこれに続く脱水縮合反応から合成された（図2）。市場に現れたKapton®タイプのポリイミドは，今までにない高性能高分子であるのはもちろん，合成法も革新的であった。例えば，①実験スキル不要の容易な重合方法，②無触媒の温和な重合条件，③迅速な重合反応，④多様な構造のモノマー適用性，⑤カルボン酸成分の酸無水物はジアミンと脱離成分もない重付加反応のため，クリーンな状態で得られる重合体溶液，⑥前駆体ポリアミック酸の可溶性を利用して，不溶性のポリイミドに転換できる加工性，これらの特徴が開発当初の目的の航空宇宙用の高性能材料から，耐熱性電子材料用の高性能・機能材料への展開を可能にした。

　これらDu Pont社のポリイミド製品は，上市から現在に至るまでも耐熱性と力学的性質に優れた高性能高分子材料としての地位を維持し続けている。エンジニアリングプラスチック（エンプラ）の開発年との耐熱性（HDT：荷重撓み温度）の関係を図3に整理した。エンプラのなかでも，ポリイミドKapton®のずば抜けて優れた耐熱性と開発年からDu Pont社の開発の先進性が理解できる。

　ポリイミドの開発の先進性と高性能特性を理解するためにこれまでの開発の展開経緯を俯瞰しておく。

　1950～60年代に米国とソ連の宇宙開発競争が始まり，航空宇宙材料として現在の耐熱性高分子の原点となるポリイミド，アラミド，ポリベンズイミダゾール，ポリオキサジアゾールなどの研究が盛んに行われた。その中でDu Pont社のポリイミドは，1955年にナイロン合成の延長からの溶融重縮合による半芳香族（芳香族と脂肪族）ポリイミドの特許[1]から，アラミドの低温重縮合の延長からの低温重付加-縮合（芳香族テトラカルボン酸2無水物と芳香族ジアミンからのKapton®構造も包含する）の原型となる特許が1959年に出願，1965年に登録[2]された。開発技

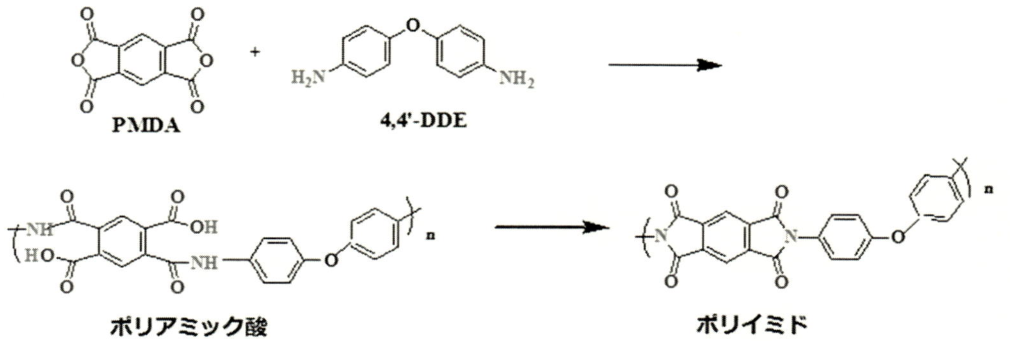

第 1 章　ポリイミドの機能化設計のための構造・特性と機能発現の制御

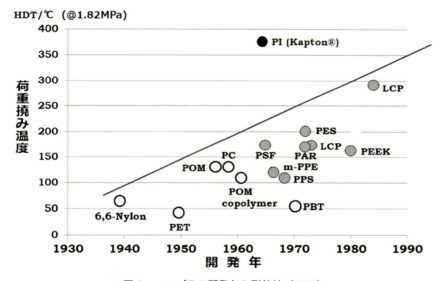

図2　ポリイミドの重合反応と得られる Kapton® の構造

図3　エンプラの開発年と耐熱性（HDT）

術は同年に C. E. Stroog ら[3]が論文発表をした。また，同年にソ連からもテトラカルボン酸2無水物に 3,3',4,4'-ビフェニルテトラカルボン酸2無水物（s-BPDA）を用いたポリイミドが発表され[4]，当時の米ソ間の競争の激しさを物語っている。Kapton® 構造のポリイミドは宇宙線や低温から高温までの温度変化の大きい宇宙環境への優れた耐性から，現在までも宇宙機の熱保護膜などに応用されている。また，1969年の月面着陸したアポロ11号の月面歩行の宇宙服にも適用された。近年の国内開発の新規なポリイミドでは，2009年の自己修復機能を持つシロキサン変性ポリイミド[5]や 2010 年の JAXA の熱可塑性ポリイミド膜の大型セイルによる宇宙帆船の飛翔実験[6]など画期的な実績がある。

　宇宙用途に限らず，高性能材料として，1980年代以降は電子材料，特にフレキシブル基板の基材フィルムに展開された。これがポリイミドで最も大きい市場を形成している（2011年推定：

ポリイミド生産量8,000トン，うちフィルムは50%の4,000トン)[7]。さらに耐熱性を維持した機能材料へのニーズも高まり，感光性，透明性，誘電性，液晶配向性，ガス分離性などのポリイミドが開発されている。

3 ポリイミド構造と特性の関係

ポリイミドの性能や特性に影響を与えている重要，かつ基本的な構造要因・因子を整理することでポリイミドの特徴を明確にしたい。高性能化や機能化ポリイミドへの高分子設計にこれらの構造因子をどのように活用していくかになる。

3.1 ポリイミド固有の構造因子

他のスーパーエンプラ系の芳香族高分子にない，"ポリイミドらしさ"の特性発現に対するポリイミド固有の構造要因を整理してみる。それはイミド環骨格構造（芳香族系，脂環族系）とその濃度や他の芳香族系高分子と同様な剛直性・屈曲性構造とその組成などの1次構造がある。さらに高性能化構造の要因となるポリイミド高分子鎖が分子内・分子間で形成される電荷移動錯体（Charge Transfer Complex：CT錯体）による高次構造がある。これらの構造を応用している展開例を挙げながら，以下にその因子を解説する。

3.1.1 一次構造因子（化学構造）

(1) ポリイミド骨格構造

高分子鎖骨格構造が全芳香族，非全芳香族構造（半芳香族，全脂環族）によって，高性能材料と機能材料の展開に大きな意味を持つ。それを表1[8]にまとめた。高性能材料は全芳香族系のみで，相互の芳香環による分子間力を引き出すCT錯体の形成能によるものである。機能材料は骨格に関わらず，全ての構造に展開のポテンシャルがある。全芳香族ポリイミドは高性能材料だけでなく，芳香族化合物の多様な反応からのモノマー種，構造拡大の幅広い手法などから，多分野の機能材料にも展開できる。脂環族構造では，特に芳香族構造では発現が困難な，例えば，透明性，低誘電率などへの機能材料設計に適している。ただ，構造からFやSのヘテロ原子の導入や無機成分とのハイブリッド化などでは限界がある。

芳香族と非芳香族構造で機能材料の発現する特性の特徴が反映される透明ポリイミドの1次構

表1 芳香族，非芳香族ポリイミドの展開

		高性能材料	機能材料	CT錯体形成能	展開されている機能の具体例	ポリイミドの構造拡大の手法
芳香族系	全芳香族	↑	↕	↓	ガス分離性, 透明性（高・低屈折率制御）	含F・含S構造、ブロック・グラフト共重合体、
					感光性, 伝熱制御 (伝導性, 遮断性), 低誘電性	無機ハイブリッド化, 炭素化（グラファイト化）
					プロトン伝導性, 密着・接着性	（外観）多孔材, 粒子
脂環族系	半芳香族（芳香族/脂環族）				液晶配向性, 透明性, 低誘電性	含F・含S構造
	全脂環族				透明性（低吸収端波長, 低屈折率化, 光学等方性）低誘電性	含F構造

第1章　ポリイミドの機能化設計のための構造・特性と機能発現の制御

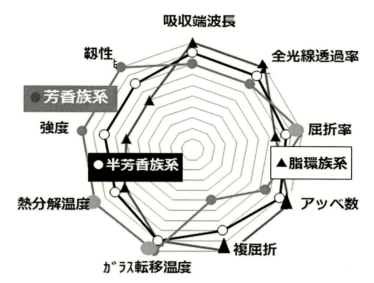

図4　ポリイミド構造の違いによる光学特性，熱的性質，力学的性質の差異

造の例を挙げる。透明ポリイミドの芳香族系と脂環族系ポリイミドの光学特性，力学的性質，熱的性質のレーダーチャートを図4[9)]に示す。このチャートからみれる発現特性の差異から，それぞれの構造の特徴が理解できる。脂環族系は光学特性，芳香族系は強度的性質や耐熱性を維持した光学材料になる。高分子の1次構造に依存する屈折率も構造の特徴を反映する。芳香族系は多様なモノマー設計が活用できるので，高～低の屈折率に展開できる。全脂環族系は含Fで最も低い屈折率を発現できるが，現在までの報告では，芳香族由来の含F脂環族のモノマーからの合成となるので，多種のモノマーの活用できる芳香族系が優位にある。脂環族系は芳香族系では発現が難しい光学特性，例えば，吸収端波長の短波長化や低複屈折などをも強調できるかになる。ポリイミドの構造設計によって，屈折率は含F全脂環族系（n_d：1.48）[10)]から芳香族ポリイミド・TiO_2ハイブリッド系（n_d：1.87）[11)]の範囲に制御できる。

(2) イミド環構造
① イミド環

　エンプラ系の中でもポリイミドの耐熱分解温度は高いことが知られている。これはポリイミド（イミド環）の優れた耐熱分解構造に起因する。窒素雰囲気の熱分解温度では　フェニレン≧イミド環の序列であるが，空気雰囲気では，イミド環＞フェニレンと序列が逆転する[12)]。イミド環はフェニレンの結合とほぼ同等以上の耐熱分解性があるのがわかる。連結基でみると，ポリイミドに限らず芳香族高分子に共通となるが，＞O＞＞S＞-NHCO-＞-COO-＞＞C(CF_3)$_2$＞＞CH_2＞＞C(CH_3)$_2$の序列となる[12)]。脂肪族ユニットが導入されたポリイミド，例えば，ULTEM®やPI2080®の挙動[13)]のように熱分解温度が低下することは明らかである。

② イミド環構造：5員環，6員環

構成イミド環の環員数は芳香族系の共役系平面性と脂環族系の歪みエネルギーの影響を受ける。例えば，加水分解に対する耐性やポリアミック酸経由の重合反応やイミド化反応に影響する構造因子となる。重合とイミド化速度では，芳香族＞脂環族の差は明らかである。環員数では，芳香族は6員環＞5員環の序列で安定である。燃料電池の電解質膜でのナフタレン-1,4,5,8-テトラカルボン酸2無水物由来の6員環芳香族ポリイミドの検討状況をみればわかる。脂環族は歪みエネルギーと関連があるようだが，未だ定かではない。

③ イミド基濃度

イミド基はポリイミドの特徴を表す官能基であり，その濃度がポリイミドの特性表現の定量的な指標になる。ここでのイミド基濃度の定義は，イミド基構造の構成元素の原子量に基づく重量％で表し，($C_4O_4N_2$ [注2]) の原子量総和／繰り返し単位の分子量）で計算する。ポリイミドの性能や機能を支配する重要な要素になる。具体例として，Tgの関係を図5[8])に表した[注3]。最もイミド基濃度が高いポリイミドとなる剛直構造のPMDAとp-フェニレンジアミン（PDA）の組み合わせが，最も高い Tg 702℃を示す（熱分解温度から考慮すると疑問ではあるが）。PDAに代わり屈折構造のm-フェニレンジアミンでは，Tg 442℃となり，このTgの範囲が最高イミド

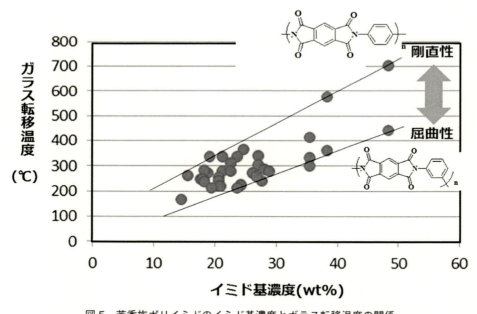

図5 芳香族ポリイミドのイミド基濃度とガラス転移温度の関係

注2) イミド環構造原子（($>C=O)_2N)_2$）に由来
注3) 筆者が過去の開示データ[14~19)]をまとめた。データは多岐の出典からの引用のため，Tgの測定方法や条件が異なるので，誤差を含んでいる。

第1章　ポリイミドの機能化設計のための構造・特性と機能発現の制御

基濃度での基準になる。ここからイミド基濃度の低下とともに，Tgは変動幅を狭めながら低下していく。イミド環がTgを支配する高い凝集力による耐熱構造であることがわかる。また，Tgの制御にはイミド基濃度と剛直・屈曲基構造の2つの因子から設計を考える。

吸水率もイミド基濃度に依存する。長谷川[20]のポリエステルイミドでの挙動や宇野ら[21]の報告例があり，イミド環が水との親和性が高い極性の凝集構造であり，イミド基がポリイミドの性質も決めている因子になっているのも理解できる。なお，含F構造でもFは特異的な挙動を示すのではなく，重量％で吸水率に関与している。

誘電率も極性構造と関連があることは定性的には理解できる。後藤ら[18]はポリイミドの誘電率がイミド基濃度とフッ素含量との高い相関関係を報告した。フッ素含量は吸水率と同様に重量％，バルクで効いている。また，誘電率の高いイミド基濃度を希釈してTgの低下を抑えるとどのように構造で濃度を下げていくかが，低誘電率化の機能設計のポイントになる。誘電率（k）と屈折率（n）の関係（測定周波数が十分高いと，$k \propto n^2$になる[22]）から，光学用途の芳香族ポリイミドの屈折率制御の予測にも活かせる。

④　イミド化率

全芳香族系のイミド化率はポリアミック酸の0％か，ポリイミドの100％のどちらかになる。中途半端なイミド化率は不安定になり，製品としては存在していない（製品の経時劣化とポットライフの管理の関係）。一方，目的とするイミド化率の制御は非芳香族系では可能となる。イミド基の濃度を制御しつつ，残留-COOHの官能基が関与する機能を引き出すことができる。ただし，吸水率は上がっていく[21]。

(3)　非イミド構造骨格の構造（剛直性と屈曲性）

全芳香族系ポリイミドはCT錯体化に好都合な平面的で剛直的のイミド骨格を含む芳香環単位を屈曲基で連結した構造となっている。図5[8]のTgの結果からも推測できるように，高性能化には平面性の剛直性ユニットとイミド基の濃度が支配的な因子となる。繰り返し単位の中での剛直性ユニットの組成が弾性率や線熱膨張係数（CTE：Coefficient of Thermal Expansion）を決める因子にもなる[23]。もちろん弾性率とCTEにも相関がある。これらもCT錯体の形成との関係が大きい。

ポリイミドに限らず，芳香族高分子の屈曲性構造からのTgへの影響をみると，-Ar-X-Ar-の連結基Xでは，結合位置はp->m-，連結基（X）構造は>SO_2>>$C(CF_3)_2$>>$C=O$>>O>>$C(CH_3)_2$>>Sの序列となる[14~19]ので，特に機能材料設計のTg制御には考慮が必要である。

イミド環の構造（芳香族，非芳香族），イミド基濃度と芳香族系のCT錯体形成による相互作用の3つがポリイミドの特性を決める重要な因子といえる。

(4)　その他の構造因子

イミド化率とは区別の必要があるが，ポリアミック酸の-COOH基の精密な濃度制御による機能化例を関連技術として紹介する。ポリイミド前駆体のポリアミック酸は，溶解阻害剤のジアゾナフトキノン（DNQ）との組み合わせでアルカリ現像ポジ型感光材への展開が期待されるが，

–COOH基の酸性度が高く，溶解性の抑制制御が難しい課題があった。そこでエステル化剤，N, N-ジメチルフォルムアミドジアルキルアセタールにより–COOH基を定量的に部分エステル化して，溶解速度の精密な制御を可能にし，DNQとの組み合わせで優れた現像性を発現させた感光性ポリイミドの開発例[24]がある。

芳香族ユニット含量が高いエンプラ系は不活性ガス雰囲気下での熱分解残渣（炭化物）が多く[13]，ポリイミドは炭化物収率が高くなる。高分子の炭素化による，例えば，PANからの炭素繊維は優れた高強度・高弾性率繊維であるが，全芳香族ポリイミドも同様な高温熱処理（2,400℃以上）によりグラファイト化した炭素材料が生成する。カネカのGRAFINITY® [25]が知られ，高熱伝導材に市場展開している。

3.1.2 高次構造因子（電荷移動錯体形成による分子内・分子間相互作用）

Kapton®などの全芳香族ポリイミドの最も重要な構造因子であり，熱的性質，強度的性質を支配している。また，ポリイミド固有の着色や難加工性の問題も含め，これらは分子内・分子間のCT錯体（Charge Transfer Complex：電荷移動錯体）に起因している。高性能化に繋がる分子間力を生み出しているのがCT錯体になる（図6）[8]。ただし，その引き換えに加工性（溶解性や熱可塑性）が犠牲になっている。

CT錯体は芳香族ポリイミドのアミン由来の電子供与性の芳香環（ドナー）からテトラカルボン酸無水物に由来する電子吸引性置換基の芳香環（アクセプター）に可視光吸収による電荷移動（ここでは電子の移動）により，分子内と分子間で形成される（図7）[8]。これがポリイミド固有の黄褐色の着色化に繋がっている。CT遷移はドナーの最高被占軌道（HOMO）のエネルギー準

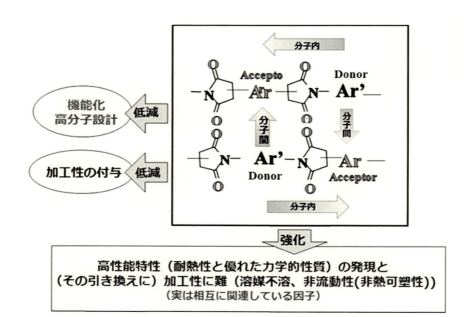

図6　電荷移動錯体と高性能化，機能化，加工性の関係

第1章　ポリイミドの機能化設計のための構造・特性と機能発現の制御

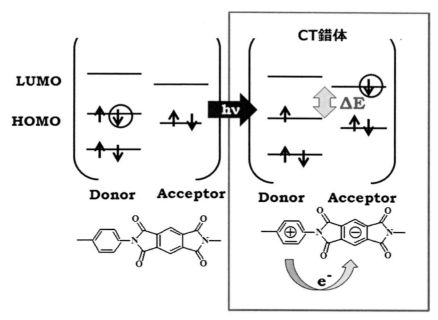

図7　可視光吸収のCT遷移による電荷移動錯体の形成

位とアクセプターの最低空軌道（LUMO）のエネルギー準位とのバンドギャップによるエネルギー差（ΔE）で決まる。CT錯体化の強化や弱化は，このバンドギャップのエネルギー差の制御を考えればよい。高性能化設計にはCT錯体化を強化して（ΔEを小さく）やれば，高性能特性が発現する。機能化設計にはCT錯体化を抑制して（ΔEを大きく），機能団の力を発揮させるアプローチが多くなる。加工性の付与，改良も同様の考え方になる。これらの具体例を挙げて解説する。

(1)　無色透明化

ポリイミドの着色がCT錯体の生成に起因することも先に述べた。全芳香族ポリイミドではCT錯体化を低減化，さらにはフリー化することが無色透明ポリイミドの高分子設計になる。図7[8]で示したようにモノマー構造からバンドギャップのエネルギー差（ΔE）を大きくしていくか，またはCT錯体化できない高分子構造を目指すアプローチが考えられる。

前者はドナーのジアミンの電子供与性を弱く（HOMOエネルギー準位を低く），アクセプターのテトラカルボン酸2無水物の電子吸引性を弱く（LUMOのエネルギー準位を高く），ΔEが大きくなる組み合わせが好ましいことになり，これは安藤の計算値[26]が参考になる。ドナーとアクセプターの関係からみれば，分子内錯体は共平面構造，分子間錯体はそれぞれの芳香環の接近距離と平行に重なるのが好ましい構造になる。この錯体化を阻害するには，捩れ構造の導入，非定序性構造となる非対称モノマーの採用，共重合化や側鎖や嵩高い置換基の導入があり，分子充填からの自由体積を増加させるアプローチとなる。

このアプローチは透明ポリイミドの先駆者の St. Clair らの報告[19] からも学ぶことが多い。彼らは屈曲・屈折基（-O-, -S- の連結基　p-結合から m-結合）や嵩高い置換基（$>C(CF_3)_2$, $>SO_2$ 基）の導入によるドナー・アクセプターの接近の抑制，ドナー・アクセプターのそれぞれの芳香環の電子密度の制御からの相互作用の低減，また，これらの併せ技を駆使して，無色透明ポリイミドを検討した。しかし，屈曲・屈折基の導入による透明化設計では Tg が低下する課題を残した。図 5[8] で示したイミド基濃度と Tg の関係や屈曲基構造の考慮が必要となる。

Tg を下げずに透明ポリイミドを合成した筆者らの報告例を解説する。全芳香族ポリイミドに 2 種の捻じれ構造のモノマーを組み合わせ，クランクシャフト様の屈曲捻れの主鎖構造化による CT 錯体化の抑制による透明化である。具体的には，2,2',3,3'-ビフェニルテトラカルボン酸 2 無水物（i-BPDA）と 2,2'-ビス（トリフルオロメチルベンジジン）（TFMB）からの図 8[8] に示すポリイミドに具体化し，成膜可能な高 Tg（290〜340℃）の芳香族透明ポリイミドの合成に至った[27]。

モノマーの 1 種以上を非芳香族，環状の脂環族構造にしてやれば，高 Tg を維持した無色透明ポリイミドが得られる。これは既に多くの報告例がある[28]。実際の半芳香族（脂環族／芳香族）透明ポリイミドの全芳香族ポリイミドとの CT 錯体化で生じるスペクトルシフトの観察例を紹介する[21]。

脂環族テトラカルボン酸 2 無水物の 2,3,5-トリカルボキシシクロペンチル酢酸 2 無水物（TCA）（図 9[8] (a)）と芳香族系テトラカルボン酸 2 無水物の 2,2-ビス（3,4-ジカルボキシフェニル）-1,1,1,3,3,3-ヘキサフルオロプロパン 2 無水物（6FDA）のそれぞれと組み合わせる -NH_2 置換のベンゼン環の電子密度を変えた（電子密度低←）TFMB＜ビス［4-(3-アミノフェノキシ）フェ

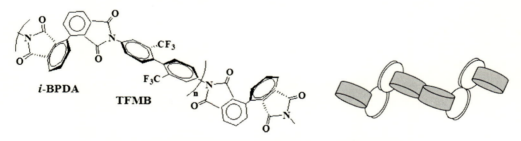

図 8　屈曲捻り構造の全芳香族透明ポリイミド（i-BPDA/TFMB）

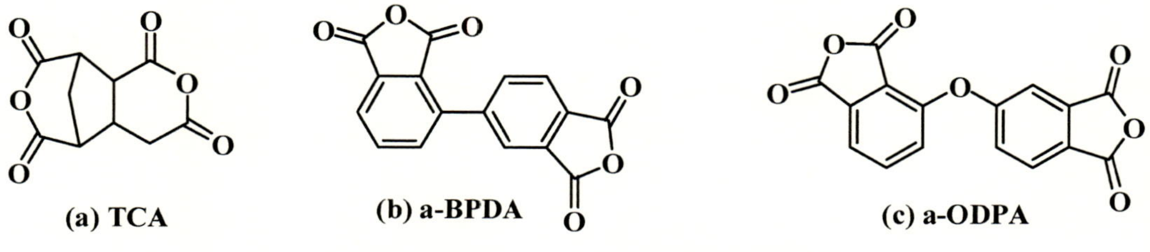

図 9　実際に使用されている非対称二酸無水物の例

第1章　ポリイミドの機能化設計のための構造・特性と機能発現の制御

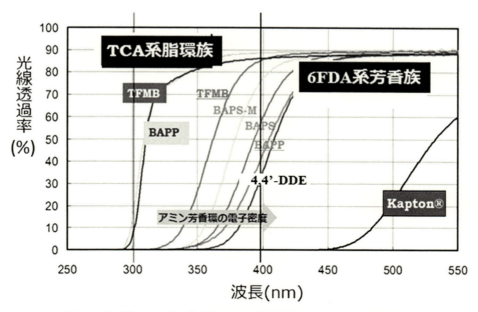

図10　脂環族TCA系と芳香族6FDA系透明ポリイミドの光線透過挙動

ニル]スルホン（BAPS-M））＜ビス4-(4-アミノフェノキシ)体(BAPS)＜ 2,2-ビス[4-(4-アミノフェノキシ)フェニル]プロパン(BAPP)＜4,4'-DDE（→電子密度高）の5種のジアミンからの透明ポリイミドの吸収スペクトルを比較した。脂環族TCA系は4,4'-DDE以外は無色透明であったが，6FDA系では電子密度の低い2種のジアミン，TFMBとBAPS-M，だけが透明ポリイミドであった。これらポリイミドの吸収スペクトルを図10[21]に示した。芳香族・脂環族vs透明性とCT錯体形成の関係が理解できる。脂環族系は芳香族系よりも吸収端波長は短波長で，芳香族6FDA系ではジアミンの芳香環の電子密度によるドナーのCT錯体化の相互作用の大きさが吸収端波長の変化に反映される。一方，脂環族系の吸収端波長はジアミン構造の影響は受けない。脂環族系テトラカルボン酸2無水物からのポリイミドは無色透明化設計のジアミン種の選択肢も拡がり，多様な設計にも繋がる。図10[21]に脂環族テトラカルボン酸2無水物を用いたポリイミドの透明化の効果が集約されている。

(2)　加工性

CT錯体化の抑制は加工性改良の観点からも重要である。考え方やアプローチは透明性発現の考え方とも重なる。ここでは非対称モノマーの採用した実用例などを挙げる。対モノマーと反応する際に非定序性のランダムな結合様式となる構造を非対称モノマーとする。非対称モノマーの選択は自由体積の増加に繋がり，芳香族ポリイミドであっても，CT錯体形成を抑制する方向になる。結果として，溶解性や熱可塑性などの加工性に影響を与える要因にもなる。実用化されている二酸無水物の例を図9[8]に示す。

① 溶解性

図9[8](a)の脂環族テトラカルボン酸2無水物のTCAは，表-裏，上-下，左-右に非対称性を有している。カラー液晶ディスプレイ開発当初の液晶配向膜の要求特性は，TFTの耐熱温度からの処理温度の制限（～200℃）とカラーフィルターに使用の染料を溶出しない溶媒が使用できるポリイミドであった[29]。それには熱イミド化が不要となる可溶性ポリイミドで，かつ従来のポリイミド重合体で使用されるアミド系以外の低極性溶媒が使用できるポリイミドが必要であり，それがTCA系であった[29]。

また，無色透明全芳香族系ポリイミドで取りあげたi-BPDA/TFMBからなるクランクシャフト様の2重屈曲捻れの主鎖構造のポリイミド（図8）[8]は，NMPやm-クレゾールなどの通常の可溶性ポリイミドの溶媒に加えて，クロロホルム，THF，アセトンまでに可溶となった[27]。

溶解性向上にCT錯体化の抑制効果は明らかである。

② 熱可塑性

BPDAには3種の異性体（s-, a-, i-体）がある。ここでは（図9(b)）に示す非対称のa-異性体（2,3,3',4'-体）の例である。ジアミンに4,4'-DDEを用い，a-体と対称性のs-体（3,3',4,4'-体）からのポリイミドの動的貯蔵弾性率の温度依存性の挙動が比較された。a-体のポリイミドの場合，s-体に比べ，高 Tg 化に加え，rubbery plateauの弾性率が低く，しかもその温度範囲も狭く，高流動性の挙動を示した。非対称のa-体構造に起因する分子間秩序構造（CT錯体）がとれないためとしている[30]。

さらに近年，非対称モノマーからのポリイミドの快挙が報道された。図9(c)に示した非対称a-ODPA（3,4'-オキシジフタル酸2無水物）と4,4'-DDEから耐熱性と熱可塑性（ヒートシール加工性）がバランスしたポリイミド ISAS-TPI[31] が開発された。このポリイミドにより宇宙帆船用の大面積の帆材の調製が可能となり，世界初の宇宙帆船のセイルを実現させた。実証機IKAROSは耐宇宙環境特性を維持しての長期間の飛翔目標も達成し，ISAS-TPI宇宙用ポリイミドの適性が確認できた。

4 おわりに

高分子の機能設計で分子設計という表現をする研究者が多い。この表現は，設計の最初に化学式ありきからの1次構造から発想しているからと想像する。ポリイミドであることからの物性，構造の考察から発想力を拡げ，合成，重合反応の検討においても，高分子である特徴の高次構造も考慮した高分子設計に進むことが重要である。

機能材料の答えは開発者により多様であり，決して一つではない。材料開発は，個人・個人の引き出しの数と専門の裾野の広がりが組織の総合力に結集されて生まれる。このことをもっと意識して欲しい。

第1章 ポリイミドの機能化設計のための構造・特性と機能発現の制御

文　　献

1) W. M. Edwards et al. (Du Pont), USP 2710853 (1955)
2) W. M. Edwards et al. (Du Pont), USP 3179634 (1965)
3) C. E. Stroog et al. (Du Pont), *J. Polym. Sci.*, A-1, **3**, 1373 (1965)
4) N. A. Adrova et al., *Doklady Akademii Nauk USSR.*, **165**, 1069 (1965)
5) 新日鉄化学, http://www.nssmc.com/news/old_nsc/detail/index.html?rec_id=3654
6) JAXA, http://www.jaxa.jp/projects/sat/ikaros/index_j.html
7) 永野広作, ポリイミド・芳香族系高分子最近の進歩 2013, "第20回日本ポリイミド・芳香族系高分子会議" の会議録, p.38 (2013)
8) 後藤幸平, 機能材料, **35** (9), 4, シーエムシー出版 (2015)
9) 後藤幸平, (高・低) 屈折率材料の作製と屈折率の制御技術, p.277, 技術情報協会 (2014)
10) Y. Oishi, N. Kikuchi, K. Mori, S. Ando, K. Maeda, *J. Photopolym. Sci. Technol.*, **15**, 213 (2002)
11) C-L. Tsai, P-H. Wang, H-J. Yen, G-S. Liou, Abstract of 2012 Asia Pacific Polyimides and High Performance Polymers Symposium, 162 (2012)
12) 沼田俊一, 金城徳幸, 高分子論文集, **42**, 443 (1985)
13) 横田力男, 崎野隆宏, 三田達, 高分子論文集, **47** (3), 207 (1990)
14) 三田達, 機能材料, **1**, 1, シーエムシー出版 (1981)
15) P. M. Hagenrother, *Polym. J.*, **19**, 73 (1987)
16) 岩倉義男, 今井淑夫, 岩田薫編, 高性能芳香族系高分子材料, 丸善 (1990)
17) 玉井正司, 最新ポリイミド～基礎と応用～, p.241, エヌ・ティー・エス (2002)
18) K. Goto, M. Matsubara, Y. Inoue, T. Akiike, *Polym. Symp.*, **199**, 321 (2003)
19) A. K. St. Clair, T. L. St. Clair, K. I. Shevket, *Polym. Mater. Sci. Eng.*, **51**, 62 (1984)
20) 長谷川匡俊, ポリイミドの高機能化と応用技術, p.144, サイエンス＆テクノロジー (2008)
21) 宇野高明, 岡田敬, イーゴリ・ロジャンスキー, 後藤幸平, ポリイミド・芳香族系高分子最近の進歩 2013, "第20回日本ポリイミド・芳香族系高分子会議" の会議録, p.71 (2013)
22) 化学大辞典, 誘電率, 共立出版 (1987)
23) M. Hasegawa, S. Horie, *Polym. J.*, **39**, 610 (2007)
24) M. Tomikawa, S. Yoshida, N. Okamoto, *Polym. J.*, **41**, 604 (2009)
25) カネカ, http://www.elecdiv.kaneka.co.jp/graphite/
26) 安藤慎治, 新訂 最新ポリイミド～基礎と応用～, p.102, エヌ・ティー・エス (2010)
27) I. Rozhanskii, K. Okuyama, K. Goto, *Polymer*, **40**, 7057 (2000)
28) 松本利彦, 新訂 最新ポリイミド～基礎と応用～, p.231, エヌ・ティー・エス (2010)
29) 後藤幸平ら, *JSR Technical Review*, No.163, 1 (1996)
30) 横田力男, 最新ポリイミド～基礎と応用～, p.263, エヌ・ティー・エス (2002)
31) 宮内雅彦, 横田力男, 機能材料, **33** (4), 3, シーエムシー出版 (2013)

第2章 ポリイミドの合成

森川敦司*

1 はじめに

ポリイミドは，イミド結合を形成する重縮合により合成される。イミド結合の形成は，一段階，二段階，三段階で行う方法がある。今日，耐熱性に加えて，低誘電性，低線膨張性，低吸湿性，金属との接着性，溶解性などの機能を有する様々なポリイミドが合成，検討されているが，最も用いられているのは，二段階合成法である。

2 二段階合成法

2.1 ポリアミド酸を経由する方法

ほとんどのポリイミド（PIxy）は有機溶媒に不溶で，ガラス転移温度（T_g）以上に加熱しても溶融成型できるほど粘度が低下しない非熱可塑性であるため，合成は主に図1のような二段階合成法[1]が用いられる。

第一段目の反応はポリアミド酸（PAAxy）の合成で，ジアミン（y）の脱水状態の極性溶媒，N-メチル-2-ピロリゾン（NMP）やN,N-ジメチルアセトアミド（DMAc）などの溶液中に，テトラカルボン酸二無水物（酸二無水物）（x）を加え，室温で攪拌して行う。この反応はアミノ基の無水フタル酸部への求核置換アシル化反応であり，酸二無水物の溶解とともに進行し，高粘度のポリアミド酸溶液が得られる。

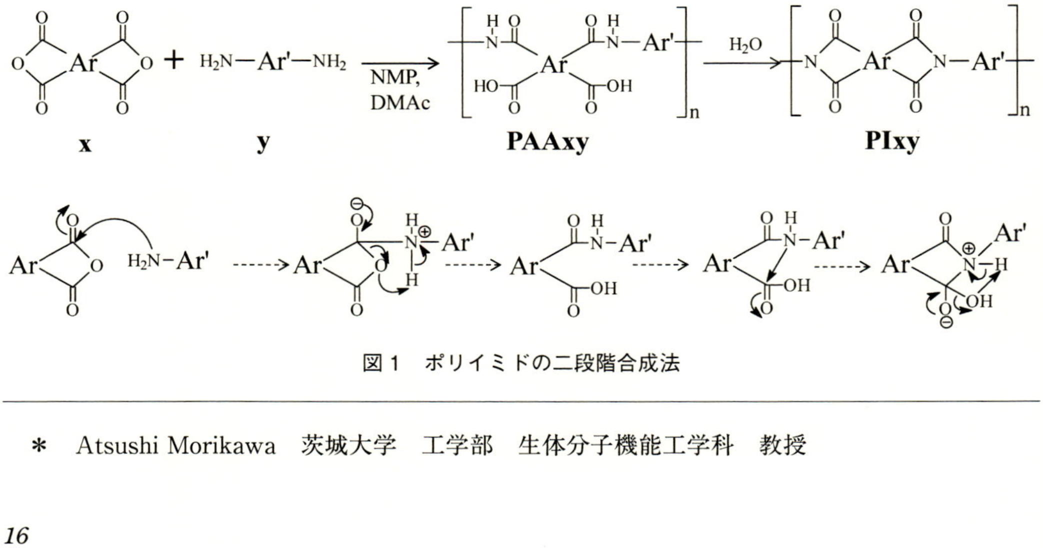

図1 ポリイミドの二段階合成法

* Atsushi Morikawa 茨城大学 工学部 生体分子機能工学科 教授

第2章 ポリイミドの合成

　第二段目のイミド化も求核置換反応であり，アミド基の窒素原子がカルボキシル基へ求核攻撃する脱水環化反応である。ポリアミド酸の溶液をガラス板などに流涎（キャスト）して，加熱乾燥して得たフィルムを加熱する方法（熱イミド化）と，化学処理する方法（化学イミド化）がある。熱イミド化はポリアミド酸フィルムを窒素気流下または減圧下，300℃近い温度で熱処理して行う。化学イミド化は無水酢酸-ピリジン系などのイミド化試薬が用いられ，ポリアミド酸フィルムをイミド化試薬の溶液に室温で浸漬するか，合成したポリアミド酸溶液にイミド化試薬を加えて行う[2]。後者の場合，生成するポリイミドが可溶である必要があり，用いたイミド化試薬を除去するため，大量のメタノールなどで再沈殿してポリイミドは取り出される。図2には，ポリイミドの原料となる酸二無水物，ジアミンを示す。

　図2に示した中でPI（PMDA-44'ODA）が代表的なポリイミドKAPTONであり，T_gが400℃，体積抵抗率が$10^{17}\Omega\cdot cm$の高耐熱絶縁プラスチックである。UPILEX-SポリイミドPI（BPDA-PPDA）は，高強度（500 MPa，KAPTONは173 MPa），高弾性（9.1 GPa，KAPTONは3.0 GPa）であり，UPILEX-RポリイミドPI（BPDA-4,4'ODA）はNMP，メタクレゾールなどに可溶である。LARC-TPIポリイミドPI（BTDA-3,3'DAB），ULTEMポリイミドPI（BPADA-MPDA）は30 MPaもの高温融着後の接着強度を示し[3]，AURUMポリイミドPI（PMDA-B3APB）は，融点以上の400℃近い温度で溶融成型ができ[4]，酸二無水物6FDAから

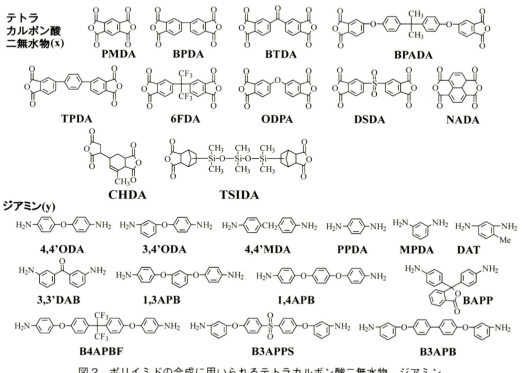

図2　ポリイミドの合成に用いられるテトラカルボン酸二無水物，ジアミン

表1 ポリイミドフィルムの熱イミド化条件

ポリイミドフィルム	イミド化条件
低線膨張係数ポリイミドフィルム[8]	乾燥後，350℃で1時間
ポリイミドレジストパターン[9]	乾燥後，350℃で1時間
エナメル線絶縁膜[10]	コート後，260～360℃のオーブンに通過
高屈折率透明性ポリイミド[11]	乾燥後，150℃で1時間，250℃で1時間，300℃で1時間
ポリイミドフィルムの比誘電率の環境（相対湿度）依存性[5]	乾燥後，100℃で0.25時間，200℃で0.5時間，400℃で0.5時間
イソソルビド（バイオベース）含有ポリイミド[12]	乾燥後，100℃で1時間，150℃で1時間，200℃で2時間，250℃で2時間

は低誘電性の無色透明なポリイミド[5]が合成される。

ポリイミドは T_g 付近の温度で熱処理すれば molecular packing[6] が起こり緻密な構造となることがあるため，熱イミド化の条件は，ポリイミドの性質，用途などに依存する（表1）。KAPTONタイプポリイミドは437℃で一気にイミド化した場合は秩序構造を形成する[7]。

脂肪族のポリイミドも盛んに合成，検討されている[13]。脂肪族の方が芳香族より単位体積あたりのモル分極率が小さいため，得られるポリイミドは低誘電性で，350 nm以上の可視光が透過するため無色であり，フレキシブルディスプレイ材料として展開されている。耐熱性が懸念されるが，脂肪族環状構造の酸二無水物やジアミンが多く製造，合成され，高い T_g を有するポリイミドが合成される。二段階合成法では，アミノ基の塩基性が芳香族のアミノ基より約 $10^5 \sim 10^6$ 倍強く，酸無水物と反応して生じたアミド酸のカルボキシル基と塩を形成し重合が進行しなくなることがあるため，長時間加熱するか，酸二無水物の溶液にアミンの溶液を滴下するなどの工夫を要することがある（第2編第1章）。

2.2 ポリアミド酸誘導体を経由する方法

ポリアミド酸の合成反応は平衡反応であるため[14]，ポリアミド酸溶液の長期安定性（保存性）が悪い[15]，加熱イミド化の際に分子量変化[16]が起こるなどの問題がある。これらの改良または機能付加のためポリアミド酸塩（PAA-Salt）[17]，ポリアミド酸アルキルエステル（PAA-Ester）[18]，ポリアミド酸アミド（PAA-Amide）[19]，ポリアミド酸トリメチルシリルエステル（PAA-TMS）[20]などに誘導されることがある。

PAA-Saltは，ポリアミド酸の溶液に3級アミンを加えると得られ，熱イミド化は，もとのポリアミド酸と3級アミンに解離して進行し，ポリアミド酸の場合より4～10倍速く，化学イミド化も行われる（(1)式）。またポリアミド酸の4級アンモニウムヒドロキシド塩は，溶液の保存安定性が良く，メタクリル基を有する3級アミン塩からネガ型感光性樹脂[21]，長鎖アルキルアミン塩からLangmuir-Blodgett法によるポリイミド超薄膜[22]が作製されている。

第2章　ポリイミドの合成

PAA-Esterは，ジエステルジカルボン酸クロリドとジアミンの反応，脱水剤を用いるジエステルジカルボン酸とジアミンの反応で得られ，その溶液の安定性は高く，アルコールを脱離してイミド化する（(2)式）。熱イミド化はポリアミド酸よりも高温を要する。メタクリル基を有するアルコールのPAA-Esterはネガ型感光性樹脂として使用される[23]。PAA-EsterはPAAの溶液にN, N-ジメチルホルムアミド（DMF）のジアルキルアセタールを作用させても得ることができる[24]。アセタール化合物の添加量に応じたエステル化が進行するためポリアミド酸のアルカリ溶液に対する溶解速度をコントロールでき，ポジ型感光性ポリイミドの作製に有用である。

PAA-AmideはPAA-Ester同様，ジアミドジカルボン酸クロリドとジアミンの反応，脱水剤を用いるジアミドジカルボン酸とジアミンの反応で得られ，アミンを脱離してイミド化する（(2)式）。イミド化速度はPAA-Esterのイミド化より遅く，より高温を要する。

芳香族テトラカルボン酸二無水物と一級アミンから得られたジイミドをNMP中でジアミンと反応させることによりPAA-Amideを経由してポリイミドが合成される。この場合，反応性が低く，N位に2-アミノピリジンやエトキシカルボニル基などの電子吸引性基を導入して反応性を高めるなどの工夫がなされているが，それでも高分子量のポリアミド酸アミドを得るのに5日間要する。このPAA-AmideはPAA-Ester同様，溶液の安定性がよくN位にエトキシカルボニル基を導入したPAA-Amideは，240℃で加熱して，ウレタンを脱離しながらイミド化する（(3)式）[25]。

PAA-TMSはトリメチルシリル化したジアミンと酸二無水物を開環重付加反応することで得られ（(4)式），ポリアミド酸がNMPなどの高沸点極性溶媒にのみ可溶であるが，それらのみならずテトラヒドロフラン，クロロホルムなどの沸点の低い溶媒にも可溶で，350℃近い温度で加

熱することによりイミド化される[20]。脂肪族のジアミンからの合成も塩形成は起こらず，簡便にポリアミド酸の生成反応が行えることが特徴である[26]。ジアミンの溶液中に N,O-ビス（トリメチルシリル）トリフルオロアセトアミドを加え，in situ でシリル化ジアミンを合成してから，PAA-TMS を合成することができ，煩雑なシリル化ジアミンの合成単離精製が省略できるようになっている[26]。

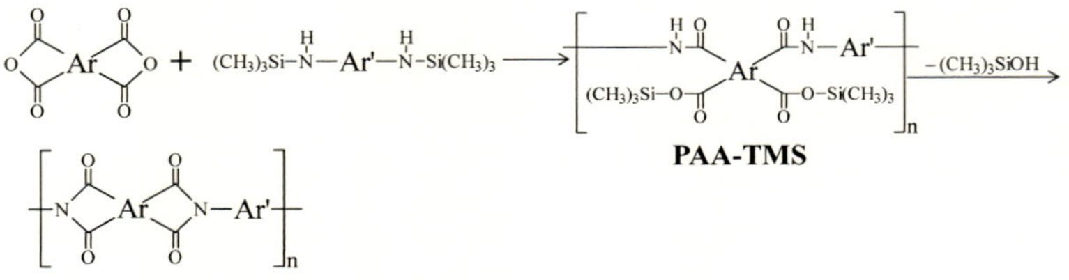

$$\text{（式4）} \tag{4}$$

3 一段階合成法

3.1 高温溶液合成法

フレキシブル銅張積層板の作製にポリイミド溶液を用いることができれば，イミド化のための300℃近い高温にさらさず，100℃ぐらいの溶媒の乾燥温度からの冷却になるので，銅との線膨張係数の差から生じる反りなどの発生の恐れが低減される。また，イミド化の際に発生する水によるボイドの形成，発泡による穴の形成も起こりにくい。可溶性のポリイミドは，酸二無水物とジアミンから直接イミド基を形成する一段階合成法（図3）で合成できる[27,28]。反応は，ジアミンと酸二無水物のトルエンを含んだ m-クレゾールなどの極性溶媒（NMP や γ-ブチロラクトンも使用される）中で130℃から200℃近くまで加熱して行う。ポリアミド酸の生成とイミド化反応が併発して起こり，発生する水をトルエンと共沸除去して反応を進行させ，ポリイミド溶液を得る。可溶性ポリイミドとして，UPILEX-R タイプポリイミド[29] の他に，PI-1[30]，PI-2[31]，PI-3[32] のような側鎖にフェニル基のような大きな置換基が存在するポリイミドが分子設計され，置換基

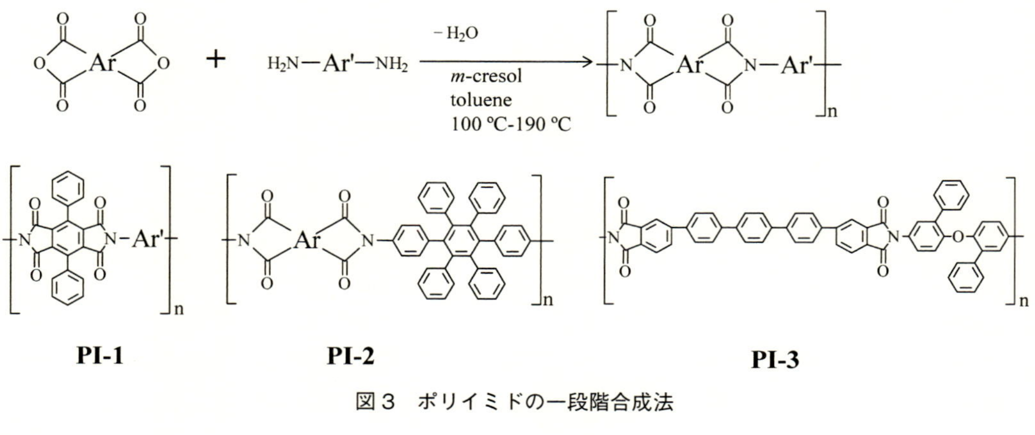

図3 ポリイミドの一段階合成法

第2章 ポリイミドの合成

の影響で分子鎖間に空間が生じ，溶媒分子が入り込み，可溶となると考えられている．PI-3 は，二段階合成法で熱イミド化したものは有機溶媒に不溶であるが，一段階合成法で合成すれば極性溶媒に可溶である．

平均3量体のジアミン末端のオリゴマー4,4'ODA-BPDA-4,4'ODA の溶液に PMDA，DAT を加えて室温で反応後，BPDA，DAT を加えて180℃で反応させる二段階合成法と一段階合成法を組み合わせる方法で，T_g が427℃の高耐熱性で可溶性ポリイミドが合成されている（(5)式）[33]．この合成には，γ-バレロラクトンと塩基の化学平衡を利用する触媒が用いられている．

この他 TSIDA からトリシロキサン含有ポリイミド[34,35]，ポリシロキサン変性可溶性低弾性率ポリイミド[36] の合成や電解質膜作製のためのスルホン化ポリイミド[37,38] の合成にも用いられる．スルホン化ポリイミドフィルムは，トリエチルアミンでスルホン酸基をマスクして合成，フィルム化後，塩酸で処理して得られる[37,38]．

3.2 イオン液体中での合成

イオン液体は蒸気圧がなく熱化学安定性が高いためクリーンな溶媒として使用され，ポリイミドの合成にも用いられる．酸二無水物またはテトラカルボン酸と芳香族ジアミンをイミダゾリウム塩中100℃以上の温度で数時間反応させることにより行われ，ポリイミドはメタノールから再沈殿して得られる．PI（CHDA-4,4'ODA）[39]，PI（NADA-BAPP）[40]，芳香族テトラカルボン酸と 1,3APB の合成[41] が行われている．イミダゾリウム塩中で芳香族ジイソシアネートと芳香族または脂肪族テトラカルボン酸二無水物からのポリイミドの合成も検討されている[42]．

3.3 ジイソシアネートを用いる合成

可溶性ポリイミドはジイソシアネートを用いる一段階の反応で合成することもできる[43]（図4）．反応は，酸二無水物とジイソシアネートを NMP，DMAc などの極性溶媒中，130℃位に加熱して行い，環拡大を伴う環化付加により，七員環状の混合酸無水物中間体の生成を経由して二

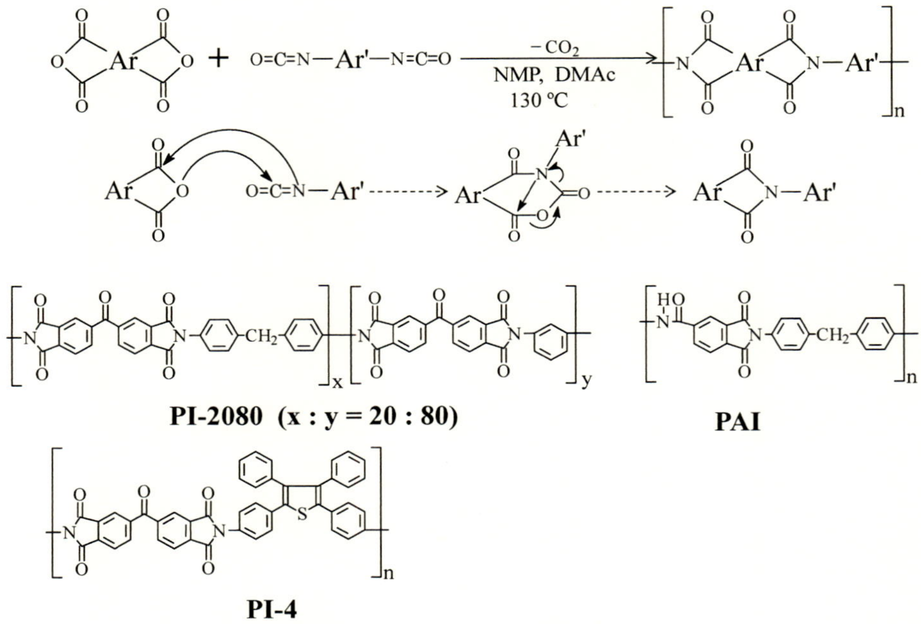

図4 イソシアネートを用いる合成

酸化炭素を脱離しながら進行する。その代表的なものに共重合ポリイミド PI-2080[44]，ポリアミドイミド（PAI）[45]があり，側鎖に大きな置換基が存在するイソシアネートからの可溶性ポリイミド（PI-4）[27]も分子設計されている。しかしながら，入手できるイソシアネート種類が少なく，イソシアネートの合成にホスゲンを要するため，合成可能なポリイミドは限られる。

3.4　テトラカルボン酸ジチオ無水物を用いる合成

ジアミンを DMAc 中 140℃で酸二無水物の代わりにテトラカルボン酸ジチオ無水物と反応させれば，硫化水素ガスの脱離により，ポリイミドが生成し，可溶性ポリイミドが合成される[46]（(6)式）。

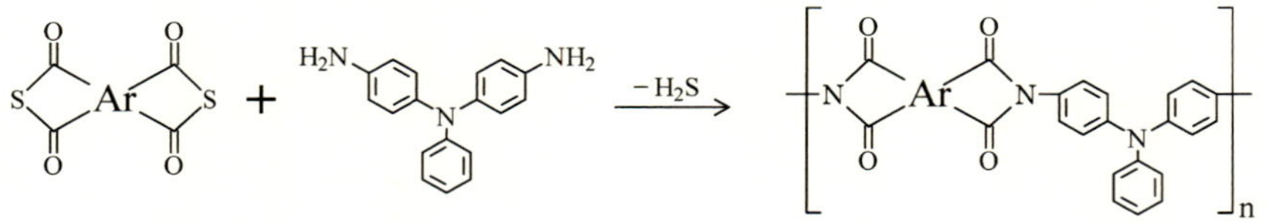

$$\tag{6}$$

3.5　溶媒を用いない合成

調整したナイロン塩型モノマー（PMDA-Et-m, PMDA-OH-m）を高温加熱することにより，溶媒を用いずにポリイミドを合成することができる（(7)式）。PMDA またはそのジエチルエステルジカルボン酸と脂肪族ジアミンからのナイロン塩型モノマーを 250〜320℃で行う高温溶融合

成法では，この温度で溶融するメチレン鎖（m）が9以上のジアミンからのポリイミドに限られていたが，低い温度での高温固相重縮合[47]が見出され，高融点のメチレン鎖の短いポリイミドやKAPTONタイプのポリイミドも合成されている[48]。特に，KAPTONタイプのポリイミドは，30 MPaでT_gより低い240℃での1時間の加熱で相対粘度が0.7 dL/gのものが得られている。ナイロン塩型モノマーを高圧で高温固相重縮合した場合，架橋反応が起こりにくく結晶性の高いポリイミドが得られ[49]，TPDAのジエチルエステルとmが11のジアミンナイロン塩型モノマー（TPDA-Et-11）からサーモトロピック液晶性を示すポリイミドが合成されている[50]。

$$\text{PMDA-Et-m (R= C}_2\text{H}_5\text{)}, \quad \text{PMDA-OH-m (R= H)} \xrightarrow{240\,°C-1時間} \text{ポリイミド} \quad (7)$$

また，芳香族テトラカルボン酸と芳香族ジアミンからのナイロン塩型モノマーの水懸濁液を20 psiの加圧下で，135℃で1時間，次いで180℃で2時間加熱すればポリイミドが得られることも報告されている[51]。

そのほかに，酸二無水物とジアミンを減圧下で基板の上に蒸着させることによる全方向蒸着重合法（チャンバー壁と基板を加熱）によりポリイミド重合膜も作製されている[52]。

4 ポリイソイミドを経由する三段階合成法

ポリイミドの合成には，ポリアミド酸をポリイミドの異性体，ポリイソイミドに誘導し，ポリイミドに変換する三段階で行う方法もある[53]。ポリイソイミドは，希釈したポリアミド酸溶液に，トリエチルアミン，トリフルオロ酢酸無水物を加えると得られ，2-プロパノールで再沈殿される。345℃で熱処理すれば，ほぼ100%近くポリイミドへの異性化が短時間で進行する（(8)式）。PAA（6FDA-B4APBF）からのポリイソイミドは，200℃付近で急激に弾性率が低下するがイミドへの異性化はまだ進行しないために，ポリイソイミドをホットプレスして銅箔に加熱圧着することができる[54]。ポリイミドへの異性化の際に水の発生がなく，発泡による穴の形成も起こりにくい。イミドへの異性化は，酸，塩基が触媒となるため，光照射でピリジン誘導体に変化する試薬を用いて感光性のポリイミドとしての応用が示唆されている[54]。

$$\xrightarrow{\text{N(C}_2\text{H}_5)_3,\ (\text{CF}_3\text{CO})_2\text{O}} \text{ポリイソイミド} \xrightarrow{\Delta} \quad (8)$$

5 反応溶液からの相分離を利用して成型体を作製する方法

ポリイミドは溶媒を用いないナイロン塩型モノマーからは直接バルク体が得られるが,ほとんどは調整した溶液をキャストしてフィルムが作製される。溶液からの相分離を利用して形状制御したポリイミドを作製することもできる。

ポリアミド酸を溶液中で熱イミド化して,生成するポリイミドの溶液からの相分離により,マイクロオーダーのポリイミド球状粒子が作製される[55]。共重合ポリアミド酸 PAA (BTDA-1,4APB)-co-PAA (BTDA-B3APPS) の DMF 溶液を還流して熱イミド化し,生成するポリイミドの粒径は共重合比などに依存することが分かっている。

ポリアミド酸の相分離からもポリイミド粒子は作製できる[56]。生成するポリアミド酸が溶解しないアセトンの BTDA 溶液と 4,4'ODA の溶液を混合後,超音波照射して PAA (BTDA-4,4'ODA) を沈殿重合させる。ポリアミド酸をキシレン中で熱イミド化して,サブマイクロオーダーのポリイミド粒子 PI (BTDA-4,4'ODA) が得られる。粒子はポリアミド酸の沈殿重合時に形成され,ポリアミド酸とポリイミドの粒子の形状は全く同じである。この系は酸二無水物とジイソシアネートからも行うことができ,超音波照射による沈殿重合で得られるポリイミド前駆体は,溶液反応(3.3項)では単離されていない七員環状の混合酸無水物中間体であり,ドデカン中で 210℃ で二酸化炭素を脱離して,約 1.0 μm の球状ポリイミド粒子が得られている[57]((9)式)。

形状制御したポリイミドは一段階合成法で生成するポリイミドの相分離からも作製される。PMDA のジベンジルトルエンの高温希薄溶液中(240~330℃)に 4,4'ODA の溶液(330℃)を加え,溶液が均一になるや否や静置する。合成と同時に相分離-結晶成長が進行し,約 1 μm の皿状結晶の球形集合体や針状結晶の球形集合体が得られる[58]。PMDA と PPDA からのポリイミドでは,反応濃度により球状-針状の形状の制御を行うことができ[59],このような相分離過程による結晶制御は(3)式のようなイミド構造からアミノピリジンが脱離する自己重合,アセチルアミドと酸無水物の反応による自己重合からも行われ,様々な形態のナフタレン構造を有するポリイミドの結晶が作製されている((10)式)[60]。

第 2 章 ポリイミドの合成

ナイロン塩型モノマー（PMDA-Et-4〜12）からも数 μm のポリイミド粒子が作製されている[61]。ナイロン塩型モノマーをエチレングリコールに溶かし，立体安定剤としてポリビニルピロリゾンを加えて 130℃ に加熱すれば，ポリイミドの生成に伴い反応溶液は濁る。ポリイミドは反応溶液を多量の水に投入した後，遠心分離して取り出される。

ポリイミドの合成はイミド結合を形成する重縮合により行われ，性質，成型体や用途により，イミド結合の形成が一段階，二段階，三段階で行われる。これ以外に，内部にイミド結合を有する二官能性のモノマーからアミド結合[62]，エステル結合[63]，エーテル結合（芳香族求核置換反応）[64]，シロキサン結合（シロキサン平衡反応）[65] などを介してイミド結合を有する高分子，末端に不飽和結合を有する熱硬化性ポリイミド（第 2 編第 9 章）が合成されている。

文　　献

1) 上田充，第 5 版 実験科学講座，高分子化学，**26**，p128，丸善（2005）
2) 津田祐輔ほか，高分子論文集，**68**(1)，24（2011）
3) 佐々木重邦ほか，日本接着学会誌，**23**(10)，389（1987）
4) 伊与久義武ほか，ポリイミド・芳香族高分子最近の進歩 2013，87（2013）
5) F. W. Mercer et al., *High Perform. Polym.*, **3**, 297（1991）
6) K. Cho et al., *Polymer*, **38**, 1615（1997）
7) S. Isoda et al., *J. Polym. Sci. Polym. Phys. Ed.*, **19**, 1293（1981）
8) S. Ebisawa et al., *Eur. Polym. J.*, **46**, 283（2010）
9) Y. Inoue et al., *J. Photopolym. Sci Technol.*, **26**, 351（2013）
10) A. Morikawa et al., *J. Photopolym. Sci. Technol.*, **28**, 151（2015）
11) J. Liu et al., *Macromolecules*, **40**, 7902（2007）
12) 江部郁仁ほか，ポリイミド・芳香族高分子最近の進歩 2016，44（2016）
13) 松本利彦，新訂 最新ポリイミド―基礎と応用―，日本ポリイミド・芳香族系高分子研究会編，231，エヌ・ティー・エス（2010）
14) A. Ya Ardashnikov et al., *Polym. Sci. USSR*, **13**, 2092（1971）
15) J. A. Kreuz, *J. Polym. Sci., Part A., Polym. Chem.*, **28**, 3787（1990）

16) 長谷川匡俊，新訂 最新ポリイミド―基礎と応用―，日本ポリイミド・芳香族系高分子研究会編，76, エヌ・ティー・エス（2010）
17) J. V. Facinelli et al., *Macromolecules*, **29**, 7342 (1996)
18) 西崎俊一郎ほか，工業化学雑誌，**73** (8), 1873 (1970)
19) P. Delvigs et al., *J. Polym. Sci., Part B., Polym. Lett.*, **8**, 29 (1970)
20) Y. Oishi et al., *Macromolecules*, **21**, 574 (1988)
21) Moonhor Ree et al., *J. Polym. Sci., Part B., Polym. Phys.*, **33**, 453 (1995)
22) 柿本雅明，高性能高分子芳香族系高分子材料，p.234, 丸善（1990）
23) M. Yoshida et al., *J. Photopolym. Sci. Technol.*, **27**, 207 (2014)
24) M. Tomikawa et al., *Polym. J.*, **41**, 604 (2009)
25) Y. Imai, *J. Polym. Sci., Part B., Polym. Lett.*, **8**, 555 (1970)
26) Y. Oishi et al., *J. Photopolym. Sci. Technol.*, **14**, 37 (2001)
27) M. Kakimoto et al., *J. Polym. Sci., Part A, Polym. Chem.*, **26**, 99 (1988)
28) T. Kaneda et al., *J. Appl. Polym. Sci.*, **32**, 3133 (1986)
29) H. Inoue et al., *J. Applied Polym. Sci.*, **60**, 123 (1996)
30) F. W. Harris et al., *High Perform. Polym.*, **1**, 3 (1989)
31) F. W. Harris et al., *High Perform. Polym.*, **9**, 251 (1997)
32) A. Morikawa et al., *High Perform Polym.*, **18**, 593 (2006)
33) Y. Shirai et al., *J. Photopolym. Sci. Technol.*, **24**, 283 (2011)
34) S. Wu et al., *High Perform. Polym.*, **20**, 281 (2008)
35) T. Kikuchi, *Polym. J.*, **44**, 1222 (2012)
36) 石井淳一，ポリイミド・芳香族高分子最近の進歩 2013, p.46 (2013)
37) Z. Hu et al., *J. Membrane Sci.*, **329**, 146 (2009)
38) G. Wang et al., *J. Photopolym. Sci. Technol.*, **29**, 259 (2016)
39) Y. Tsuda et al., *Polym. J.*, **38**, 88 (2006)
40) Y. S. Vygodskii et al., *Macromol. Rapid Commun.*, **23**, 676 (2002)
41) M. Yoneyama et al., *High Perform. Polym.*, **18**, 817 (2006)
42) 中村奏美ほか，ポリイミド・芳香族高分子最近の進歩 2014, 132 (2014)
43) N. D. Ghatge et al., *J. Polym. Sci., Polym. Chem.*, **18**, 1905 (1980)
44) 柳下宏ほか，膜（MEMBRANE），**10** (6), 365 (1985)
45) A. Morikawa et al., *J. Photopolym. Sci. Technol.*, **29**, 231 (2016)
46) Y. Ohishi et al., *J. Polym. Sci., Part A Polym. Chem.*, **30**, 1027 (1992)
47) Y. Imai, Advance in Polymer Science, **140**, p1, ©Springer-Verlag Berlin Heidelberg (1999)
48) Y. Imai et al., *J. Polym. Sci., Part A., Polym. Chem.*, **36**, 1341 (1998)
49) T. Inoue et al., *Macromolecules*, **30**, 1921 (1997)
50) T. Inoue et al., *Macromolecules*, **28**, 6368 (1995)
51) J. Chiefari et al., *High Perform. Polym.*, **15**, 269 (2003)
52) 飯島正行ほか，表面技術，**50** (7), 596 (1999)
53) 望月周ほか，ポリイミド・芳香族高分子最近の進歩 1994, 10 (1994)
54) A. Mochizuki et al., *Macromolecules*, **28**, 365 (1995)

55) 浅尾勝哉ほか，化学工業論文集，**38**，39（2012）
56) 浅尾勝哉，ネットワークポリマー，**29**，132（2008）
57) 舘秀樹，大阪府立産業技術総合研究所報告，No.21，17（2007）
58) K. Wakabayashi *et al., Macromolecules*, **41**, 1168 (2008)
59) 若林完爾ほか，ポリイミド・芳香族高分子最近の進歩2005，51（2005）
60) T. Sawai *et al., J. Photopolym. Sci. Technol.*, **26**, 341 (2013)
61) S. Watanabe *et al., High. Perform. Polym.*, **24**, 710 (2012)
62) C. Hamciuc *et al., High Perform. Polym.*, **23**, 362 (2011)
63) S. Mallakpour *et al., High Perform. Polym.*, **20**, 3, (2008)
64) L. Li *et al., High Perform. Polym.*, **28**, 1263 (2016)
65) S. A. Swint *et al., Macromolecules*, **23**, 4514 (1990)

【第2編　ポリイミドの機能向上技術動向
　　　　―設計・処理・複合／アロイ化・評価―】

第1章　無色透明ポリイミドの分子設計と高性能化技術

松本利彦*

　無色透明な芳香族ポリイミドについては，H-フィルム（後の Kapton®）を開発した E. I. デュポン社の Roger が含フッ素ポリイミドで 1969 年に特許取得している[1]。これと前後してロシア（旧ソ連）の研究グループが芳香族ポリイミド Kapton® の着色に初めて科学的な目を向けた[2]。Dine-Hart らは，モデル化合物を用いて当時流行していた電荷移動理論（Charge Transfer Theory）によって芳香族ポリイミドの着色を説明している[3]。さらに Gordova らはポリイミドそのものを使って着色が電荷移動（CT）相互作用によるものであることを示した。しかし，フィルムなど高分子の凝集体を対象とする場合，CT が分子内か分子間かのどちらで起こっているか議論が分かれる。Erskine は Kapton®（フィルムをダイアモンドセルに挟んで印加圧力と UV-vis 透過スペクトルの相関を調べている[4]。フィルムに圧力印加すると吸収端波長が長波長シフトし，除圧すれば元に戻る現象が 120 kBar まで可逆的に起こると報告している。これは，Kapton® の着色が分子間 CT に起因することを強く示唆するものである。筆者はモデル化合物を用いて芳香族ポリイミドの着色の起源を量子化学的立場から議論し，分子内 CT（HOMO-LUMO 遷移）だけでも説明可能なことを示した[5]。これまで随所で述べているように，ポリイミドフィルムにおける無色透明化の設計指針は HOMO-LUMO エネルギーギャップを広げ，CT を抑制することに尽きる。分子軌道計算によれば，ポリイミドモデルのジアミン構造単位部分に HOMO（最高被占軌道）が，酸二無水物構造単位部分に LUMO（最低空軌道）が局在している。言い換えれば，イオン化ポテンシャルが大きい（HOMO エネルギーレベルの低い）ジアミンと電子親和力の小さい（LUMO エネルギーレベルの高い）酸二無水物とを組み合わせてポリイミドを作製すれば無色透明になる。具体的に述べると，ジアミンのイオン化ポテンシャルを大きくするためには芳香環にフッ素など電気陰性度の大きな原子あるいは原子団の導入，電子吸引性の連結基（-SO$_2$- など）で芳香環をメタ位結合，あるいは脂環構造の導入などの方法がある。また，酸二無水物の電子親和力を小さくする例としてはフタル酸無水物ベンゼン環を直接連結させたねじれ構造や脂環構造の導入があげられる。図 1 は初期（1960～1980 年代）に報告された無色透明な芳香族ポリイミドの例である。

　筆者らは脂環構造，特に多脂環（ダイヤモンド様）構造テトラカルボン酸二無水物を合成してこれらと芳香族ジアミンとから"半芳香族"あるいは"脂環式"と呼ばれるポリイミドを作製し

---

*　Toshihiko Matsumoto　東京工芸大学　工学部　生命環境化学科　教授

てきた。酸二無水物からベンゼン環を排除することによって，結果として LUMO エネルギーレベルが低下して電荷移動に起因する着色が抑制された。しかし，シクロブタンテトラカルボン酸二無水物あるいはシクロヘキサンテトラカルボン酸二無水物などの単環構造では，芳香族ポリイミドと比べて耐熱性が劣る。特に 5%熱重量減少温度や熱分解温度が 400～450℃ と，100℃ 程度低い。多脂環構造の究極としてのダイヤモンドは不活性雰囲気中では 1,000℃ に加熱しても重量減少は起こらず，空気中では 800℃ から燃焼による重量減少が始まる。Malik らは多脂環構造を持つ 4,9-ジエチニルジアマンタンを熱重合させて樹脂を作製し，その耐熱性を評価している（図2)[6]。図から明らかなように，空気中あるいは Ar 中での 5%熱重量減少温度が 518～525℃ であ

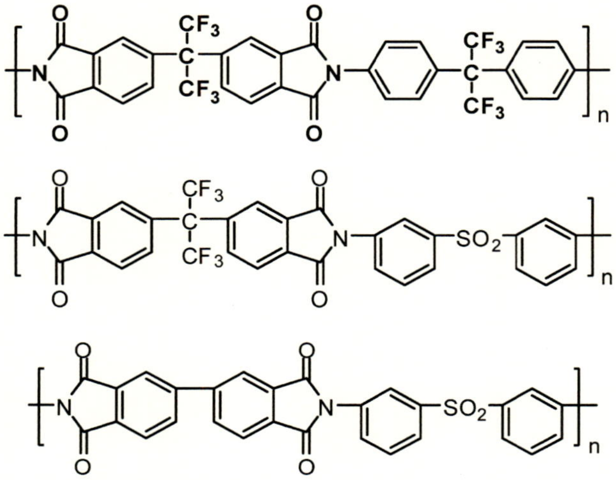

図1　無色透明芳香族ポリイミドの初期の報告例

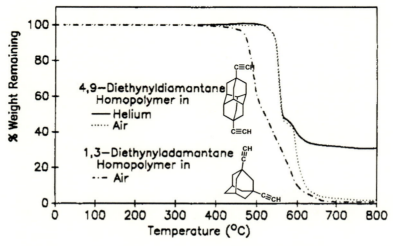

図2　ジエチニルジアマンタン重合体の熱重量曲線[6]

第1章　無色透明ポリイミドの分子設計と高性能化技術

図3　多脂環構造テトラカルボン酸二無水物の例

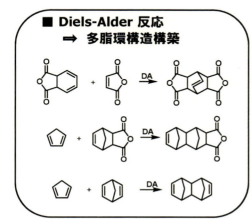
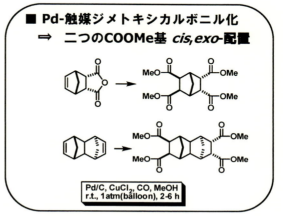

図4　多脂環構造テトラカルボン酸二無水物を合成する二つのキー反応

り，1,3-ジエチニルジアダマンタンからのものと比べておよそ50℃高い。筆者らがこれまでに合成した代表的な多脂環構造をテトラカルボン酸二無水物の例を図3に示した。本稿ではその中でも最近，注力しているシクロペンタノンビススピロノルボルナンテトラカルボン酸二無水物（CpODA）を用いたポリイミドについて紹介する。CpODAは，シクロペンタノンから数ステップを経て合成される[7]。鍵となる反応は多脂環構造を構築するDiels-Alder反応と無水物ユニットを導入するPd触媒メトキシカルボニル化反応の二つである（図4）。CpODAの二つの酸無水物部分は離れて存在するため，一方がジアミンと反応しても他方の反応性に影響を及ぼさずに独立して二つが高い反応性を持ち，短時間で高分子量のポリアミド酸が得られる。

　ポリアミド酸溶液からポリイミドフィルムを作製する方法は，通常熱イミド化法と化学イミド化法の二つだが，最近，両者を併用する方法も報告されている[8]。熱イミド化法では，ポリアミド酸溶液をガラス板など平滑な基板上に流延塗布し，減圧下で350℃程度まで段階的に加熱して溶媒を留去させ，同時に脱水閉環によってイミド化させる方法である。ポリアミド酸は近接した位置に存在するカルボキシル基が触媒的に働いてアミド結合を切断して無水物とアミノ基に戻る反応，言い換えると解重合が起こって分子量が低下する。ポリアミド酸溶液を室温で放置すれば起こり[9]，また同じ組成で異なる分子量のポリアミド酸溶液を混合すると分子量が揃ってくる。ポリアミド酸はまさに"なまもの"であり，長時間保存する場合は冷蔵庫，好ましくは冷凍庫に

入れておかなければならない。熱イミド化の場合，昇温過程における中温度領域（150℃〜200℃）でイミド化反応と併発的に解重合を起こし，分子量が低下する。しかし，ガラス転移温度（Tg）近傍では高分子鎖がミクロブラウン運動によって運動性を獲得し，再び末端期同士が反応（後重合）して強靭なフィルムが得られるほど分子量が増大する。Tgが330℃を超える無色透明ポリイミドの場合，減圧下350℃で30分程度の熱処理によってわずかに黄変する。一方，高Tg高分子の多くは剛直な分子構造を持ち，かつ強い分子間相互作用により重合溶媒に難溶なため化学イミド化法は，流延塗布によるフィルム作製には適さない。最近，化学・熱イミド化併用法が開発され，高Tg難溶性脂環式ポリイミドからでも高い光透過率を有する無色透明フィルムが作製されている。この手法の概念図を図5に示した。第一段階は，CpODAと芳香族ジアミンとから得られるポリアミド酸溶液に無水トリフルオロ酢酸（TFAA）とトリエチルアミン（TEA）を添加して室温で約1日間攪拌し，部分的（30％程度）にイミド化した均一溶液を作製する。次いで，第二段階は，部分イミド化均一溶液をガラス基板上に流延して減圧下，200℃で1時間加熱すると無色透明で柔軟なフィルムが得られる。Tgよりはるかに低い温度の熱イミド化でもイミド化率100％，可視光領域（400〜780 nm）平均透過率は88％以上である。フィルム面での反射やフィルム内での光散乱を考慮すればほぼ完全に無色透明と言える。同じポリアミド酸を200℃で1時間熱処理する従来の熱イミドではイミド化率は56％に過ぎない。化学・熱イミド化併用法は，図6に示したように当初はポリアミド酸から溶解性の高いポリイソイミドを介してフィルム成型後に250℃で熱異性化させて熱力学的に安定なポリイミドフィルムを作製することを目指した，その研究過程で偶然見出した方法である。効率良くアミド酸をイソイミドに変換するのに有効な（TFAA + TEA）触媒を使用して，CpODAと芳香族ジアミンとから得られるポリアミド酸のイソイミド化を様々な条件下で試みたが，イソイミドの生成を確認することはで

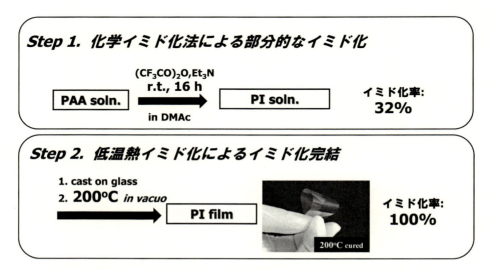

図5　化学・熱イミド化併用法を用いた高Tg脂環式ポリイミドフィルム作製プロセス

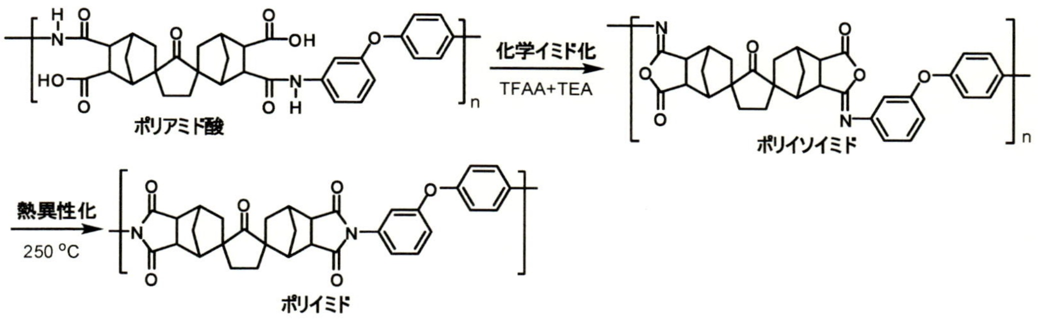

第1章　無色透明ポリイミドの分子設計と高性能化技術

図6　化学・熱イミド化併用法を着想するヒントになった当初計画

きなかった。しかし，均一溶液を上述のように処理して高透明フィルムを作製することができた。

次に，"化学イミド化沈殿法"と呼ばれる方法を紹介する。前述したように化学イミド化すると高 Tg ポリイミドは，イミド化率が 95% 程度に達するとほぼ全ての場合で白色沈殿が生じる。ジアミン成分が 3,4'-DDE や m-Tol の場合，この固形分はクロロホルムなどのハロゲン化炭化水素に溶解する。この方法では化学イミド化によってポリイミドを重合溶媒に"積極的に沈殿させ"，固体をろ別後にキャスト溶媒であるハロゲン化炭化水素に溶解させ，ガラス板など平滑基板に流延後，減圧下 100℃ 以下で溶媒を除去すると高透明ポリイミドが容易に得られる。4,4'-DDE のように対称性の高いジアミンを用いると，沈殿したポリイミド固体はハロゲン化炭化水素にさえ不溶になる。しかし，対称性を乱す少量の 3,4'-DDE を加えて共重合させると劇的に溶解度が向上する。また，シクロペンタノンのようなシクロアルカノンにもポリイミド固体が溶解するので，適用範囲が広がっている。

熱イミド化法（T），化学イミド化沈殿法（C），および化学・熱イミド化併用法（C＋T）の三種類の方法で作製したポリイミドフィルムの UV-vis 透過曲線を図7に示した。また，ここで使用した芳香族ジアミンモノマーの化学構造と略称を図8に表した。ポリアミド酸調製の溶媒は N,N-ジメチルアセトアミド（DMAc），C法におけるキャスト溶媒にはクロロホルムを用いた。方法の後のカッコ内の数字はフィルム作製時の熱処理温度を示す。いずれのポリイミドフィルムもほぼ完全に無色透明であり，特に，C法とC＋T法では低温でフィルム作製するため透明性が極めて高い。

CpODA と芳香族ジアミンを用いて異なるイミド化法によって作製されたいくつかのポリイミドフィルムの熱特性を表1に示した。化学的耐熱性の指標となる 5% 重量減少温度（T_5）および分解温度（T_d，TGA 曲線接線交点法）は窒素雰囲気下（200 ml min^{-1}），昇温速度が毎分 10℃ の条件で測定した。多脂環構造の導入によって脂環式ポリイミドとしては極めて高い分解温度を示すことがわかる。また，物理的耐熱性と言われる Tg はフィルム試料を用いて針入法で測定した。Tg は 320℃ 以上であり，オプトエレクトロニクス基材の要件の一つを満たしている。この高い Tg は多脂環構造の剛直性と，ポリマー鎖中の CpODA シクロペンタノンカルボニル基間に

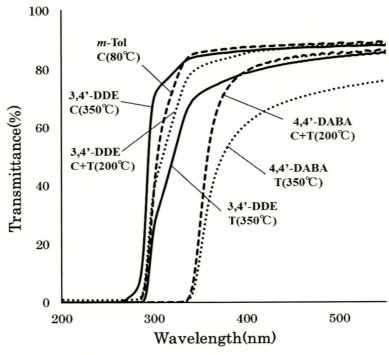

図7 各種イミド化法で作製したポリイミドフィルムのUV-vis透過曲線
T：熱イミド化法，C：化学イミド化沈殿法，C＋T：化学・熱イミド化併用法

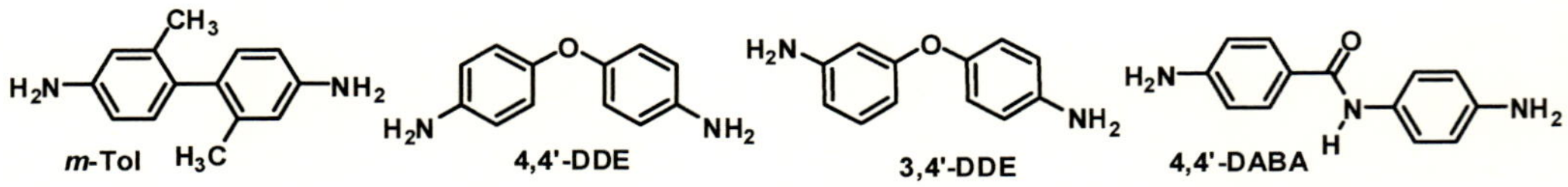

図8 透明ポリイミドフィルム作製に用いた芳香族ジアミンモノマーの化学構造と略記号

表1 異なるイミド化法によって作製されたポリイミドフィルムの熱特性

イミド化法[a]	ジアミン	T5[b] (℃)	Td[c] (℃)	Tg[d] (℃)	CTE[e] (ppmK^{-1})
T	m-Tol	459	475	322	69
	4,4'-DABA	481	501	>400	17
	3,4'-DDE	467	483	333	57
	4,4'-DDE	468	488	354	49
C	m-Tol	456	475	345	38
	3,4'-DDE	478	488	329	48
C＋T	4,4'-DABA	472	495	>400	24
	3,4'-DDE	472	488	331	54

a) T：熱イミド化法　C：化学イミド化沈殿法　C＋T：化学・熱イミド化併用法，
b) 5％重量減少温度，c) 熱分解温度（接線交点），d) ガラス転移温度（針入式），
e) フィルム面内熱膨張係数

第1章　無色透明ポリイミドの分子設計と高性能化技術

図9　シクロペンタノンビススピロノルボルナンテトラカルボン酸二無水物（CpODA）を用いたポリイミドのケト基間双極子-双極子相互作用

働く双極子-双極子相互作用によるミクロブラウン運動の束縛あるいは凍結に起因すると考えられる。このイメージを図9に描いた。フィルムの面内の線熱膨張係数（CTE）は電子回路を実装する上で重要な物性値であり、デバイスを作製する場合は、配線の剥離やクラック発生を防ぐために銅とのCTEマッチングが必須要件である。表1に示したCTEはTMA装置を用いて引っ張りプローブで窒素気流下、昇温速度5℃ min^{-1}で測定し、セコンドランの100〜200℃平均値から求めた。ジアミンが4,4'-DABAの場合を除き、ポリカーボネートなど汎用透明プラスチックと同程度かそれよりやや低い値になっている。CpODAと4,4'-DABAとから得られるポリイミドフィルムは銅箔のCTE（16.7 ppm K^{-1}）に近い17〜24 ppm K^{-1}の値を示した。このジアミンは板状構造のアミド結合を含むので高分子鎖が極めて剛直で、水素結合によって面内配向しやすいためである。リタデーションRthはフィルム厚1μm当たり、T法のものは114 nm、C＋T法では57 nmであり、ポリイミド鎖が面内配向していることを裏付けている。フィルムの膜厚はおよそ10μmなので、実際の値はこの10倍程度になる。

　化学イミド化沈殿法の優れた点は、高温加熱が不要なため酸化着色が抑えられて極めて高い光透過性を持つポリイミドフィルムが得られることに加えて、面内方向の熱膨張係数（CTE）が熱イミド化法より低くなることである。ポリイミド溶液を基板にキャストするとポリマー鎖は基板面に対して平行に配向し、低沸点溶媒が蒸発する過程でもこの配向状態が保持されるためだと推測される。一方、ポリアミド酸から熱イミド化によってフィルムを作製する場合、後重合によってフィルムを強靭にするために350℃程度（Tg近傍）まで昇温する必要がある。しかし、Tg以上ではミクロブラウン運動によってポリイミド分子鎖の配向緩和が起こり、フィルム面内方向のCTEが増大すると考えられている。

　高耐熱性の無色透明フィルムというだけでは実際のボトムエミッションタイプ有機ELなどのようなオプトエレクトロニクス用基板としての利用には不十分である。水蒸気や酸素などの気体透過性の低減、化学的安定性および耐候性の向上、100〜200μmの厚膜化技術の開発、など実用

化には解決すべき課題が山積している。ポリイミドフィルム単独ではなく，無機系薄膜による表面処理，ナノ粒子やナノファイバーとの複合化が必要だと思われる。

文　　　献

1) E. E. Rogers, US Patent 3, 356, 648 (1967)
2) B. R. Bikson *et al., Vysokomol. Soed. Ser. A*, **12** (1), 69 (1970)
3) R. A. Dine-Hart *et al., Makromol. Chem.*, **143**, 189 (1971)
4) D. Erskine *et al., J. Polym. Sci. Part C, Polym. Lett.*, **26**, 465 (1988)
5) a) T. Matsumoto, *High Perform. Polym.*, **11**, 367 (1999)；b) T. Matsumoto, *J. Photopolym. Sci. Technol.*, **12**, 231 (1999)
6) A. A. Malik *et al., Macromolecules*, **24**, 5266 (1991)
7) 木村亮介ほか，高分子論文集，**68** (3)，127 (2011)
8) T. Matsumoto *et al., J. Photopolym. Sci. Technol.*, **27** (2), 167 (2014)
9) a) V. L. Bell *et al., J. Polym. Sci. Chem. Ed.*, **14**, 2275 (1976)；b) 今井淑夫ほか，最新ポリイミド―基礎と応用―，p.15，エヌ・ティー・エス (2002)

第 2 章　溶液加工性を有する低熱膨張性透明ポリイミド

長谷川匡俊*

1　透明耐熱樹脂の必要性

　各種画像表示デバイスには現在ガラス基板が用いられているが，軽量化・薄型化・フレキシブル化を目指し，ガラス基板代替として透明プラスチック基板材料の開発が行われている。例えば現行の約 400 μm 厚のガラス基板が 30 μm 厚程度のプラスチック基板に置き換わると，重量が 1/10 以下になり，画像表示デバイスを劇的に軽量化することができる。ポリエーテルスルホン（PES）は現行のスーパーエンジニアリングプラスチックの中で最も耐熱性が高く（指標としてガラス転移温度：T_g = 225℃），透明性や成型加工性にも優れているが，PES でさえも，デバイス製造工程時の高温環境に対して耐熱性（T_g）が十分ではない。この用途では長期耐熱性（化学的耐熱性）よりも短期耐熱性（物理的耐熱性）の方が重要である。この観点から，表示デバイスの種類にもよるが，プラスチック基板材料には少なくとも 300℃ 以上，好ましくは 350℃ 以上，できれば 400℃ 以上の耐熱性（T_g）が求められる。

　更に近年問題視されているのが，デバイス製造時の温度上昇－室温への冷却の繰り返し（熱サイクル）による，プラスチック基板の寸法変化（主にフィルム面（XY）方向への）であり，例えプラスチック基板の T_g 以下の温度域内での熱サイクルであっても，プラスチック基板が大面積の場合，寸法変化量の絶対値が大きくなり，実装部品の位置ずれ，界面での接着不良，透明電極等脆弱部の破断などの問題が生じる可能性が高まる。また，熱サイクルに伴う可逆的熱膨張-収縮が何度も繰り返されるにつれて，プラスチック基板の微小な永久変形が徐々に蓄積されていく可能性もある。このような寸法変化を抑制する直接的な方法は，熱サイクルの最大温度がプラスチック基板材料の T_g よりもずっと低い温度に設定されていること（即ち T_g をできるだけ高くすること）はもとより，プラスチック基板材料の T_g 以下の温度域における XY 方向線熱膨張係数（Linear Coefficient of Thermal Expansion：CTE）をできるだけ下げる（理想的にはゼロにする）ことである。この観点からも高い CTE 値（60 ppm/K）を有する PES フィルムは好ましくない。以下，XY 方向 CTE を単に CTE と記すことにする。

　一方，全芳香族ポリイミド（PI）は耐熱性の点ではガラス代替材料として申し分なく，低 CTE 値を示す PI フィルムもいくつか市販されているが，電荷移動（charge-transfer：CT）相互作用により強く着色しており[1]，プラスチック基板の着色が基本的に不問である top-emission

---

*　Masatoshi Hasegawa　東邦大学　理学部　化学科　教授

タイプの有機発光ダイオード（OLED）ディスプレー用途[2]を除けば，現行の芳香族 PI 系もガラス代替材料として採用不可である。そのため候補材料として，高 T_g・低 CTE・高透明性を同時に有する PI 系の開発が検討されている。

2 ポリイミドフィルムの着色の抑制と低熱膨張化のための方策

2.1 透明性に及ぼす因子

フィルムの透明性・着色性は通常，全光線透過率，ヘイズ（濁度），黄色度指数（Yellowness Index：YI）より評価されるが，紫外-可視分光光度計による波長 400 nm における光透過率（T_{400}）より透明性の良し悪しを簡便に比較することもできる。東レ・デュポン社の Kapton® H フィルムに代表される全芳香族 PI フィルムの強い着色（$T_{400}=0\%$）は，光学用途（特にプラスチック基板用途）への適用を妨げている。PI フィルムの着色は以下に示す様々な因子に影響を受ける。

① PI の化学構造
  ・電荷移動（charge-transfer：CT）相互作用，π 電子共役
  ・重合度（末端アミノ基の熱分解）
  ・脂肪族基などの熱分解
② 物理的構造（凝集構造）
  ・イミド化温度，熱処理温度上昇に伴う分子間 CT 相互作用の増強
  ・結晶化によるヘイズ増加
③ 製造工程上の影響
  ・モノマー中に元々含まれている着色性不純物
  ・製膜プロセス（イミド化方法，キャスト・熱処理温度条件，雰囲気）
  ・溶媒の種類（残存溶媒の熱分解）

これらの因子のうち最も重要なものは化学構造上の因子[a]の CT 相互作用であり，PI フィルムの透明化の成否はモノマーの選択にかかっている。

2.2 ポリイミドの化学構造と透明性の関係

全芳香族 PI の連鎖は，テトラカルボン酸二無水物由来の電子受容（吸引）性ジイミド部位（electron acceptor：A）と，ジアミン由来の電子供与性芳香環部位（electron donor：D）が交互に連結したものと見なすことができ，これに基づく分子内および分子間 CT 相互により可視光波長域（400〜800 nm）に弱い CT 吸収帯が生じ，PI フィルムを着色させる[1]。従って CT 相互作用を完全に妨害するかあるいは CT 吸収帯を紫外域まで短波長シフトさせてしまえば PI フィルムの色を消すことができる。図 1 に無色または着色の弱い全芳香族 PI 系の例を示す。これらは基本的に電子親和力の低い芳香族テトラカルボン酸二無水物とイオン化電位の大きい芳香族ジ

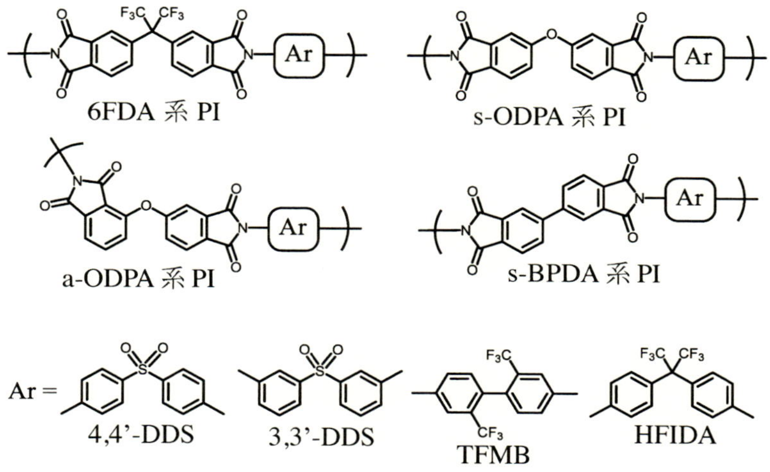

第2章　溶液加工性を有する低熱膨張性透明ポリイミド

図1　無色または着色の弱いフィルムを与えるポリイミド系の例

アミンの組み合わせであり，しばしばジアミン側には$-SO_2-$基，$-CF_3$基のような電子吸引基，テトラカルボン酸二無水物側には$-O-$基のような電子供与基が導入されている[1]。

高温や加水分解に対して不安定な電子吸引基（ニトロ基やシアノ基など）を導入した市販のジアミンはない。またベンゼン核に直結した塩素やフッ素などのハロゲン基も電子吸引基として働くが，高温環境で生じうるハロゲン性分解残渣が例え痕跡量でもコロージョンの引き金となる恐れがあるので，本用途にはやはり好ましくない。ジアミン上の電子吸引基の位置も重要である。官能基（アミノ基）に対してオルト位に置換基を導入すると，重合反応の際の立体障害となり，しばしば重合度が十分に上がらない。ピリジン，ピラジン，トリアジンなどの含窒素複素環も，共役効果により電子吸引基として働くため（特にトリアジン環は強力），それらにアミノ基が直結すると，その塩基性（重合反応性）が大きく低下する。例えば2,6-ジアミノピリジンを用いた系ではPAAの重合度は上がりにくく，しばしば製膜が困難になる。ちなみに，本稿でいう"重合反応性"は重付加反応の「2次反応速度定数」のようなものではなく，最終的に得られたPAAの分子量（または簡易的に還元粘度）を基準としたものであり，こちらで比較した方が反応速度定数よりも実用的である。経験的にはPAAの還元粘度η_{red}値にしておおよそ0.4〜0.5 dL/gあたりを境目にして，それを下回ると，クラックなどでPAAの製膜が急に難しくなる。

4,4'-(Hexafluoroisopropylidene)diphthalic anhydride（6FDA）は電子吸引基（$-CF_3$基）が結合しているにもかかわらず，図1に例示した4つのテトラカルボン酸二無水物の中では，最も高い透明化効果を示す。これは，$-CF_3$基がベンズイミド環に直接結合していないため，CF_3基の電子吸引効果が弱められていること，そして嵩高い$-CF_3$基の存在により，フィルム中においてPI鎖のスタッキングが妨害されて分子間CT相互作用が劇的に弱められていることによるものであろう。実際，6FDA/TFMB系PIフィルムは殆ど無色透明である。

またやや消極的な方法であるが，より多様なコンホメーション変化をとりうるメタ結合を導入

したモノマーを用いることによっても透明性が多少改善できる。更に PI 主鎖中の芳香環や複素環の分子平面が相互に立体的に捩じれるようにしてコプラナー化を妨害することも，透明性改善に一定の効果がある[3]。

2.3 ポリイミドフィルムの透明性に及ぼす化学構造以外の因子

PI フィルムの透明性は，使用したモノマーに由来する PI 鎖の化学構造とは関係のない因子によっても大きな影響を受けることがある。例えば，PI の分子量が十分でない場合，末端基が増加することになり，末端アミノ基（特に芳香族アミン末端）の熱や光分解が着色の原因となりうる。PAA 重合の際に無水フタル酸などを添加することでアミン末端を封止することができる。脂環式モノマーを用いた場合は，耐熱性の低い脂環構造部位の熱・酸化分解による着色にも注意が必要である。空気中で熱イミド化や熱処理するとフィルムが着色しやすい。窒素などの不活性ガス中や真空中で熱イミド化する場合でも，経験的には 330℃ 以上に加熱すると着色が目立つようになる。その他の着色要因として，モノマー中の痕跡量の着色性不純物が挙げられる。芳香族ジアミンではたとえ化学的純度が高くても，着色性不純物により元々着色している原料があるので注意を要する。昇華精製は再結晶法よりも芳香族ジアミンの着色性不純物を除くのにしばしば有効である。また，使用する溶媒によっては，本来透明な PI フィルムが激しく着色することがある。沸点の高い溶媒ほど痕跡量の着色性熱分解残渣としてフィルム中に残留しやすい傾向があり，PI フィルムの着色のしやすさの序列は経験的には HMPA≫NMP＞DMI＞DMAc のようになる（HMPA＝ヘキサメチルホスホルアミド，NMP＝N-メチル-2-ピロリドン，DMI＝1,3-ジメチル-2-イミダゾリジノン，DMAc＝N,N-ジメチルアセトアミド）。この中で HMPA は特に毒性が強い。毒性は別にして PI フィルムの透明性の観点では NMP より DMAc の方が好ましい。

PI フィルムの着色をできるだけ抑制するという観点から，PI フィルムの作製経路も重要である。図 2 に 3 種類の経路を示す。前述のように脂環構造を有する PI 系では，通常の二段階法で製膜する際に熱イミド化条件が適切でないと，強く着色する場合がある。溶媒溶解性が十分高い PI 系の場合は，通常の二段階法に加えて，モノマーを溶液中で加熱しながら反応させて一段階で PI ワニスとするワンポット法（溶液還流イミド化法）や，PAA を重合後，PAA 溶液を適度に希釈してから過剰量の脱水閉環試薬（無水酢酸／ピリジン）を滴下し，室温で十分に撹拌してイミド化する方法（化学イミド化法）も適用できる。図 2 からわかるように，溶液還流イミド化法は非常に簡便であるが，化学イミド化法は工程が多く，やや煩雑である。化学イミド化法では，反応溶液の均一性が常に保持されている必要がある。ゲル化や沈殿の析出などが起こると，イミド化が完結しにくい。化学イミド化して得られた均一な溶液を適度に希釈してから大量の貧溶媒（水やメタノールなど）に滴下することで PI を繊維状粉末として析出させ，次いで洗浄・乾燥する。得られた PI 粉末を所望する純溶媒に再溶解して PI ワニスを得ることができる。化学イミド化の完結は上記 PI 粉末を DMSO-d_6 などの重水素化溶媒に溶かして ^{1}H-NMR スペクトルをとり，化学シフト δ＝10 ppm 付近のアミドプロトンシグナルの完全な消失より確認することがで

第2章 溶液加工性を有する低熱膨張性透明ポリイミド

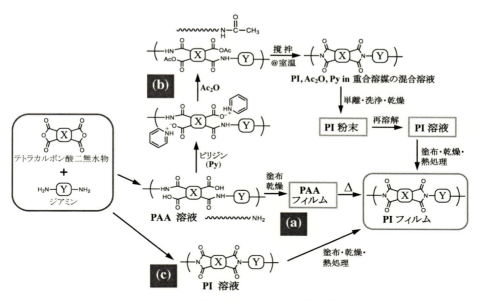

図2 PAAの重合，イミド化および製膜経路
(a)二段階法（熱イミド化），(b)化学イミド化法，(c)溶液還流イミド化法

きる。アミド基を元々含有するモノマーを使用した系であっても，モノマー由来とPAA由来のアミドプロトンは通常化学シフト値が異なるので，上記と同様にイミド化の完結を確認できる。化学イミド化を経る経路を採用する場合，過剰の脱水閉環試薬が製膜の際に残っていると，PIフィルムの着色に関与することがあるので，濾別したPI粉末は十分洗浄して完全に除去しておいた方がよい。化学イミド化して乾燥したPI粉末を純溶媒に溶かしてワニスとし，これを基板上に塗布・乾燥して得られたPIフィルムは，通常の二段階法で得られたものよりも，しばしば透明性が高い。その1つの要因として，無水酢酸（Ac$_2$O）による末端アミノ基の封止効果（図2）が挙げられる。また，化学イミド化PI粉末は通常，熱イミド化PIフィルムよりも溶媒溶解性が高い。

2.4 ポリイミドの化学構造と低熱膨張特性の関係，およびモノマーの選択

図3に低熱膨張性PI系の例を示す。上記のように6FDA/TFMB系PIフィルムは殆ど無色であるが，残念ながら低CTEを示さない[4]。一般に，低CTEを発現させるためには，熱イミド化により，PI主鎖のXY方向への劇的な分子配向（面内配向）が起こらなければならない[5,6]。これが誘起されるためには図3に示すようにPI主鎖骨格が直線的で剛直であることが必須である[2〜14]。6FDA/TFMB系PIでは，主鎖構造を2次元的に描くと図1のように一見，直線性が保持されているようにも見えるが，実際には6FDA由来のジイミド構造単位に着目すると，ヒンジ部（中央の4級炭素）でフタルイミド環が捻じれ[15,16]，TFMB部位に限れば局所的には直線状であっても，主鎖全体で見ると直線性は保持されにくいものと推測される。6FDA/TFMB系は

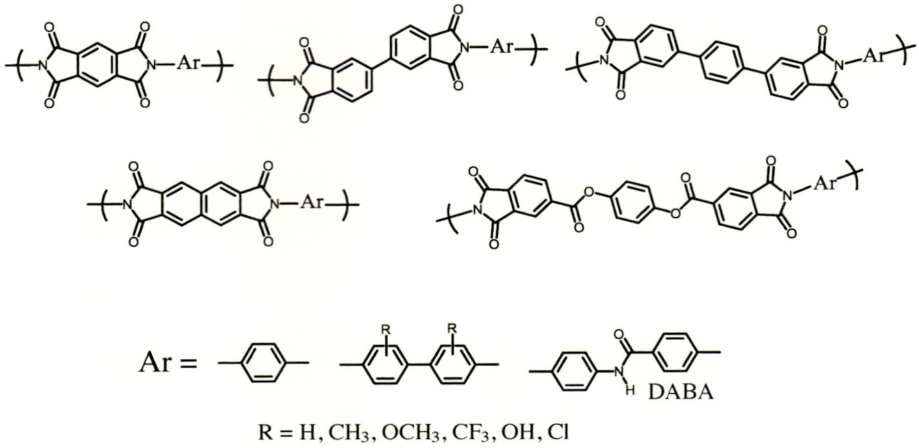

図3 低CTEを示すポリイミド系の典型的な主鎖構造

様々な有機溶媒によく溶けるため[17]、高固形分濃度で安定なPIワニスが得られるが、これをキャスト製膜した場合（熱イミド化なしで）も、低CTEは得られない[17]。これは一般の高分子系に見られるのと同じ現象である。即ち、ポリマー溶液をキャスト製膜しただけのフィルム（無延伸）のCTEは60～120 ppm/Kの範囲であり[18]、通常、キャスト製膜工程のみ（溶媒を飛ばすだけ）では、低CTE化に必須な高度な面内配向を誘起するほどの駆動力にはならない。

前述のように、4,4'-DDSや3,3'-DDS（図1）を用いると、PIフィルムの着色を低減するのに有効であるが、PI主鎖は-SO_2-基のところで大きく折れ曲がり、直線性を失うことになる。実際にこれらのジアミンより得られるPIフィルムは低CTEを示さない。このような事情から、低CTEと高透明性を両立するのに適したジアミンは事実上TFMBに絞られる。PMDA/TFMB系PIは、その完全棒状主鎖構造に由来して、熱イミド化により劇的な面内配向が誘起されて極めて低いCTE（負の値）を発現するが[4]、強く着色している[8]。一方、s-BPDA/TFMB系PIフィルムは6FDA/TFMB系ほど透明ではないが、比較的着色は抑えられており[8]、比較的高い主鎖の直線性から低CTEの発現も期待される。そのため、入手可能な一般的モノマーの組み合わせで低CTEと透明性を両立しようとするなら、その候補はs-BPDA/TFMB系くらいしかないことがわかる。しかしながら、通常の熱イミド化条件で実験室的にs-BPDA/TFMB系PIフィルムを作製すると、CTEは34 ppm/Kとなり、期待したほど低CTEにはならなかった[8,10]。とはいうものの、製膜の条件次第では、s-BPDA/TFMB系PIのCTEを更に下げることは恐らく可能である。また、このPIフィルムは比較的熱可塑性でありT_g（300℃付近）を超えて分子運動が許されると、結晶化して白濁する傾向も見られる。このような白濁現象は透明プラスチック基板への適用を目指す上で好ましくない。

第2章　溶液加工性を有する低熱膨張性透明ポリイミド

2.5　線熱膨張係数を測定する際の留意点

　ここでCTE測定上の留意点について触れておく。フィルム試料のCTEは熱機械分析（TMA）によって求めることができるが，フィルムの残留歪には特に注意が必要である。とりわけ基板上で加熱処理して作製したばかりのフィルムには，基板から剥離後も歪が残っており，極端な場合はTMAの昇温過程でフィルムの歪が解放されて収縮が起こることがあり，気づかぬうちにCTE値を過小評価してしまうことがある。そのため，TMA測定前にフィルムの残留歪を十分に除いておく必要がある。屈曲性の高い主鎖構造の熱可塑性フィルムの場合は，残留歪の影響は小さいことが多いが，剛直で分子運動性に乏しいフィルムでは残留歪の影響がしばしば大きい。正常なTMA曲線は，2つの直線即ちT_g以下で傾きの小さな直線とT_g以上で傾きの大きな直線からなる。CTEは前者の勾配から求められる。TMA曲線がそのように単純な2つの直線にならず，湾曲している場合は，昇温過程における残留歪の解放かまたは別の原因（結晶化，熱分解反応，架橋反応，あるいはイミド化が完結していなかったため，TMAの昇温過程でイミド化が起こるなど）が疑われる。TMAの昇温過程で吸着水が脱着する際にも，フィルムが大きく収縮することがあるので，TMAチャンバー内に乾燥窒素を流しながら1st-runで120℃くらいまで昇温して吸着水を飛ばした後，室温まで下げてリセットし，2nd-runのデータからCTEを求めた方がよい。残留歪が十分に除去されたフィルム試料では，T_g以下の温度領域において昇温時の熱膨張曲線と降温時の収縮曲線がほぼ重なるはずである。そのような可逆性が確認できない場合は，フィルムに歪が残っていた可能性が高い。TMA装置のセンサー部の材質（石英製かステンレス製か）も選択を間違うと正しいCTE値が得られないことがある。このように，他の物性評価項目と異なり，CTEを適正に評価するために様々な注意を払う必要がある。

3　低熱膨張係数と高透明性を同時に実現するポリイミド系の探索

　PIフィルムの着色を防止するのに，ジアミン側かテトラカルボン酸二無水物側か少なくとも一方に脂肪族モノマーを用いる方法が最も有効であり[1]，この概念に基づき，ポリイミドを透明化する多くの検討がなされてきた[19～29]。筆者らが検討してきた低熱膨張特性と透明性を同時に有するPI系の開発の変遷を図4に示す。まずジアミン側に脂肪族モノマーを使用した系について述べる。

3.1　脂環式ジアミンを用いる系
3.1.1　ポリイミド前駆体を重合する際の問題点

　図5に市販品として入手可能な脂肪族ジアミンの例を示す。ヘキサメチレンジアミンのような鎖状のものを用いるとPIフィルムのT_gが大きく低下するため本用途には不向きであり，もっぱら図5のような環状の脂肪族ジアミンが用いられる。脂肪族ジアミンではアミノ基の塩基性の強さに起因して，PAA重合初期段階で塩が形成される。これを模式的に表したものを図6に示

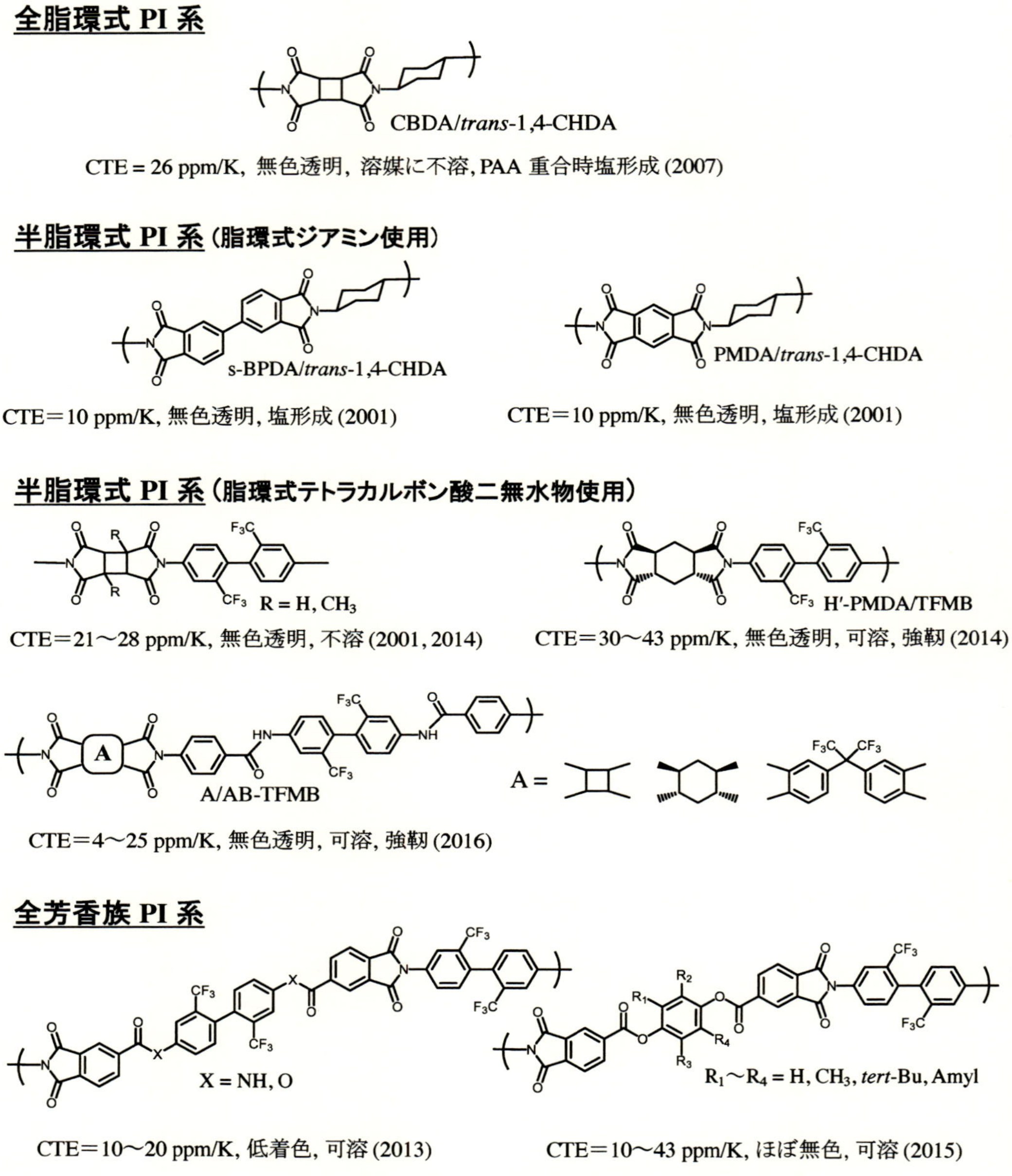

全脂環式 PI 系

CBDA/*trans*-1,4-CHDA

CTE = 26 ppm/K，無色透明，溶媒に不溶，PAA 重合時塩形成 (2007)

半脂環式 PI 系（脂環式ジアミン使用）

s-BPDA/*trans*-1,4-CHDA

CTE＝10 ppm/K，無色透明，塩形成 (2001)

PMDA/*trans*-1,4-CHDA

CTE＝10 ppm/K，無色透明，塩形成 (2001)

半脂環式 PI 系（脂環式テトラカルボン酸二無水物使用）

R = H, CH$_3$

CTE＝21〜28 ppm/K，無色透明，不溶 (2001, 2014)

H'-PMDA/TFMB

CTE＝30〜43 ppm/K，無色透明，可溶，強靭 (2014)

A/AB-TFMB

CTE＝4〜25 ppm/K，無色透明，可溶，強靭 (2016)

全芳香族 PI 系

X = NH, O

CTE＝10〜20 ppm/K，低着色，可溶 (2013)

R$_1$〜R$_4$ = H, CH$_3$, *tert*-Bu, Amyl

CTE＝10〜43 ppm/K，ほぼ無色，可溶 (2015)

図4　低 CTE・透明ポリイミド開発の変遷（抜粋）

す[30]。ここでは一例として PMDA/*trans*-1,4-cyclohexanediamine（CHDA）系が描かれている。重合反応初期では，低分子量アミド酸と未反応モノマーの混合物になっていると考えられるが，その混合物中のフリーの脂肪族アミノ基と低分子量アミド酸中のカルボキシル基との間で塩形成（酸-塩基反応）が起こり，塩（イオン）結合を介して架橋した状態になっていると推測される。

第2章　溶液加工性を有する低熱膨張性透明ポリイミド

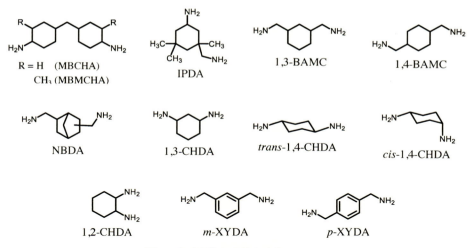

図5　入手可能な環状脂肪族ジアミン

そのため塩は無水の重合溶媒（通常アミド系溶媒）に対する溶解度が極めて低く，重合初期に沈殿として析出する。しばしば塩が溶解して均一溶液になるまで長時間かかるが，塩が極端に強固な場合は如何なる条件でも塩が溶解せず重合が全く進行しない。脂環式ジアミンのアミノ基の塩基性そのものは，ジアミン構造にあまり依存しないはずであるが，実際には塩の"強固さ"（塩の溶解時間から判断される）はジアミン構造によって大きく変わる。例えば嵩高い置換基を有する Isophoronediamine（IPDA）や折れ曲がったメチレン結合を含む 4,4′-Methylenebis(cyclohexylamine)（MBCHA）を用いた場合，重合初期に塩は一旦形成されるが，塩はそれほど強固ではなく，室温で長時間撹拌すれば塩は徐々に溶解し，やがて均一で高粘性の PAA 溶液が得られる。PMDA/MBCHA 系がこのケースである。この結果は，MBCHA が3つの異性体の混合物であることや，多様なコンホメーションを取りうることで，塩結合による架橋密度がそれほど高くならないために，溶媒分子が塩へ侵入可能となり，わずかながらでもアミド系溶媒に対して塩が溶解し，PAA の生成へ移行していくためと考えられる。

　これに対して，PMDA/*trans*-1,4-CHDA 系や CBDA/*trans*-1,4-CHDA 系において形成される塩は無水のアミド系溶媒に殆ど不溶であり，PAA を常法で重合することが極めて困難である[30]。図6に描かれた低分子量アミド酸の構造を見ればわかるように，PMDA/*trans*-1,4-CHDA 系では電子吸引基である酸無水物基がアミド酸の芳香環に直結しているためカルボキシル基の酸性度が高くなっており，塩の架橋密度が非常に高いことと相まって，塩が極めて強固になっているものと推定される。塩形成そのものを完全に回避する方法，あるいは塩形成をできるだけ抑える方法がいくつか知られている。

(a)　できるだけ嵩高く，折れ曲がった構造の脂肪族ジアミンを使用
(b)　反応条件の変更（モノマー濃度，反応温度，モノマーの添加順序）
(c)　ワンポット反応（ポリアミド酸で止めずに，加熱して一気にポリイミドへ変換）

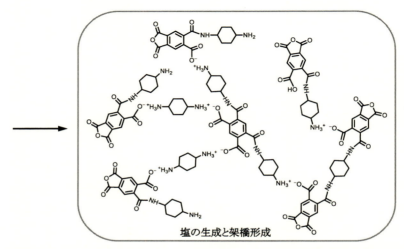

図6 脂肪族ジアミンとテトラカルボン酸二無水物の重付加反応初期に起こる塩形成と予想される架橋構造の模式図（PMDA/1,4-CHDA系を例示）[30]

(d) 酢酸添加法
(e) トリアルキルシリル化法
(f) 嵩高いまたは折曲がった構造のテトラカルボン酸二無水物の使用
(g) 脂肪族ジアミンの使用はあきらめ，脂環式テトラカルボン酸二無水物と芳香族ジアミンを使用

上記のように折曲がった構造のMBCHAやIPDAなどを使用することで，最終的には均一なPAA溶液が得られるが（方法(a)），均一化するまでの重合時間が長く（生産性が低く），得られるPAAの分子量がロットごとにばらつきやすい。

PAAを重合する際，通常はジアミンを溶媒に溶かして置き，そこへテトラカルボン酸二無水物粉末を添加するのが一般的手順であるが，モノマーの添加順序を逆にすることで，反応溶液が脂肪族ジアミン過剰の状態にならないようにする方法や，モノマー濃度や反応温度を最適化する

第2章 溶液加工性を有する低熱膨張性透明ポリイミド

方法(b)も場合によっては一定の効果が見られる。モノマーから一気にPI化するワンポット法(c)も，PIが可溶性でゲル化等不均一化が起こらない場合は採用できる。酢酸添加法(d)[31]はフリーの脂肪族アミノ基を酢酸と塩結合させてキャップすることで塩による架橋を妨げる作用があり，いくつかの系で効果が認められている。トリアルキルシリル化法(e)[32]は，ジアミンをあらかじめトリアルキルシリル化しておくことで，重合反応によりPAAのトリアルキルシリルエステルを形成する方法即ち塩結合の起点となるカルボキシル基の生成を妨げる方法である。しかしながら後で述べるように，上記の酢酸添加法やトリアルキルシリル化法を用いても，塩形成が抑制できず重合困難な系が少なからず存在し，これらの手法は必ずしも万能ではない。

MBCHAのような折曲がった構造の脂環式ジアミンを用いる限り，如何なるテトラカルボン酸二無水物と組み合わせても低CTEは得られない。これに対してtrans-1,4-CHDAは，現在入手可能な脂環式ジアミンの中では唯一，低CTEを発現する可能性を持つものである。筆者らはtrans-1,4-CHDAと様々なテトラカルボン酸二無水物を組み合わせてPAA重合反応性を観察し，図7に示すような3つのカテゴリーに大体分類できることを報告した[28]。図7中，グループ①に属するテトラカルボン酸二無水物とtrans-1,4-CHDAを組み合わせた系では，PAA重合初期に塩形成は見られるものの，室温で数日撹拌すれば塩が徐々に溶解し，均一なPAA溶液が得られる。これらのテトラカルボン酸二無水物は共通して折曲がったあるいは嵩高い構造を持っていることがわかる（上記の塩形成回避策(f)）。グループ①の中でも，フルオレン基を含むカルド型テトラカルボン酸二無水物は構造的に非常に嵩高く，それを反映してtrans-1,4-CHDAを用いた場合も，得られたPIは溶媒に可溶となる[33]。

これに対して，グループ②の反応系では塩がやや強固なため，室温で撹拌するだけでは塩が溶解しにくいが，100～120℃で短時間ほんの数分間加熱してやれば，塩が一部溶解し，その後は加熱をやめても自身が発する反応熱で一気に塩が溶解して重合が進む[10]。これらのテトラカルボン酸二無水物はグループ①のものよりずっと剛直な構造を有していることがわかる。s-BPDA/trans-1,4-CHDA系のPAA重合の際，溶媒としてDMAcの代わりにNMPを用いると，前述のような短時間の加熱操作も必要なく，室温で数日撹拌するだけで，均一なワニスが得られる。これは恐らくこの系において生成した塩が，DMAcよりもNMPにわずかに溶けやすいことによるものであろう。しかしながら前述のように，PIフィルムの着色をできるだけ抑えるという観点からは，溶媒としてDMAcの方が好ましく，NMPはできれば使用しない方がよい。

一方，グループ③の反応系では，塩が強固過ぎて通常の方法では如何なる条件でも重合が進行しない[8,28,30]。これらの反応系では，酢酸添加法やシリル化法でも均一なPAA溶液を得るのは困難であった。グループ③のテトラカルボン酸二無水物は棒状構造を有していることがわかる。これらの結果から，trans-1,4-CHDA系における塩の強固さ（即ち重合反応性）は，重合反応初期に生成する低分子量アミド酸の構造的剛直性と密接な関係があることがわかる。CBDA/trans-1,4-CHDA系ではPAA重合が全く進まないのとは対照的に，2つのメチル置換基を有するDM-CBDAとtrans-1,4-CHDAとの反応系では，室温で長時間撹拌することで，塩が徐々に溶けて

①室温撹拌で塩が徐々に溶解する系

ODPA　6FDA　BTDA
DSDA　a-BPDA　H-PMDA　H"-PMDA
TABPFL　DM-CBDA

②塩を溶解するのに加熱が必要な系

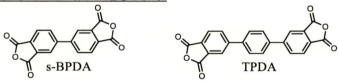

s-BPDA　TPDA

③如何なる条件でも塩が溶解しない系

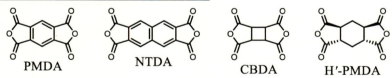

PMDA　NTDA　CBDA　H'-PMDA

図7　*trans*-1,4-CHDA と各種テトラカルボン酸二無水物の PAA 重合反応性（重合溶媒：DMAc）の分類

均一な PAA 溶液が得られる[27]。このように構造的剛直性に加えて，置換基も塩の強固さに少なからず影響を及ぼすことが伺える。

3.1.2　*trans*-1,4-CHDA より得られる PI フィルムの低熱膨張性

前述のように図5に示した殆どの脂環式ジアミンは折曲がった構造を持っているため，これらを用いる限り，PI フィルムを低 CTE 化するのは困難である。低 CTE 化が可能な脂環式ジアミンとしてはいまのところ *trans*-1,4-CHDA しかない。*trans*-1,4-CHDA と組み合わせるべきテトラカルボン酸二無水物の選択も重要であり，低 CTE 化にとって好ましいものは図7中，グループ②か③の系に絞られる。その点でグループ③の系は特に価値が高そうであるが，上記のような

第 2 章　溶液加工性を有する低熱膨張性透明ポリイミド

製造上の問題が実用化の障害となっている。グループ③の系の物性的ポテンシャルを見極めるために筆者らは，非常に限定された反応条件（HMPA と DMAc の混合溶媒およびシリル化剤の部分使用）と製膜条件（熱イミド化に先立つ HMPA の抽出）を組み合わせることで，CBDA/*trans*-1,4-CHDA 系や PMDA/*trans*-1,4-CHDA 系の透明 PI フィルムを得た[30]。図 4 に示すように，CBDA/*trans*-1,4-CHDA 系 PI フィルムは CTE＝26 ppm/K と比較的低い CTE を示し，PMDA/*trans*-1,4-CHDA 系は主鎖構造の高い直線性を反映して更に低い CTE（10 ppm/K）を示した[30]。

　グループ②のうち，s-BPDA/*trans*-1,4-CHDA 系は，短時間の加熱操作こそ必要であるが，前述のように比較的重合が容易であるのに加え，図 4 に示すように透明で非常に低い CTE（10 ppm/K）を有する PI フィルムを与える[10]。そのため高 T_g，高透明性，低 CTE だけに限れば，この系は脂肪族ジアミンを用いる PI 系の中で唯一要求特性を満たしている。しかしながらこの PI フィルムは可撓性のある自立膜にはなるものの，破断伸び（ε_b）は 10％程度とやや脆弱であり，プラスチック基板としての適用を考えると，膜靭性は十分ではない。

3.2　脂環式テトラカルボン酸二無水物と芳香族ジアミンからなる系
3.2.1　脂環式テトラカルボン酸二無水物の重合反応性とその他の問題

　脂環式テトラカルボン酸二無水物と芳香族ジアミンの重合反応では，塩形成の心配がないため，脂環式ジアミンを使用する塩形成系に比べると，はるかに PAA 重合反応の再現性がよい（分子量のばらつきが小さい）。実験室スケールでは多様な脂環式テトラカルボン酸二無水物が合成されているが[34~36]，工業的スケールで入手可能であり且つ重合反応性・要求特性面で有益な脂環式テトラカルボン酸二無水物は実際のところ限られている。図 8 に脂環式テトラカルボン酸二無水物の例を挙げる。BTA は重合反応性が低いため，4,4′-ODA のような高反応性ジアミンと組み合わせても PAA の分子量はあまり上がらず，可撓性のあるフィルムは得られない[25]。核水素化 PMDA（H-PMDA）の重合反応性も水素化する前の PMDA よりずっと低い[25,30]。BTA や H-PMDA の重合反応性を説明するのに，これらの立体構造に基づく仮説が提案されている[25,26,28,30]。即ち図 9 に描かれているように，H-PMDA とジアミンとの重合反応により，PAA 鎖は生き残ったもう一つの官能基（酸無水物基）と同一方向（図の上方向）に伸びていくことになるので，これらが空間的に近接することで立体障害を受けやすい状況にある。H-BTA を用いた場合も，PAA の分子量が上がりにくいことが報告されており[37]，これも同様な仮説により説明できる。

　上記仮説が正当であるならば，H-PMDA の 2 つの官能基の間にスペーサーを導入して近接状況を解消してやれば，上記のような立体障害が緩和され，結果として重合反応性が劇的に改善されると期待される。そこで筆者らは，核水素化トリメリット酸無水物（1-exo,2-exo,4-exo-Cyclohexanetricarboxylic anhydride：HTA）と各種ジフェノールより，官能基間にスペーサーを導入した新規なエステル基含有脂環式テトラカルボン酸二無水物を合成した（図 8 左下）。そ

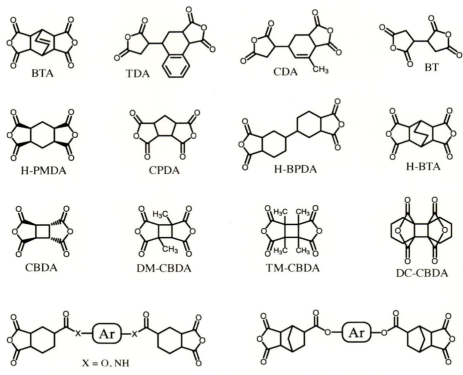

図8　入手可能な環状脂肪族テトラカルボン酸二無水物（一部入手不可）

の結果，例えばジフェノール成分がハイドロキノン（HQ）の場合，各種ジアミンと高い重合反応性を示し，固有粘度が1.0 dL/g以上の高分子量のPAAが得られた。例えば4,4′-ODAとの重合反応では，得られたPAAの固有粘度は2.3 dL/gであった。H-PMDAと4,4′-ODAとの反応では，固有粘度は0.60 dL/g程度に留まるという事実と比べると，スペーサー導入による重合反応性改善効果は明らかであり，上記の仮説の妥当性を支持する結果が得られた[25]。

　筆者らは核水素化s-BPDA（即ちH-BPDA）もH-PMDAよりずっと高い重合反応性を示すことを確認したが，この結果も上記の"スペーサー効果"によって合理的に説明できる。

　一方CBDAはPMDA並に各種ジアミンと高い重合反応性を示す[10, 27, 30]。その要因として，CBDAの2つの官能基の相互配置[19]や中央のシクロブタン4員環に蓄積されている歪（それによる酸無水物環の歪）による影響[27]が考えられる。CBDAにメチル基を2つ導入したDM-CBDAは，CBDAよりは若干重合反応性が劣るもの，依然として高い重合反応性を保持していた[27]。これに対して，メチル置換基を4つに増加したTM-CBDAは様々なジアミンと殆ど重合反応性を示さず，PAAの製膜は困難であった[27]。これは4つの置換基による立体障害で重付加反応が相当妨害されたためではないかと考えられる。

　CBDAは本ミッションを遂行する上で，非の打ちどころのない脂環式テトラカルボン酸二無

第 2 章　溶液加工性を有する低熱膨張性透明ポリイミド

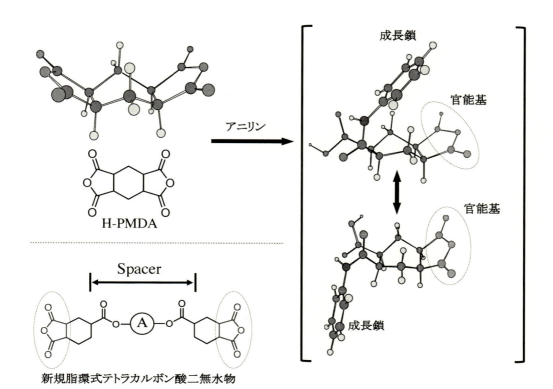

図 9　H-PMDA の重合反応性を説明するための模式図とスペーサー効果
（単純化のため，H-PMDA とアニリンの反応を例示）

水物であるかというとそうでもない。CBDA の歪解放に基づく高重合反応性（ジアミンによる高い開環重付加反応性）は，吸湿によって開環（加水分解）しやすいことを意味しており，実際に CBDA は高湿環境ではかなり不安定である。これは逆の言い方をすれば，CBDA 系 PAA フィルムを熱イミド化する際，閉環しにくいことを示唆しており，実際に熱イミド化を完結するのに，他の系よりも若干高い温度をかける必要がある。これは PI フィルムの透明性改善の立場からは好ましくない因子であるので，可能ならば PI ワニスとしておいて，熱イミド化のような高温をかけずに単に塗布・乾燥するだけで製膜したいところであるが，CBDA 系 PI は溶媒に不溶なことが多いので，高温の熱イミド化工程を含む通常の二段階法により製膜せざるを得ない状況にある。また，CBDA は無水マレイン酸の光二量化反応により製造するため，一般の熱反応系のように大型反応釜で一度に大量に製造する方法は適用しにくく，低コスト化の点では不利である。

　H-PMDA は PMDA を還元して得られ，大規模生産可能である。もし製造コストを優先して，使用する脂環式テトラカルボン酸二無水物を H-PMDA に限定するならば，H-PMDA 自身の重合反応性を補うために，前述の立体障害を抑制しつつジアミン側の求核反応性を更に高めるという方策がありうる。この目的のため，筆者らは新規な高反応性ジアミンを提案している[38]。H-PMDA の重合反応性を補う別の方法として，当該 PI が使用する溶媒によく溶ける必要がある

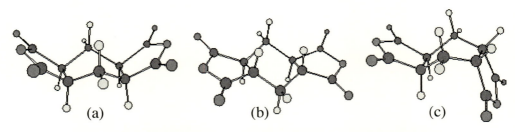

図10 単結晶 X 線構造解析に基づく核水素化 PMDA 異性体の立体構造
(a) H-PMDA, (b) H′-PMDA, (c) H″-PMDA

が，高温での溶液還流イミド化法（図2）が挙げられる。筆者らは溶液還流イミド化法の反応条件を精査することで，通常の二段階法では製膜困難な系についても，分子量を高めて製膜可能になることを報告している[38]。

前述のように，H-PMDA の重合反応性があまり高くないのは，その立体構造に起因するという仮説を示したが，筆者らは図10に示す H-PMDA の構造異性体を用いて，重合反応性に対する立体構造の効果について調査した。その結果，H″-PMDA は H-PMDA よりもはるかに高い PAA 重合反応性を示した[26]。その理由として，H-PMDA とは異なり，H″-PMDA は官能基（酸無水物基）が反対方向に向いた立体構造をとっており，前述のような立体障害を受けにくいためであると解釈することができる[26]。H′-PMDA も H-PMDA よりはるかに高い PAA 重合反応性を示すが[28]，この場合は，酸無水物5員環の歪による効果が要因として挙げられる。もし5員環に歪が蓄積されていれば，他の異性体よりも熱力学的に不安定となり，標準生成熱に反映されるはずである。実際にボンベ熱量計により得られた燃焼熱データに基づいてこれらの異性体モノマーの25℃における標準生成熱（$\Delta H_{f\,298}^{\circ}$）を見積もったところ，H′-PMDA では $\Delta H_{f\,298}^{\circ} = -8.88 \times 10^2$ kJ/mol，H-PMDA では -1.00×10^3 kJ/mol，H″-PMDA では -1.05×10^3 kJ/mol となり，25℃で比較すると H′-PMDA は他の2つに比べて熱力学的に不安定であることが確かめられた[28]。

3.2.2 フィルム物性

HTA と各種ジフェノールから誘導される新規なエステル基含有脂環式テトラカルボン酸二無水物（図8左下）は，多様なジフェノールおよびジアミンが入手可能であることから，物性改善のための分子設計自由度が非常に高く，バランスのよい特性を実現することができる。例えば，ジフェノール成分として剛直な 4,4′-ビフェノールを選択して得られた脂環式テトラカルボン酸二無水物（HTA-44BP）と剛直な芳香族ジアミン（o-トリジン）より化学イミド化を経て得られた PI フィルムは，高透明性（$T_{400} = 81.6\%$），高 T_g（295℃），高靱性（$\varepsilon_b > 100\%$），熱可塑性および優れた溶液加工性（アミド系溶媒，シクロペンタノン（CPN）などのケトン系溶媒にも室温で可溶）を全て満足する優れた特性を有している[25]。ジオールやジアミン成分をうまく選択すれば複屈折（$\Delta n_{th} = n_{xy} - n_z$）をほぼゼロにすることも可能である。しかし残念ながら，ジ

第 2 章 溶液加工性を有する低熱膨張性透明ポリイミド

フェノール，ジアミン共に剛直なものを使用しても，PI フィルムは低 CTE を示さなかった。これは，HTA 部位の非平面的な立体構造により，PI 主鎖全体の直線性が失われた結果であると考えられる。立体構造を制御した HTA を出発原料として使用することで，CTE 低減に対する一定の効果が見られる[39]。

上記の HTA 型エステル基含有脂環式テトラカルボン酸二無水物を用いた系では，H-PMDA と比べると T_g が明らかに低く，剛直なジアミンと組み合わせても 300℃ あたりがこの系の T_g の上限であった。そこで筆者らは HTA 部位をノルボナンに変更したところ，T_g が明らかに上昇した[40]。この結果は，HTA 部位をビシクロ環構造（ノルボナン環）とすることで，C-C 内部回転運動が抑制されたことによるものと考えられる。

一方，CBDA はクランク-シャフト状の立体構造（図 11 (d)）を有しており，これと剛直なジアミンを組み合わせることで，PI の伸び切り鎖はかなり直線性の高い形態をとることが可能であり，低 CTE 化が期待される。実際，CBDA/TFMB 系 PI は二段階法により，図 4 に示すように非常に透明で比較的低 CTE（21 ppm/K）のフィルムを与える[10]。しかしながら CBDA 系 PI は大概溶媒溶解性に乏しく，安定な PI ワニスを得ることは難しい。また低 CTE を示す CBDA 系 PI フィルムは高靭性にはなりにくい（$\varepsilon_b<10\%$）[29]。

3 つの核水素化 PMDA 異性体から得られる PI 系についても伸び切り鎖の直線性を比較してみた。剛直なジアミンを用いても，H-PMDA 系（図 11 (a)）や H″-PMDA 系（図 11 (c)）では，主鎖が大きく蛇行し直線状の形態をとることは困難である。このことは，これらの系が低 CTE を発現しにくい事実と一致している。一方 H′-PMDA を用いると，図 11 (b) のように伸び切り鎖の直線性が保持されやすくなり，低 CTE 化に有利になると期待される。実際に H′-PMDA/TFMB 系では，分子量ができるだけ高くなるような条件で重合し，化学イミド化を経て製膜条件を最適化することで，図 4 に示すように CTE を 30 ppm/K まで下げることが可能であった。更にこの PI フィルムは極めて透明であり，T_g は非常に高く（357℃），フィルムも非常に強靭である[28]。このように H′-PMDA は CBDA の欠点（溶解性に乏しく，脆弱な PI フィルムを与える傾向）を補う新規な剛直脂環式テトラカルボン酸二無水物であるといえる。

3.3 溶液キャスト製膜により低熱膨張性で可撓性のある透明耐熱フィルムを与える系
3.3.1 溶媒溶解性の改善に付随する好都合な特性

上記のように透明・低 CTE の PI 系を得るためには，脂環式モノマーの立体構造の制御が如何に重要か説明したが，それに次ぐ重要な因子として，化学イミド化工程への適合性が挙げられる。図 12 は，縦軸に化学イミド化工程で作製した場合の CTE，横軸に通常の二段階法（熱イミド化）で作製した場合の CTE を同一の系で比較したものである[17]。ほぼすべての系で $Y=X$ の直線よりも下側にデータ点がプロットされていることから，化学イミド化工程を経る製膜方法の方が明らかに低 CTE 化に有利であることがわかる。しかしながら，全ての系で化学イミド化が適用できるわけではない。系が剛直すぎると，脱水閉環剤添加の際に反応溶液が不均一化（ゲル

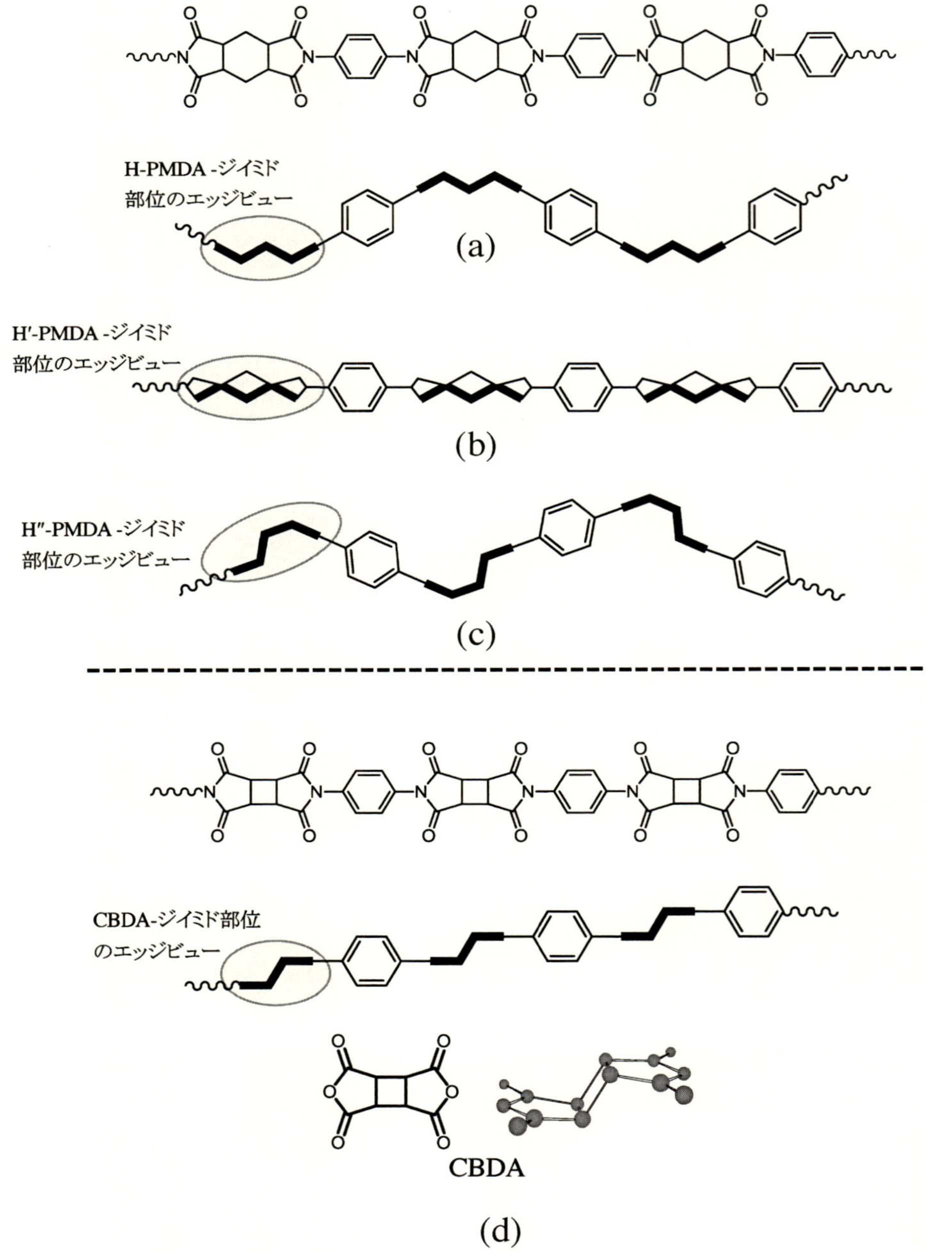

図 11　伸び切り鎖の模式図（ジイミド部位のエッジビュー）
(a) H-PMDA, (b) H′-PMDA, (c) H″-PMDA, (d) CBDA 系
（単純化のためジアミンとして p-PDA を用いた場合について例示）

第 2 章　溶液加工性を有する低熱膨張性透明ポリイミド

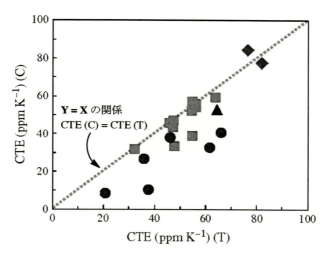

図 12　CTE に対するイミド化経路（化学＝C，熱＝T）の影響
（▲）6FDA/TFMB，（◆）HTA-HQ 系，（■）H″-PMDA，
（●）TA-TFMB 系およびそれと関連する系

化または沈殿析出）し，イミド化が完結しないだけでなく，その後の再溶解も困難となる。また PI フィルムの透明性の観点からも化学イミド化法の方が通常の二段階法より明らかに有利である[17,41]。このように本検討の成否の 2 つ目の鍵は化学イミド化工程への適合性であるといえる。

低 CTE 化の要因である PI 主鎖の面内配向は，PAA フィルムを基板上で熱イミド化する際に進行し，その際に高度な面内配向を引き出すには，PI 主鎖骨格が剛直で直線的な構造を有していることが必須であることが，これまで認知されてきた[5]。そのような系はそもそも溶媒に不溶である。逆にいえば，溶媒によく溶けて，高固形分濃度で安定な PI ワニスを与えるような系は，通常主鎖が大きく折曲っているか，嵩高い側鎖を持っているような系であるから，それを溶液キャスト製膜するだけで（熱イミド化工程を経ずに）高度な面内配向が誘起されて低 CTE 特性を発現するような系は事実上存在しないと考えられてきた。しかし最近 H′-PMDA/TFMB 系のように，PI ワニスをキャスト製膜するだけで低 CTE を発現する透明 PI 系がいくつか見出されている[17,26~29,41]。しかしながら，溶液キャスト製膜の際の収縮応力は熱イミド化の時よりもかなり小さいと考えられるので，自己配向のための目立った原動力が見当たらず，キャスト誘起自己配向メカニズムはまだはっきりわかっていない。

3.3.2　CBDA を用いる系

筆者らは一分子中に 4,4′-Diaminobenzanilide（DABA）と TFMB の構造的特徴を有する新規ジアミン AB-TFMB を合成し，これを CBDA と組み合わせた系を検討した。この系では，化学イミド化の際，脱水環化試薬を PAA 溶液に滴下したところゲル化した。これは，CBDA/AB-TFMB 系 PI の溶媒溶解性が不十分であるためである。そこで更に最適化検討を進め，この系に 6FDA を 30 mol% 共重合した結果，均一状態を保持したまま化学イミド化が可能となり，十分

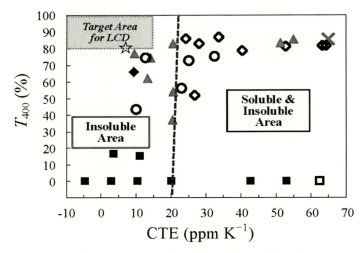

図13 CTE-透明性（T_{400}）-溶解性ダイヤグラム
Open symbols：溶媒可溶・化学イミド系，
Closed symbols：溶媒不溶・熱イミド化系

フレキシブル（$\varepsilon_b^{max} > 30\%$）で目視上濁りのない無着色（$T_{400} = 80.6\%$，YI = 2.5）のキャストフィルムが得られた。更にこの共重合系は図4に示すように極めて低いCTE値（7.3 ppm/K）を発現した[29]。AB-TFMBを用いるまでもなく，DABAとTFMBを共重合すれば代用できるのではないかと一見思われるが，DABAの共重合組成を少し増加しただけで，化学イミド化時にゲル化が起こるようになるため，この共重合法はうまくいかない。AB-TFMBのゲル化抑制効果についての仮説が提案されている[29]。

上記材料のポテンシャルを従来系と比較するために，光透過率-CTE-溶解性ダイヤグラム（図13）を描いてみた。従来の低熱膨張性PI系（■）は強く着色しており，溶媒加工性もない。以前我々が検討した溶液加工性透明PI系（◇）は，PES（×）などの透明スーパーエンジニアリングプラスチックに比べてT_gが大幅に改善されているが，低CTEは示さなかった。s-BPDA/*trans*-1,4-CHDA系のような剛直な構造を有する半脂環式透明PI系（▲）は熱イミド化により主鎖の高度な面内配向が誘起されて低CTEを発現するが，PI自身は不溶であり安定なPIワニスとはならない。図13より，大体CTE = 20 ppm/Kを境にして，これよりCTEが低い系ではPI自身，溶液加工性を失う傾向が見られる。一方，上記のCBDA（70）：6FDA（30）/AB-TFMB共重合体の値を図13上にプロット（☆）してみると，透明性と低熱膨張特性を両立するという観点から，従来にない優れた特性を有していた。これに加えて，本材料は十分な膜靭性を併せ持つことから，プラスチック基板への適用が期待される[29]。

3.3.3 脂環式モノマーに頼らずに要求特性に近づく試み

耐久性の観点から，脂環構造の導入はできれば避けたいという要望もある。そこで筆者らは，図4左下に示すような全てパラ位で連結された剛直なアミド基と，分子間力低減に有効なCF_3基

第2章 溶液加工性を有する低熱膨張性透明ポリイミド

を含有する新規なテトラカルボン酸二無水物(TA-TFMB)を合成し,これとTFMBを組み合わせた全芳香族PI(TA-TFMB/TFMB)を検討した。この系は剛直な骨格であるにもかかわらず,化学イミド化工程で沈殿やゲル化を起こすことなく,イミド化を完結することが可能であり,単離されたPI粉末も様々な溶媒に対して室温で高い溶解性を示す。更に全芳香族PIであるにもかかわらず,シクロペンタノン(CPN)ワニスからのキャスト膜には目視上着色はあまり見られず(全光線透過率=88%,YI=3.9),可撓性があり,高T_g(328℃)および低CTE(10 ppm/K)と優れた特性を併せ持っていた[17]。面白いことにこのPIフィルムを二段階法(PAAキャスト+熱イミド化)で作製すると全く低CTEを示さなかった。

TA-TFMBのアミド基をエステル基に変更したTA-TFBP/TFMB系では,透明性が更に改善され(T_{400}=70.7%),それに加え極めて低い吸水率(W_A=0.03%)を示した。CTEは20 ppm/Kとなり,アミド基型のTA-TFMB/TFMB系に比べると若干増加したが,エステル型のTA-TFBP/TFMB系にNTDAを30 mol%共重合することで,溶解性は若干低下したものの(CPNには不溶となったが,DMAcには可溶),高い透明性を犠牲にすることなくCTEを更に下げることができた(12.6 ppm/K)[17]。

トリメリット酸無水物(TA)とハイドロキノン(HQ)から得られる芳香族テトラカルボン酸二無水物(TA-HQ)とTFMBからなるポリエステルイミド(PEsI)は二段階法により,少し白濁してはいるが,着色の弱いフィルムを与える。筆者らはHQ上に様々なアルキル置換基が導入されたPEsI(図4右下)を検討したところ,HQ上にメチル基を3つ導入した場合やtert-ブチル基およびアミル基を導入した場合,PEsIの溶媒溶解性が劇的に改善され,化学イミド化工程を適用できるようになった。その結果,安定なPIワニスから溶液キャスト製膜すると,いくつかの系ではほぼ着色がなく低CTEのPEsIフィルムが得られた[41]。このように,脂環式モノマーを使用しなくても,様々な分子構造上,製造工程上の条件を精査することで,低CTEと透明性を両立する耐熱材料を得ることは可能である。

4 おわりに

本稿では筆者らの検討結果を中心に,透明で低CTEを有する耐熱樹脂の分子設計とフィルム特性について述べた。今後,これらが各種画像表示デバイスの透明プラスチック基板,タッチパネル,位相差フィルム,レンズ,光導波路その他様々な光学用途に適用され,更に発展することを期待する。

ポリイミドの機能向上技術と応用展開

文　　献

1) M. Hasegawa, K. Horie, *Prog. Polym. Sci.*, **26**, 259-335 (2001)
2) M. Hasegawa, Y. Hoshino, N. Katsura, J. Ishii, *Polymer*, **111**, 91-102 (2017)
3) M. Hasegawa, N. Sensui, Y. Shindo, R. Yokota, *Macromolecules*, **32**, 387-396 (1999)
4) T. Matsuura, Y. Hasuda, S. Nishi, N. Yamada, *Macromolecules*, **24**, 5001-5005 (1991)
5) M. Hasegawa, T. Matano, Y. Shindo, T. Sugimura, *Macromolecules*, **29**, 7897-7909 (1996)
6) J. C. Coburn, M. T. Pottiger, Polyimides: Fundamentals and Applications, M. K. Ghosh, K. L. Mittal, Eds., p.207-247, Marcel Dekker (1996)
7) S. Numata, S. Oohara, K. Fujisaki, J. Imaizumi, N. Kinjyo, *J. Appl. Polym. Sci.*, **31**, 101-110 (1986)
8) M. Hasegawa, S. Horii, *Polym. J.*, **39**, 610-621 (2007)
9) T. Kikuchi, K. Uejima, H. Sato, *Polym. Prepr. Jpn.*, **40**, 3748-3750 (1991)
10) M. Hasegawa, M. Koyanaka, *High Perform. Polym.*, **15**, 47-64 (2003)
11) M. Hasegawa, K. Koseki, *High Perform. Polym.*, **18**, 697-717 (2006)
12) M. Hasegawa, Y. Tsujimura, K. Koseki, T. Miyazaki, *Polym. J.*, **40**, 56-67 (2008)
13) M. Hasegawa, Y. Sakamoto, Y. Tanaka, Y. Kobayashi, *Eur. Polym. J.*, **46**, 1510-1524 (2010)
14) M. Hasegawa, T. Kaneki, M. Tsukui, N. Okubo, J. Ishii, *Polymer*, **99**, 292-306 (2016)
15) S. Ando, T. Matsuura, S. Sasaki, *Polym. J.*, **29**, 69-76 (1997)
16) M. Fukuda, Y. Takao, Y. Tamai, *J. Mol. Struct.*, **739**, 105-115 (2005)
17) M. Hasegawa, T. Ishigami, J. Ishii, K. Sugiura, M. Fujii, *Eur. Polym. J.*, **49**, 3657-3672 (2013)
18) J. Brandrup, E. H. Immergut, E. A. Grulke, Eds., Polymer Handbook, 4th edition. John Wiley (1999)
19) H. Suzuki, T. Abe, K. Takaishi, M. Narita, F. Hamada, *J. Polym. Sci. Part A*, **38**, 108-116 (2000)
20) W. Volksen, H. J. Cha, M. I. Sanchez, D. Y. Yoon, *React. Funct. Polym.*, **30**, 61-69 (1996)
21) T. Matsumoto, *Macromolecules*, **32**, 4933-4939 (1999)
22) H. Seino, T. Sasaki, A. Mochizuki, M. Ueda, *High Perform. Polym.*, **11**, 255-262 (1999)
23) J. Li, J. Kato, K. Kudo, S. Shiraishi, *Macromol. Chem. Phys.*, **201**, 2289-2297 (2000)
24) A. S. Mathews, I. Kim, C. S. Ha, *Macromol. Res.*, **15**, 114-128 (2007)
25) M. Hasegawa, K. Kasamatsu, K. Koseki, *Eur. Polym. J.*, **48**, 483-498 (2012)
26) M. Hasegawa, D. Hirano, M. Fujii, M. Haga, E. Takezawa, S. Yamaguchi, A. Ishikawa, T. Kagayama, *J. Polym. Sci. Part A*, **51**, 575-592 (2013)
27) M. Hasegawa, M. Horiuchi, K. Kumakura, J. Koyama, *Polym. Int.*, **63**, 486-500 (2014)
28) M. Hasegawa, M. Fujii, J. Ishii, S. Yamaguchi, E. Takezawa, T. Kagayama, A. Ishikawa, *Polymer*, **55**, 4693-4708 (2014)
29) M. Hasegawa, Y. Watanabe, S. Tsukuda, J. Ishii, *Polym. Int.*, **65**, 1063-1073 (2016)
30) M. Hasegawa, M. Horiuchi, Y. Wada, *High Perform. Polym.*, **19**, 175-193 (2007)
31) T. Ogura, M. Ueda, *Macromolecules*, **40**, 3527-3529 (2007)
32) Y. Oishi, K. Ogasawara, H. Hirahara, K. Mori, *J. Photopolym. Sci. Technol.*, **14**, 37-40 (2001)

第 2 章　溶液加工性を有する低熱膨張性透明ポリイミド

33) M. Hasegawa, A. Tominaga, *Macromol. Mater. Eng.*, **296**, 1002-1017 (2011)
34) 松本利彦, 最新ポリイミド―基礎と応用―, 日本ポリイミド・芳香族系高分子研究会編, p.231-246, エヌ・ティー・エス (2010)
35) T. Matsumoto, *Macromolecules*, **32**, 4933-4939 (1999)
36) 石黒栄梨子, 松本利彦, 小松伸一, 高分子討論会予稿集, **63**, 6145-6146 (2014)
37) T. Matsumoto, T. Kurosaki, *Macromolecules*, **30**, 993-1000 (1997)
38) 長谷川匡俊, 高橋秀一, 石井淳一, *Polym. Prepr. Jpn.*, **65**, 3Pc077 (2016)
39) 木曽貴彦, 石井淳一, 長谷川匡俊, ポリイミド・芳香族系高分子 最近の進歩 2015, 繊維工業技術振興会, p.164-166 (2015)
40) 時田康利, 長谷川匡俊, 岸本茂久, 磯貝幸宏, ポリイミド・芳香族系高分子 最近の進歩 2009, 竹市力編, 繊維工業技術振興会, p.89-91 (2009)
41) M. Hasegawa, T. Ishigami, J. Ishii, *Polymer*, **74**, 1-15 (2015)

第3章 自己組織化を利用する多孔化ポリイミド膜の創成

早川晃鏡*

1 はじめに

ポリイミドは，耐熱性，機械的強靭性，電気絶縁性に優れたスーパーエンジニアリングプラスチックであり，航空宇宙材料，電子機器のフレキシブルプリント基板材料を始めとする多くの材料分野で実用化されている。一般にポリイミドはジアミンとテトラカルボン酸二無水物をモノマーに用いる開環重付加とそれに続く脱水重縮合によって簡便に合成される。しかしながら，その重合様式が逐次重合であることから，生成高分子の末端基，分子量，分子量分布などの一次構造を精密に制御することが難しい。同時に，明確な組成比や所望の分子量から構成されたジブロックやトリブロック共重合体の合成もさらに困難を極める。従って，オレフィン系ポリマーに広く見られるようなミクロ相分離を利用する周期性の高いナノ構造の創製やそれらの応用研究はほとんど行われてこなかった。

一方で近年では，シングルナノメートルスケール（sub 10 nm）の微細加工[1~3]や得られた加工体の機能化に関する研究が注目を集めている[4~9]。材料の物性機能はナノ構造の形状だけでなく，素材そのものにも大きく依存される。ここでは，従来では難しかったポリイミド膜における高周期性ナノ構造の形成とその機能探索を目的に，ポーラスポリイミド膜の作製について取り組んだ筆者らの最近の研究を紹介する[10~12]。

2 高周期性ポーラスポリイミド膜の創製

2.1 分子間相互作用を利用する高周期性ポリイミド前駆体（ポリアミド酸コンポジット）のナノ構造制御

全芳香族系ポリイミドは一般にベンゼン環によって主鎖が構成されているために剛直性が高く難溶難融の性質を示す。そのため，溶解性に優れたポリイミド前駆体のポリアミド酸を用い成形加工や成膜を行った後，化学的あるいは熱的な脱水閉環を経てポリイミドが得られる。ポリアミド酸の優れた溶解性は，分子鎖中の官能基であるアミド基やカルボキシル基と溶媒との相互作用に由来する。

一方，近年の精密重合技術の進展により，オレフィン系モノマーの連鎖重合によって合成され

---

* Teruaki Hayakawa 東京工業大学 物質理工学院 材料系 准教授

第3章　自己組織化を利用する多孔化ポリイミド膜の創成

るポリマーやそのブロック共重合体は分子量や組成比，また官能基などの一次構造が精密に制御できるようになり，多種多様なポリマーの創製が可能である。特に，ブロック共重合体は一次構造の組成比を精密に制御することにより，ミクロ相分離構造の高次構造形態を自在に制御できることから，ナノ構造材料としての幅広い利用価値が期待されている。

ここでは，ポリイミド前駆体のポリアミド酸とブロック共重合体の特徴を巧みに利用することを考え，両者の混合によるミクロ相分離を駆動力としたポリイミドのナノ構造形成について，その実施例と共に紹介する（図1）。

ポリアミド酸を構成するアミド基やカルボキシル基などの極性官能基は極性溶媒との混和性と同様に，親水性ポリマー成分と水素結合などを介し親和的な相互作用を示す。そこで，ポリアミド酸を親水性ブロックと疎水性ブロックによって構成されるブロック共重合体に混ぜ合わせることによって，ポリアミド酸を親水性ブロック成分に選択的に混和させることを狙った。これにより，ポリアミド酸が親水性ブロックに選択的に取り込まれたナノドメインと疎水性ブロック成分によるナノドメインによるミクロ相分離構造の形成を目指した。ナノ構造中のポリアミド酸は熱処理によって脱水閉環の進行が期待され，そのまま高耐熱性ポリイミドへの構造変換も可能であると考えた。さらに，ブロック共重合体とポリイミドの熱分解温度の差を利用することにより，ミクロ相分離構造に基づいた多孔（ポーラス）構造の創製も期待した。このようにして得られる膜は耐熱性に乏しい従来のポリマーの多孔体とは異なり，ポリイミドを基盤材料としていることからこれまでにない新しい材料としての物性機能の創出が期待される。

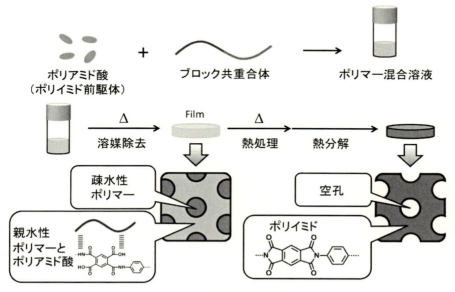

図1　本研究の概略図
ポリアミド酸とブロック共重合体から作製する高周期性ポリイミドおよびポーラスポリイミド膜

2.2 ポリアミド酸コンポジット膜（BCP/PAA膜）の調製とポーラスポリイミド化

具体的な実験例を以下に紹介する。ポリアミド酸（PAA）の合成は，3,3',4,4'-biphenyltetra-carboxylic dianhydride（BPDA）とp-phenylenediamine（PDA）を用いて行い，比較的低分子量体を準備した。ナノ構造の熱的安定化のために架橋剤を取り上げた。架橋剤にはアルカリ条件下，フェノールとホルムアルデヒドから調製したレゾールを用いた。PAAの末端にはp-aminophenol（PAP）の導入を行い，重合末端にレゾールとの架橋に利用可能なフェノール性水酸基を導入した。また，BPDAとPAPのみから調製した単一分子量体のアミド酸化合物（AA）も準備した。ブロック共重合体は，親水性成分であるpoly（ethylene oxide）（PEO）と疎水性成分であるpoly（propylene oxide）（PPO）により構成された両親媒性ブロック共重合体Pluronic F127（以下，F127，PEO_{106}-PPO_{70}-PEO_{106}，M_w = 12,600）を取り上げ，購入したものをそのまま用いた。

まず，得られたPAAあるいはAA，F127，およびレゾールを種々の重量比で量り取り，DMF中にて混合し均一溶液とした。溶液をガラス基板上に塗布し，50℃で24時間静置することで溶媒を揮発させ，ポリアミド酸コンポジット膜（BCP/PAA膜）を得た。膜中のミクロ相分離構造の形成は小角X線散乱（SAXS）測定により行った（図2(a)）。SAXSプロファイルでは，比較的に分子量の低いPAAおよびAAからそれぞれ明確なミクロ相分離構造に由来する散乱ピークが見られた。IRスペクトルでは，得られた膜を100℃にて24時間加熱したことによるイミド化の進行が明らかになった。同時に，レゾールにより架橋も進行したことがわかった。100℃での加熱処理後においても，SAXSプロファイルのピークに変化はなく，ミクロ相分離構造が保持されていることが示唆された。

続いて，熱分解によるメソポーラス構造の形成に取り組んだ。実験に先立ち，BCP/PAA膜を構成するポリマー成分の熱分解性について熱重量減少開始温度をTGA測定により調べた。その結果，F127の熱分解に基づく重量減少温度は280℃付近から始まることがわかった。一方，PAA，あるいはレゾールは脱水に基づく重量減少を除くと，熱分解開始温度が360℃付近であった。これらの知見を基に，ポーラス化のための加熱処理温度を350℃に設定し，得られる膜のナノ構造についてSAXS測定，透過型電子顕微鏡（TEM），および走査型電子顕微鏡（SEM）を用いて構造解析を行った。図2(b)～(g)に示すように，レゾール／AA／F127の重量混合比が3：1：4で調製された膜では，SAXSプロファイルにて1：$\sqrt{3}$：$\sqrt{4}$：$\sqrt{7}$のピーク間隔からなる散乱ピークが見られた。これにより，六方充填されたシリンダー構造の形成が示唆された。BCP/PAA膜の熱処理前後において，SAXSプロファイルに変化が見られなかったことからシリンダー構造の形態が保持されていることが明らかになった。これは，得られたBCP/PAA膜が構造形態を保持する程に耐熱性に優れることを示す結果であると言える。一方で，シリンダー構造間に相当する恒等周期長には変化が見られた。BCP/PAA膜におけるシリンダー構造の恒等周期長は14.2 nmであったのに対し，100℃にて熱処理を行ったイミド化膜では13.3 nmに短くなり，さらに350℃にて熱処理した膜では12.2 nmまでさらに短くなることがわかった。これは熱処理

第3章　自己組織化を利用する多孔化ポリイミド膜の創成

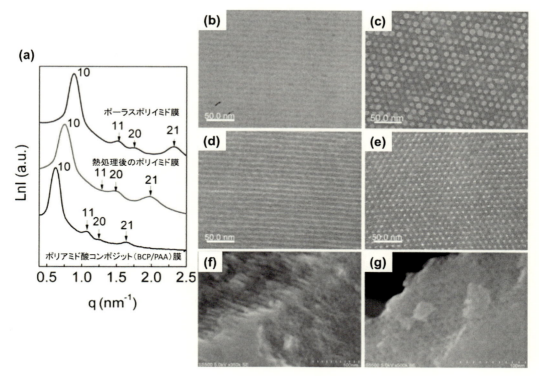

図2　ポリアミド酸コンポジット膜（BCP/PAA膜）と熱処理後のポリイミド膜のシリンダー構造
(a)小角X線散乱（SAXS）プロファイル，(b)，(c)BCP/PAA膜のTEM像，
(d)，(e)熱処理後のポリイミド膜のTEM像，(f)，(g)およびSEM像

により起こる残存溶媒の揮発，および脱水閉環による膜全体の収縮に由来するものであると考えられる。得られたナノ構造の形態をより明確に解析するためにTEMとSEMによる観察を行った。図2(d)および2(e)に示すように，TEM観察においては直線状の構造を示す像と六方状に充填された点状構造を示す像が見られた。また，SEM写真ではより立体的な像からシリンダー構造の形成とともに，それらがポーラス体であることが明らかになった（図2(f)および(g)）。

以上の結果から，BCP/PAA膜ではF127とPAAのミクロ相分離が駆動力となりナノ構造が形成される上に，100℃における脱水閉環によってイミド化とレゾールによる架橋が進行し，350℃の高温熱処理によってF127の熱分解によるポーラス構造が形成された。

一方で，F127の代わりにPluronic P123（以下，P123，PEO_{20}-PPO_{70}-PEO_{20}，M_w=5,800）を用いBCP/PAA膜の作製も行った。ここでは，レゾール／AA／P123＝1.53：0.5：1の割合で混合した例を取り上げる。先のBCP/PAA膜と同様に，100℃における加熱により脱水閉環に基づくポリイミド化とレゾールの架橋が進行していることがIRスペクトルより明らかになった。SAXSプロファイルでは，1：2：3のピーク間隔からなる散乱ピークが見られた（図3(a)）。これは，ラメラ構造の形成を示唆する結果であった。TEM観察においても，ラメラ構造の形成を

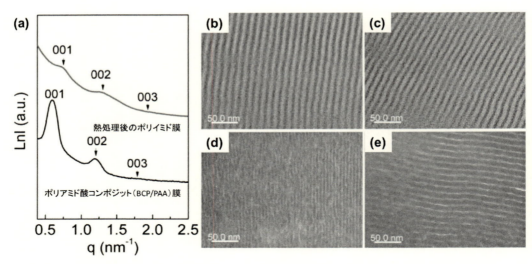

図3 ポリアミド酸コンポジット膜（BCP/PAA膜）と熱処理後のポリイミド膜のラメラ構造
(a)小角X線散乱（SAXS）プロファイル，(b)，(c)BCP/PAA膜のTEM像，
(d)，(e)熱処理後のポリイミド膜のTEM像

支持する直線状のコントラスト像が見受けられた（図3(b)～(e)）。

以上の結果より，ブロック共重合体の組成比を調整することにより構造形態を簡便に制御できることが明らかとなった。

2.3　高温加熱処理によるBCP/PAA膜の炭素化

100℃における熱イミド化，および350℃におけるポーラス化においても，得られる膜の構造形態に崩壊は見られず，高い耐熱性に優れることが示された。そこで，さらなる高温処理による炭素化膜の創製を試みた。熱処理温度は600℃に設定した。試料はレゾール／AA／F127＝3：1：2で調製したBCP/PAA膜を用いた。SAXSプロファイル，およびTEM像から，その構造形態は体心立方格子状の球状構造であることが示された（図4）。

図4(a)のSAXSプロファイルに見られるように，BCP/PAA膜は成膜後から600℃に至る加熱処理後において，ピークの周期性には変化が見られなかった一方で，その一次の散乱ピークが広角側にシフトする傾向が見られることが明らかになった。広角側へのピークシフトは370℃付近で起こることがわかった。先にも記したようにSAXSプロファイルから算出された恒等周期長は，BCP/PAA膜において14.2 nm，350℃の熱処理後において12.2 nmであり，600℃の熱処理後は10.0 nmまで縮小することがわかった。IRスペクトルでは，300℃および400℃の熱処理後においてもイミドのカルボニル基に基づく吸収ピーク1,719 cm^{-1}および1,775 cm^{-1}は明確に見られた（図4(b)）。興味深いことに，500℃の熱処理後の膜においても，これらのピークはややブロード化はするものの，依然として明確な吸収ピークとして存在することがわかった。加熱処理後の炭素化膜の内部にイミド環に基づく構造が存在していることを支持する結果であった。

第3章　自己組織化を利用する多孔化ポリイミド膜の創成

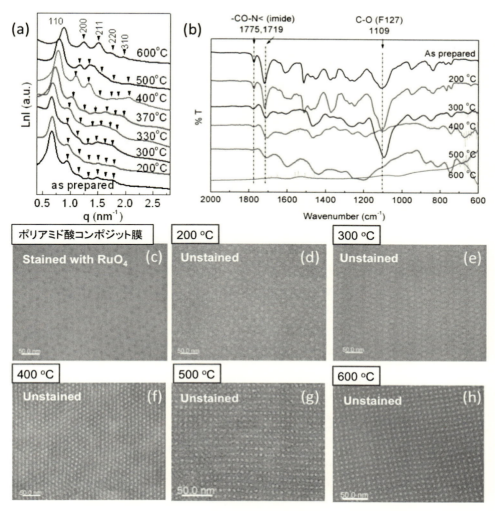

図4　ポリアミド酸コンポジット膜（BCP/PAA膜）の熱処理で得られた膜（球状構造）
(a)小角X線散乱（SAXS）プロファイル，TEM像　(b)IRスペクトル，(c)BCP/PAA膜，(d)熱処理温度200℃，(e)熱処理温度300℃，(f)熱処理温度400℃，(g)熱処理温度500℃，(h)熱処理温度600℃

表1　ポリアミド酸コンポジット膜（BCP/PAA膜）の熱処理で得られた膜の元素分析

T (℃)	200	300	400	500	600
C (wt%)	64.36	66.51	76.93	83.69	87.50
H (wt%)	6.63	6.69	4.56	3.37	1.61
N (wt%)	1.06	1.09	1.74	1.86	1.62

一方で，F127 の C-O 結合に基づく 1,109 cm^{-1} の吸収ピークは 400℃ 以上で熱処理した膜では見られなくなった。これは，F127 の熱分解による空孔化の進行を支持するものである。TEM 写真においても，SAXS プロファイルの結果を支持する球状構造の形成を示す像が観察された（図 4(c)〜(h)）。興味深いことに，400℃ 以上の TEM 写真（図 4(f)〜(h)）では，低温で加熱処理して得られた TEM 像（図 4(c)〜(e)）に比べてより明確なコントラストからなる球状構造が観察された。これは，球状構造内部を構成する PPO の熱分解により空孔が形成され，ドメインの電子密度差が大きくなったためであると考えられる。先述のシリンダー構造のポーラス化の過程においても同様の結果が得られた。

600℃ までの高温加熱により得られた膜の炭素割合を元素分析により調べた（表 1）。200℃ で熱処理した膜の炭素の割合は 64％ 程度であったのに対し，600℃ の熱処理では 87％ を超えるほどまでに高くなったことがわかった。一方で，水素の割合は 6.6％ から 1.6％ にまで低くなることがわかった。これらの結果も高温での熱処理によって炭素化が進行したことを支持するものであった。炭素化の進行は球状構造の形態に限らず，シリンダー構造やラメラ構造でも同様に見受けられた。いずれも熱処理による恒等周期長の縮小は伴うものの，構造形態と周期性はそのまま維持されることがわかった。

2.4 BCP/PAA 膜の高温熱処理膜の三角相図

図 5 に，レゾール／AA／F127 の混合割合と 600℃ の熱処理後に得られた炭素化膜の構造形態

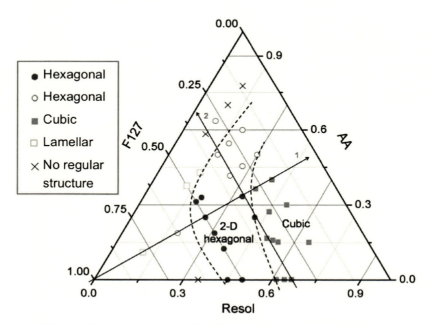

図 5 レゾール／AA／F127 の混合割合と 600℃ の熱処理後に得られた膜の構造形態相関図

第3章　自己組織化を利用する多孔化ポリイミド膜の創成

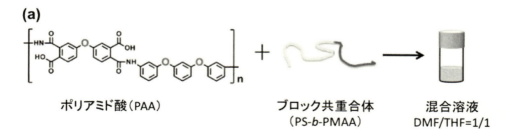

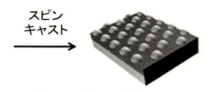

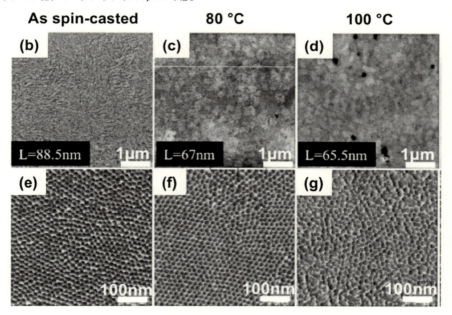

図6　ポリアミド酸コンポジット薄膜（BCP/PAA膜）
(a)ポリマーの構造と膜作製，(b)，(e)未熱処理のスピンキャスト膜のAFM像，
(c)，(f)熱処理温度80℃，(d)，(g)熱処理温度100℃

との相関を示した。熱処理により構造が一部崩壊したサンプルについては白抜印で示した。これらの相図から，混合割合を明確に調整することにより所望の構造形態が得られることがわかる。これまでに，明確な球状構造，シリンダー構造，ラメラ構造が形成されることがわかっている。混合割合をさらに詳細に検討することにより，これら3種の構造以外であるジャイロイド構造などの形成も期待される。

2.5 BCP/PAA コンポジット薄膜におけるナノ構造制御

上述までに得られた知見を基に，膜厚50 nm以下程度を想定したBCP/PAAコンポジット薄膜におけるナノ構造制御について検討した。ここでは，図6(a)に示したポリアミド酸を用い，ブロック共重合体にはpolytyrene-b-poly (methacrylic acid) (PS-b-PMAA (71/29 wt%)，M_n, PS=20 kg mol-1，PMAA=8 kg mol-1，M_w/M_n=1.05) を用いた。成膜はスピンキャストにより行った。溶液はN,N-ジメチルホルムアミドとテトラヒドロフランの体積分率1:1からなる混合溶媒を用い，PS-b-PMAA/PAA/resol=35/55/10が1～3 wt%の濃度となるように調製した。得られた膜の構造観察は原子間力顕微鏡により行った。溶液濃度が1～2 wt%と低い場合には，得られる膜にデウェッテイング（dewetting）が見受けられた。一方で，3 wt%の場合には，膜全体に球状のドメインが六方充填された構造が形成されていることがわかった（図6(b)～(g)）。膜厚は30 nmであった。得られた膜を80℃にて7時間の熱処理を行ったところ，IRスペクトルにおいてイミド環のカルボニル基，および炭素-窒素結合に由来するそれぞれの吸収ピークが1,776 cm^{-1}と1,378 cm^{-1}に見られた。より高温の100℃，12時間における加熱処理においては，薄膜における六方充填構造の一部に乱れが生じたが，球状構造の形態と大きさはそのまま保持されることがわかった（図6(d)，6(g)）。

3 おわりに

ポリイミド膜における高周期性ナノ構造の形成を目的に，ポーラスポリイミド膜の作製について紹介した。ポリイミド前駆体であるポリアミド酸をブロック共重合体の親水性ブロック成分に選択的に混ぜ合わせることによって，ミクロ相分離構造の形成を誘導し，続く加熱処理によって高周期性ナノ構造からなるポリイミド膜，およびポーラス膜を簡便に得られることを示した。これらの材料はいずれも古くから知られるポリマーであり，また単純な分子間相互作用を基にした選択的な混合に基づく調製が鍵を握っている。すなわち，他の材料にも多様に適用することが可能である。今後は，多様な全芳香族系高分子の耐熱性や機械的特性を活かしながら，ナノ構造やメソポーラス構造，炭素化，さらにはそれらの表面分子構造に基づく機能を利用した新しい材料開発とその発展に期待したい。

第 3 章　自己組織化を利用する多孔化ポリイミド膜の創成

文　　献

1) R. Ruiz, H. Kang, F. A. Detcheverry, E. Dobisz, D. S. Kercher, T. R. Albrecht, J. J. de Pablo, P. F. Nealey, *Science*, **321**, 936 (2008)
2) T. Seshimo, R. Maeda, R. Odashima, Y. Takenaka, D. Kawana, K. Ohmori, T. Hayakawa, *Sci. Rep.*, **6**, 19481 (2016); R. Nakatani *et al.*, *ACS Applied Mater. Interfaces.*, DOI: 10.1021/acsami.6b16129
3) Y. Deng, J. Wei, Z. Sun, D. Zhao, *Chem. Soc. Rev.*, **42**, 4054 (2013)
4) Y. Fang, Y. Lv, R. Che, H. Wu, X. Zhang, D. Gu, G. Zheng, D. Zhao, *J. Am. Chem. Soc.*, **135**, 1524 (2013)
5) C. Xue, Y. Lv, F. Zhang, L. Wu, D. J. Zhao, *Chem. Mater.*, **22**, 1547 (2012)
6) Y. Zhai, Y. Dou, D. Zhao, P. F. Fulvio, R. T. Mayes, S. Dai, *Adv. Mater.*, **23**, 4828 (2011)
7) D. Feng, Y. Lv, Z. Wu, Y. Dou, L. Han, Z. Sun, Y. Xia, G. Zheng, D. Zhao, *J. Am. Chem. Soc.*, **133**, 15148 (2011)
8) Y. Wan, Y. Shi, D. Zhao, *Chem. Mater.*, **20**, 932 (2008)
9) D. Wu, F. Xu, B. Sun, R. Fu, H. He, K. Matyjaszewski, *Chem. Rev.*, **112**, 3959 (2012)
10) Y. Liu, K. Ohnishi, S. Sugimoto, K. Okuhara, R. Maeda Y. Nabae, M-a Kakimoto, X. Wang, T. Hayakawa, *Polym. Chem.*, **5**, 6452 (2014)
11) L. Gao, K. Azuma, Y. Kushima, K. Okuhara, A. Chandra, T. Hayakawa, *J. Photopolym. Sci., Technol.*, **29** (2), 247 (2016)
12) Y. Nabae, S. Nagata, K. Ohnishi, Y. Liu, L. Sheng, X. Wang, T. Hayakawa, *J. Polym. Sci., Part A: Polym. Chem.*, **55**, 464 (2017)

第4章　多分岐ポリイミドの合成と機能化

寺境光俊*

1　多分岐ポリマー（ハイパーブランチポリマー）とは

　多分岐ポリマー（ハイパーブランチポリマー）とは繰り返し単位に分岐を持ち，一段階重合で合成されるデンドリティック高分子の総称である。デンドリティック高分子は一般的線状高分子と比較して多分岐骨格に由来する多くのユニークな特性（三次元的形態，低粘性，多官能性，溶解性など）を示すことが特徴で，新しい機能性高分子として期待されている。ハイパーブランチポリマーは，精密に構造を制御し多段階反応で合成されるデンドリマーより簡便に合成できることが大きな利点であり，デンドリマー類似の性質を示すことが知られている。一方，一段階重合で合成されるため構造が不均一であり，完全分岐したデンドリティック部のほか，リニアー部，ターミナル部などの繰り返し単位から構成される（図1）。ハイパーブランチポリマー独自の構造指標として分岐度（Degree of Branching：DB）がある。反応性に偏りがないAB_2型モノマーの一段階重合から得られるハイパーブランチポリマーの分岐度は統計的に0.5となり，実際に多くのハイパーブランチポリマーの分岐度が0.5前後となることが報告されている。また，分岐度は分岐不十分成分であるリニアー部がどの程度含まれているかの指標であるため，分岐度1はデンドリマーと同一構造ではないことに注意すべきである。

　多分岐ポリマーの合成に関する理論的考察はFloryにより50年以上前になされており[1]，1984年にKricheldorfらがAB_2型モノマーを1成分とした共重合を報告した[2]。80年代後半からデンドリマーの研究が盛んになってきてから，1990年にKimらがAB_2型モノマーの自己重縮合をデ

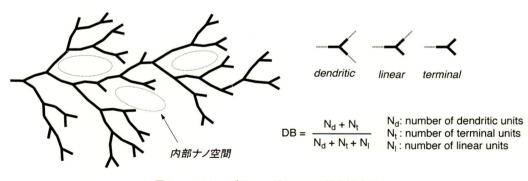

図1　ハイパーブランチポリマーの構造模式図

---

*　Mitsutoshi Jikei　秋田大学　大学院理工学研究科　物質科学専攻　教授

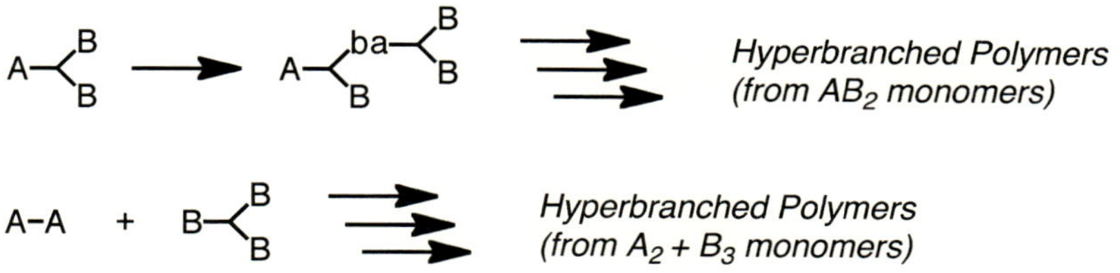

第4章　多分岐ポリイミドの合成と機能化

図2　ハイパーブランチポリマーの合成法

ンドリティック高分子の簡便な合成法として提案したのが最初の報告である[3]。その後，AB_2型モノマーの一段階重合により様々な骨格を持つハイパーブランチポリマーが合成されており，現在でも最も一般的なハイパーブランチポリマーの合成法といえる（図2）[4,5]。このほか，柿本らはA_2型モノマーとB_3型モノマーの組み合わせからもハイパーブランチポリマーの合成が可能であることを報告した[6]。統計的にはゲル化する反応系なので重合条件の最適化などが要求される。A_2型モノマーやB_3型モノマーは多くの高分子のモノマーや架橋剤として入手可能なこと，対称分子のほうがAB_2型モノマーなどの非対称型分子より合成が簡便なことからハイパーブランチポリマーの合成法の一つとして定着している。

ハイパーブランチポリイミドの特性については，繰り返し単位（分子骨格）由来，末端基由来，三次元的形態（内部ナノ空間）由来の特性に分けて考えることができる。これまで，イミド骨格の持つ高い耐熱性を保ちつつ，多分岐構造導入で高い溶解性を示すハイパーブランチポリイミドが多く報告されている。また，1分子中に多数存在する未反応官能基に機能性官能基を導入することで様々な機能性を付与することも可能である。本稿ではハイパーブランチポリイミドについて，これまでの報告を重合法別に整理して紹介する。

2　AB_2型モノマーの自己重縮合によるハイパーブランチポリイミドの合成

市販のポリイミドは酸無水物とジアミンからポリアミド酸を経由して合成されている。酸無水物とアミンは室温でも反応してしまうため，1分子中に共存させることはできない。柿本らは1分子中にカルボキシル基とアミノ基を複数持つAB_2型モノマーを縮合剤により重合することでポリアミド酸エステルを合成し，これを閉環することによるハイパーブランチポリイミドの合成を報告した（図3）[7〜9]。縮合剤として室温で芳香族アミノ基とカルボキシル基をカップリングさせることに有効なDBOP（(2,3-ジヒドロ-2-チオキソ-3-ベンゾイル)ホスホン酸ジフェニル）が用いられている。生成したポリアミド酸エステルを熱的または化学的イミド化させることでハイパーブランチポリイミドが得られる。重量平均分子量が19万（GPC-MALLS）の重合体でありながら固有粘度は0.3 dL/g程度であることが報告された。多分岐骨格による三次元的形態により溶液中でコンパクトな形状をとっていることが示唆される。^{1}H NMRから決定された分岐度は0.48であり，統計的に期待される値0.5に近い値となった。ハイパーブランチポリイミドの末

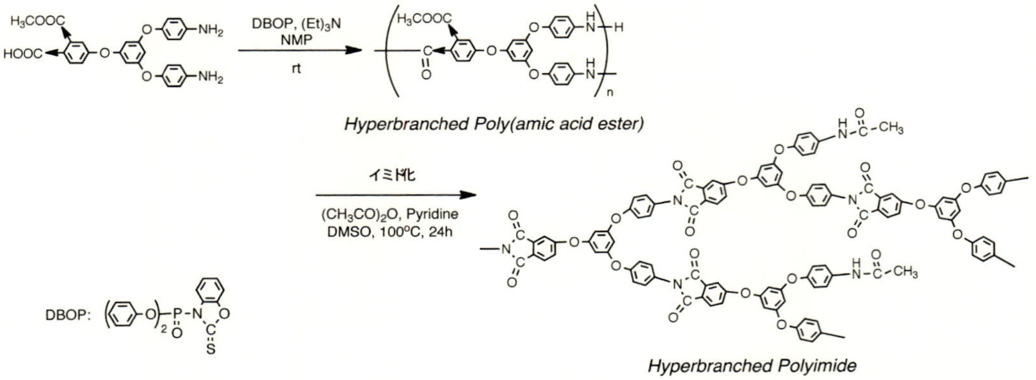

図3 AB₂型モノマーの自己重縮合によるハイパーブランチポリイミド合成（イミド環形成）

表1 ハイパーブランチポリイミドの熱特性と溶解性[7]

R[a]	T_{d5}[b]/T_g[c] (℃)	溶解性[d]			
		NMP	DMF	DMSO	THF
-NH-CO-CH₃	425/189	++	++	++	-
-NH-CO-(CH₂)₅CH₃	405/138	++	++	++	++
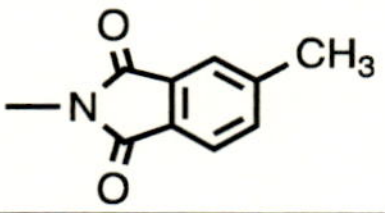 (N-methylphthalimide)	455/186	++	++	+	++

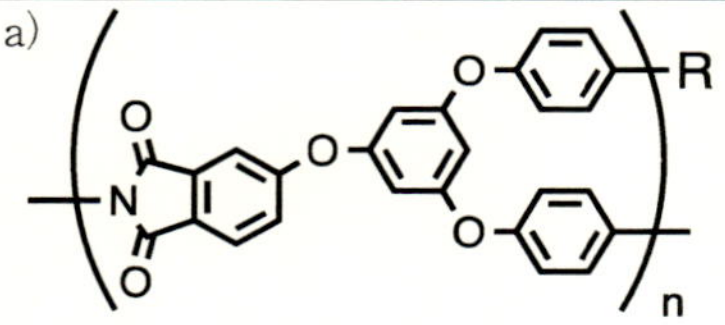

b) 熱重量分析
c) DSCにより測定
d) ++：室温で可溶，+：加熱時可溶，-：不溶

　端官能基と熱特性・溶解性の関係を表1に示す。いずれも高い熱安定性を示し，末端に長鎖アルキル基を導入するとガラス転移温度が大きく低下する。また，いずれも良好な溶解性を示し，末端官能基の種類により溶解性が変化することが示された。さらに，本方法により合成されたハイパーブランチポリイミドが同様の骨格を持つ直鎖ポリイミド（カプトン型）より低密度であり，異方性の指標となる複屈折が小さいこと，透明性が向上することが見い出された[7]。多分岐骨格導入により分子鎖のパッキングが緩くなったこと，直鎖ポリイミドで観察される電荷移動効果が弱くなったことが示唆される。

　イミド環形成を成長反応としたハイパーブランチポリイミド合成に報告されたAB₂型モノマーを図4に示す。いずれのモノマーからも高い耐熱性と溶解性を示すハイパーブランチポリマーが合成された。芳香族ポリアミド合成で有効な亜リン酸トリフェニル・ピリジン系縮合剤を用いて加熱して反応すると，一度ポリアミド酸を単離することなく反応系中で可溶性ハイパーブ

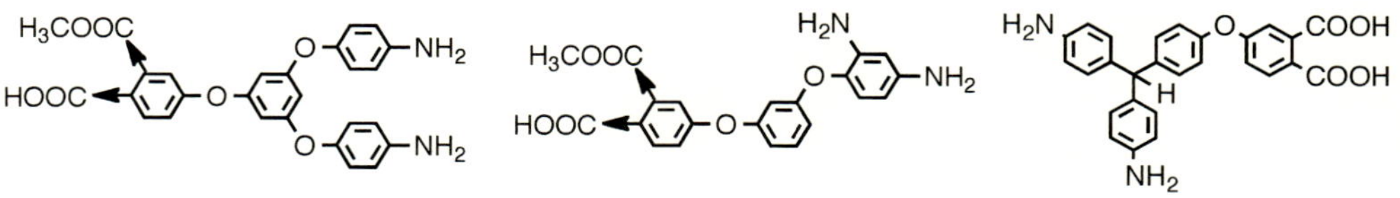

第4章　多分岐ポリイミドの合成と機能化

図4　イミド環形成によるハイパーブランチポリイミド合成に対する AB_2 型モノマー

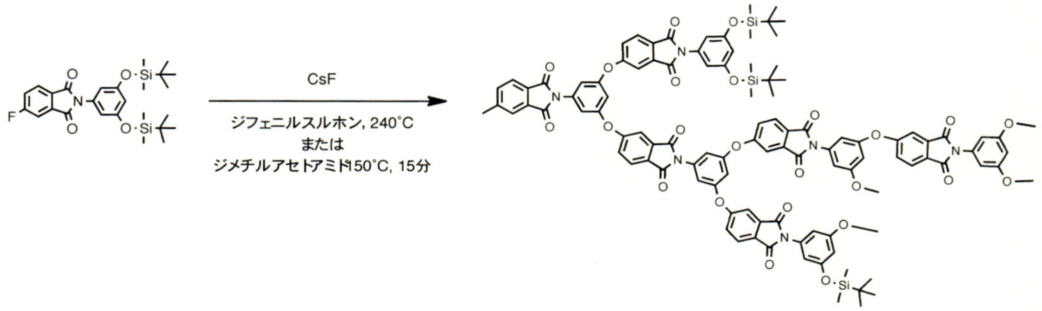

図5　AB_2 型モノマーの自己重縮合によるハイパーブランチポリイミド合成（エーテル結合形成）

ランチポリイミドが生成する。オルト位にアミノ基を持つ ABB' 型モノマーの重合ではオルト位アミノ基の反応性がパラ位より低いため，分岐度が極端に低くなること（DB＝0.07）が報告された[10]。

カプトン型ポリイミドは構造的にはポリエーテルイミドであり，このエーテル結合形成を鍵としたハイパーブランチポリイミドの合成が報告されている（図5)[11~14]。イミド環の持つ電子求引性が脱離基となるハロゲン基の活性を高くしている。重合は高温下でフッ化セシウム触媒存在下で行われ，重量平均分子量が30万程度の重合体が得られる。^{1}H NMR 測定から算出した分岐度は 0.66 と統計的に予想される 0.5 より大きく，これはリニアー部の活性が末端部より高いためであることがモデル反応により示された[11]。さらに，重合後期にエーテル交換反応が起こるために重合時間とともに分子量分布が大きく（1.6 から 3.5），分岐度が低く（0.66 から 0.42）なることが示された[13]。得られたハイパーブランチポリイミドは優れた溶解性を示すとともに極めて高い熱安定性（10％重量減少温度が 530℃）を示した。末端官能基を変えることによる溶解性，製膜性，接触角などの特性変化が議論されている[15~18]。さらに，AB 型モノマーと AB_2 型モノマーの共重合から，AB 型モノマーの仕込みが 80％程度から急激な粘度の増加や製膜性の向上など顕著な物性変化が起こることが報告された[19]。

エーテル結合形成反応によるハイパーブランチポリイミド合成に用いられた AB_2 型モノマーを図6に示す[20~22]。いずれも脱離基となるハロゲン基がイミド環の電子求引性により活性化されている。本法により合成されたハイパーブランチポリイミドの高い溶解性と多官能性を活かしたレジスト材料の開発が上田らにより報告された[23,24]。

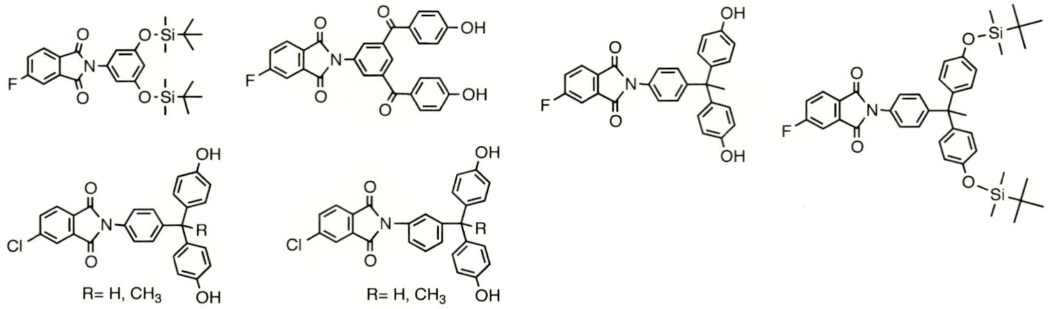

図6 エーテル結合形成によるハイパーブランチポリイミド合成に対する AB$_2$ 型モノマー

3 A$_2$ 型, B$_3$ 型モノマーの重縮合によるハイパーブランチポリイミドの合成

　A$_2$ 型, B$_3$ 型モノマーの重合は統計的にはゲル化（分子量無限大）となる重合であるが，重合条件の最適化を行いゲル化前に重合を停止すると可溶性重合体（ハイパーブランチポリマー）の合成が可能となる。ゲル化を避けるためには反応時間だけでなく，重合溶液を薄くする，片方のモノマーをゆっくり重合系に添加するなどの工夫が必要となる。また，AB$_2$ 型モノマーの自己重縮合では未反応末端官能基はすべて B 官能基となるが，A$_2$ 型, B$_3$ 型モノマーの重合ではモル比により未反応末端官能基を A 官能基または B 官能基に制御可能であることも利点といえる（図7）。最近，分析手法の進歩により重縮合反応において環状化合物が生成することが指摘されている[25]。A$_2$ 型, B$_3$ 型モノマーの重合では1分子内に複数のA，B官能基が存在すること，ゲル化を避けるために希釈条件下で重合を行うことから分子内環化反応が進行しやすい（図8）[26]。ハイパーブランチポリイミド研究で分子内環化を議論した報告はまだないが，分子内環化により未反応官能基数が少なくなるため，末端基修飾を行う場合は注意を要する。

　3官能性アミンまたは酸無水物（および誘導体）を用いることで A$_2$ 型と B$_3$ 型モノマーの重合からハイパーブランチポリイミドを合成することができる。岡本らはトリス（4-アミノフェニル）アミンとテトラカルボン酸二無水物から前駆体ポリアミド酸を経由するハイパーブランチポリイミドの合成を報告した（図9）[27~29]。トリアミン溶液に酸無水物溶液をモル比1:1でゆっくり添加するとアミン末端を持つハイパーブランチポリアミド酸が得られ，これをイミド化することでハイパーブランチポリイミドが合成できる。酸無水物溶液にトリアミン溶液をモル比2:1でゆっくり添加すると酸無水物末端を持つハイパーブランチポリイミドが得られる。いずれも酸無水物溶液やトリアミン溶液の添加量が過剰になるとゲル化が起こる。6FDAを酸無水物として合成したハイパーブランチポリイミドは有機溶媒に可溶であり，溶液の固有粘度は高い（0.8～1.9 dL/g）ことが報告された[28]。一般に A$_2$ 型, B$_3$ 型モノマーの重合から得られる重合体は AB$_2$ 型モノマーの自己重縮合から得られるハイパーブランチポリマーより粘度が高く，これは AB$_2$ 型モノマーからの重合体には見られない分子鎖の絡み合いや部分的マイクロゲルの形成などが影響していると考えられる。分岐度はトリアミンの仕込みモル比により変化し，アミノ基末端ポリ

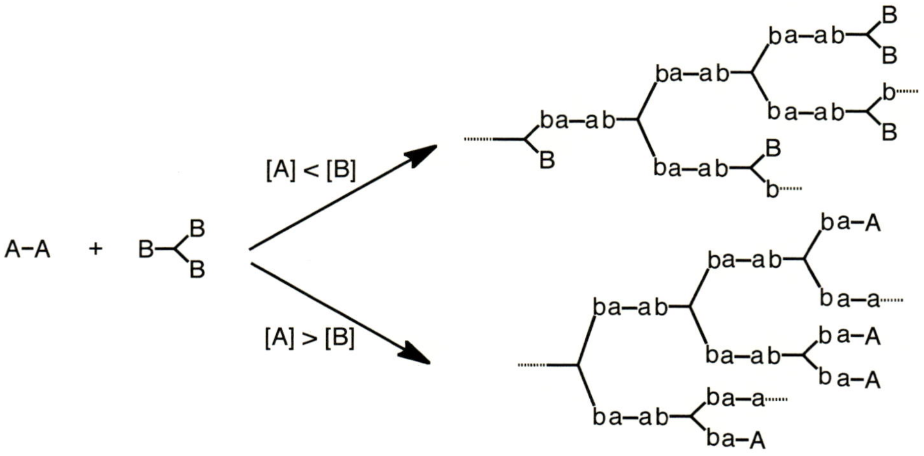

第4章　多分岐ポリイミドの合成と機能化

図7　A₂＋B₃型重合から得られるハイパーブランチポリマーの構造

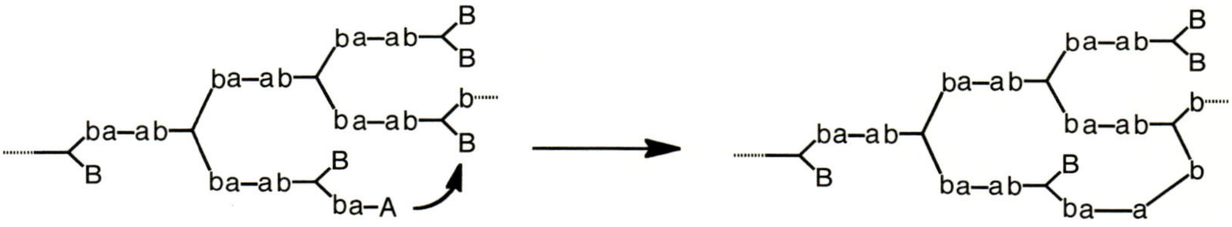

図8　A₂＋B₃型重合から得られるハイパーブランチポリマーにおける分子内環化

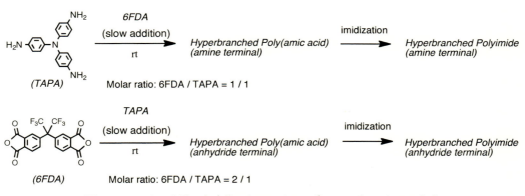

図9　トリアミンと酸二無水物からのハイパーブランチポリイミドの合成

マーで 0.64，酸無水物末端では 1.0 であると報告された[28]。

　柿本らは酸無水物成分を3官能化したモノマーからの A₂＋B₃型重合によるハイパーブランチポリイミドの合成を報告した（図10）[30〜32]。パラフェニレンジアミンとの重合では酸無水物をあらかじめメタノールと反応させてフタル酸モノエステルとし，これを縮合剤により重合した方が

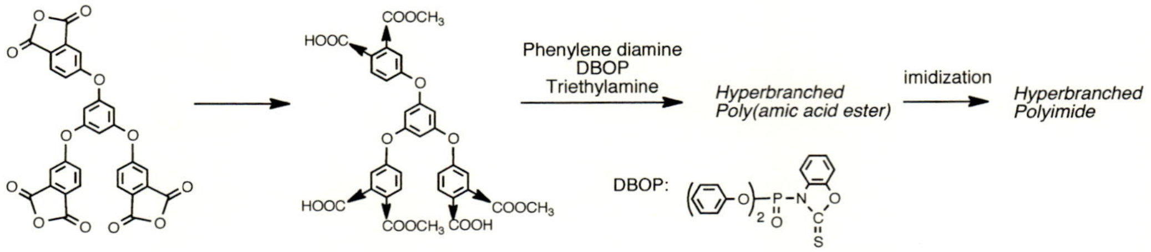

図10 ジアミンと三酸無水物からのハイパーブランチポリイミド合成

三酸無水物との重合よりゲル化しにくい。この場合でもゲル化を避けるためには濃度を 0.1 g/mL 以下とすることが必要とされる。前駆ポリアミド酸を化学イミド化することで分岐度 0.5 前後のハイパーブランチポリイミドが得られる。得られたハイパーブランチポリイミドの固有粘度は高分子量になると 1.0 dL/g 程度と高くなり，これは AB_2 型モノマーの自己重縮合で得られるハイパーブランチポリマーとは異なる。分子鎖絡み合いによる凝集体の形成やミクロゲルの形成が示唆される。

これまでハイパーブランチポリイミド合成に対して報告されている A_2 型，B_3 型モノマーを表2に示す。トリアミンを分岐成分として利用している研究例が多い。最近，A_2 型と B_4 型モノマーからのハイパーブランチポリイミド合成も報告された[33]。分岐骨格が形成するナノ空間の活用を目指したガス透過材料[27~29,34,35]，末端官能基を生かした光学・レジスト材料[36~41]，プロトン伝導材料[42,43]，触媒担体[44] などの研究が報告されている。

A_2 型，B_3 型モノマーの重合において，反応初期に AB_2 型中間体分子が選択的に形成すれば AB_2 型モノマーの自己重縮合と実質的に同じとなるため反応率が上がってもゲル化せず，ハイパーブランチポリマーの合成が容易となる。3官能性モノマーの1つの官能基の反応性が残り2つより高い BB'_2 型モノマーと A_2 型モノマーを重合すれば選択的な AB'_2 型中間体分子の生成が期待できる[57,58]。Shu らは1分子中に酸無水物とカルボキシル基を2個持つ BB'_2 型モノマーとジアミンからのハイパーブランチポリアミドイミドの合成を報告した（図11）[59]。最初にアミノ基と酸無水物を室温で反応させた後，一度加熱して AB'_2 型分子に変換する。これを取り出すことなくそのまま縮合剤を加えて加熱することでハイパーブランチポリアミドイミドが得られる。重合中にゲル化することとなく可溶性ハイパーブランチポリマーが得られた。この A_2 型，BB'_2 型モノマーからの重合体は対応する AB'_2 型モノマーからの重合体と同等の分子量，粘度，分岐度を持つことが示された。反応性に偏りがある BB'_2 型モノマーとして 2,4,6-トリアミノピリミジンを用いたハイパーブランチポリイミドの合成が報告されている[60~64]。2位のアミノ基の反応性が低く，反応性が等価な A_2 型，B_3 型モノマーの重合よりゲル化しにくい。このトリアミンと二酸無水物から粘性が低い可溶性ハイパーブランチポリイミドの生成が報告されているものの分子量が低いものが多く，分子量が高くなると粘性も高くなるとの報告もある[61]。2,4,6-トリアミノピリミジンは反応性に偏りがあるものの，選択的な AB'_2 型中間体分子の生成は期待できないため，

第4章　多分岐ポリイミドの合成と機能化

表2　ハイパーブランチポリイミド合成に報告されたA$_2$型, B$_3$型モノマー

amine	anhydride	ref
(structure)	6FDA DSDA PMDA	27〜29, 43, 45)
(structure)	6FDA ODPA BTDA	34, 36, 38, 42, 46〜48)
(structure)	6FDA HQDPA	35, 40)
(structure)	BTDA PMDA	49)
(structure)	6FDA BTDA BPADA	41, 50)
(structure)	PMDA	44)
(structure)	BBPADA ODPA BTDA	51)
(structure)	PMDA BTDA ODPA	52)

(つづく)

ポリイミドの機能向上技術と応用展開

(つづき)

amine	anhydride	ref
(structure: triaminophenoxy pyridine derivative)	ODPA BTDA IDBA	53)
(structure: triaminophenoxy pyridine derivative)	ODPA BTDA IDBA 6FDA	54)
(structure: triaminotriphenylmethane)	ODPA PMDA	55)
(structure: tetraaminophenoxy methyl compound)	ODPA, DSDA 6FDA, IDBA PMDA, BPDA BTDA	39)
H_2N-⌬-NH_2	(dianhydride structure)	30, 32)
H_2N-⌬-NH_2	(tetracarboxylic acid methyl ester structure)	30〜32)
(azo diamine with nitro group)	(bis-phthalic anhydride structure)	56)

Abbreviation: 6FDA, 2,2-bis (3,4-dicarboxyphenyl) hexafluoropropane dianhydride; DSDA, 3,3′,4,4′-diphenylsulfonetetracarboxylic dianhydride; PMDA, pyromellitic anhydride; ODPA, 4,4′-oxydiphthalic anhydride; BTDA, 3,3′,4,4′-benzophenonetetracarboxylic dianhydride; HQDPA, 1,4-bis (3,4-dicarboxyphenoxy) benzene dianhydride; IDBA, 4,4′-(4,4′-isopropylidenediphenoxy) bis (phthalic anhydride)

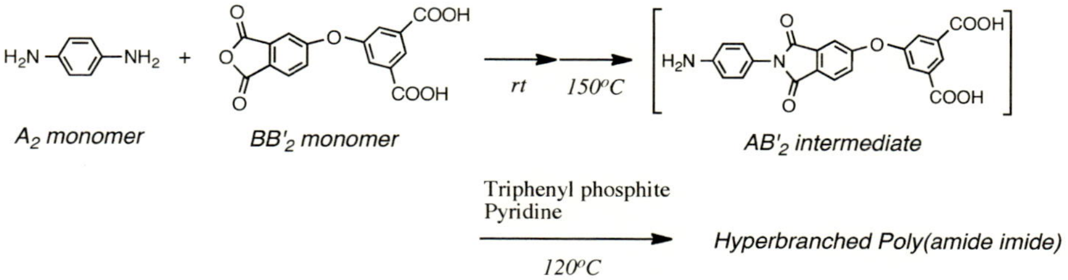

第4章　多分岐ポリイミドの合成と機能化

図11　A_2 + BB'_2 型モノマーの重合によるハイパーブランチポリイミドの合成反応式を2つ

AB_2 型モノマーからの重合体と同じ性質を示す高分子量かつ低粘性のポリマー合成は難しいようである。

4　まとめ

ハイパーブランチポリイミドはイミド環骨格由来の優れた化学的，熱的安定性と優れた溶解性を兼ね備えた新しい可溶性ポリイミドととらえることができる。末端官能基を多く持ち，これを化学修飾することで同一骨格から様々な機能を付与したポリイミドに展開できることも利点である。一方，ハイパーブランチポリマーは一般に分子鎖からみ合いが低く，これは一般的高分子が持つ高分子らしさを失うことにもつながりかねない。デンドリティック骨格由来の内部空間の活用，末端官能基の機能化など，従来の可溶性高分子とは異なる特長を活かした用途開発が必要であろう。ハイパーブランチポリイミドの研究は2000年前後から報告されているが，未だに基礎研究レベルである。AB_2 型モノマーの自己重縮合のほか，A_2 型，B_3 型モノマーなど安価な原料からの合成法も開発されてきた。ポリイミドとしての高い耐熱性や化学的安定性を活かしつつ，多分岐骨格由来の特長を活用した用途開発が期待される。

文　　献

1) P. J. Flory, *J. Am. Chem. Soc.*, **74**, 2718 (1952)
2) H. R. Kricheldorf, Q.-Z. Zang, G. Schwarz, *Polymer*, **23**, 1821 (1982)
3) Y. H. Kim, O. W. Webster, *J. Am. Chem. Soc.*, **112**, 4592 (1990)
4) M. Jikei, M. Kakimoto, *Prog. Polym. Sci.*, **26**, 1233 (2001)
5) B. I. Voit, A. Lederer, *Chem. Rev.*, **109**, 5924 (2009)
6) M. Jikei, S.-H. Chon, M. Kakimoto, S. Kawauchi, T. Imase, J. Watanabe, *Macromolecules*, **32**, 2061 (1999)
7) K. Yamanaka, M. Jikei, M.-A. Kakimoto, *Macromolecules*, **33**, 6937 (2000)

8) K. Yamanaka, M. Jikei, M.-A. Kakimoto, *Macromolecules*, **33**, 1111 (2000)
9) K. Yamanaka, M. Jikei, M.-A. Kakimoto, *Macromolecules*, **34**, 3910 (2001)
10) K.-L. Wang, M. Jikei, M.-A. Kakimoto, *J. Polym. Sci. Part A : Polym. Chem.*, **42**, 3200 (2004)
11) D. S. Thompson, L. J. Markoski, J. S. Moore, *Macromolecules*, **32**, 4764 (1999)
12) L. J. Markoski, J. L. Thompson, J. S. Moore, *Macromolecules*, **33**, 5315 (2000)
13) D. S. Thompson, L. J. Markoski, J. S. Moore, I. Sendijarevic, A. Lee, A. J. McHugh, *Macromolecules*, **33**, 6412 (2000)
14) L. J. Markoski, D. S. Thompson, J. S. Moore, *Macromolecules*, **35**, 1599 (2002)
15) J. A. Orlicki, J. S. Moore, I. Sendijarevic, A. J. McHugh, *Langmuir*, **18**, 9985 (2002)
16) J. A. Orlicki, J. L. Thompson, L. J. Markoski, K. N. Sill, J. S. Moore, *J. Polym. Sci. Part A : Polym. Chem.*, **40**, 936 (2002)
17) J. A. Orlicki, N. O. L. Viernes, J. S. Moore, I. Sendijarevic, A. J. McHugh, *Langmuir*, **18**, 9990 (2002)
18) I. Sendijarevic, A. J. McHugh, J. A. Orlicki, J. S. Moore, *Polym. Eng. Sci.*, **42**, 2393 (2002)
19) L. J. Markoski, J. S. Moore, I. Sendijarevic, A. J. McHugh, *Macromolecules*, **34**, 2695 (2001)
20) F.-I. Wu, C.-F. Shu, *J. Polym. Sci. Part A : Polym. Chem.*, **39**, 2536 (2001)
21) J.-B. Baek, H. Qin, P. T. Mather, L.-S. Tan, *Macromolecules*, **35**, 4951 (2002)
22) X. Li, Y. Li, Y. Tong, L. Shi, X. Liu, *Macromolecules*, **36**, 5537 (2003)
23) M. Okazaki, Y. Shibasaki, M. Ueda, *Chem. Lett.*, 762 (2001)
24) M. Okazaki, Y. Shibasaki, M. Ueda, *J. Photopolym. Sci. Tech.*, **14**, 45 (2001)
25) H. R. Kricheldorf, *Acc. Chem. Res.*, **42**, 981 (2009)
26) H. Chen, J. Kong, *Polym. Chem.*, **7**, 3643 (2016)
27) L. Y. Yan Yin, M. Yoshino, J. Fang, K. Tanaka, H. Kita, K.-I. Okamoto, *Polym. J.*, **36**, 294 (2004)
28) J. Fang, H. Kita, K.-I. Okamoto, *Macromolecules*, **33**, 4639 (2000)
29) J. Fang, H. Kita, K.-I. Okamoto, *J. Memb. Sci.*, **182**, 245 (2001)
30) J. Hao, M. Jikei, M.-A. Kakimoto, *Macromolecules*, **35**, 5372 (2002)
31) J. Hao, M. Jikei, M.-A. Kakimoto, *Macromolecules*, **36**, 3519 (2003)
32) J. Hao, M. Jikei, M.-A. Kakimoto, *Macromol. Symp.*, **199**, 233 (2003)
33) S. Liu, Y. Zhang, X. Wang, H. Tan, N. Song, S. Guan, *RSC Adv.*, **5**, 107793 (2015)
34) T. Suzuki, Y. Yamada, Y. Tsujita, *Polymer*, **45**, 7167 (2004).
35) H. Gao, D. Wang, W. Jiang, S. Guan, Z. Jiang, *J. Appl. Polym. Sci.*, **109**, 2341 (2008)
36) H. Chen, J. Yin, *J. Polym. Sci. Part A : Polym. Chem.*, **41**, 2026 (2003)
37) H. Chen, J. Yin, *Polym. Bull.*, **50**, 303 (2003)
38) H. Chen, J. Yin, *J. Polym. Sci. Part A : Polym. Chem.*, **42**, 1735 (2004)
39) S. Makita, H. Kudo, T. Nishikubo, *J. Polym. Sci. Part A : Polym. Chem.*, **42**, 3697 (2004)
40) H. Gao, D. Wang, S. Guan, W. Jiang, Z. Jiang, W. Gao, D. Zhang, *Macromol. Rapid Commun.*, **28**, 252 (2007)
41) C. Liu, D. Wang, W. Wang, Y. Song, Y. Li, H. Zhou, C. Chen, X. Zhao, *Polym. J.*, **45**, 318

42) H. Chen, J. Yin, H. Xu, *Polym. J.*, **35**, 280 (2003)
43) T. Suda, K. Yamazaki, H. Kawakami, *J. Power Sources*, **195**, 4641 (2010)
44) Y. Nabae, M. Mikuni, T. Hayakawa, M.-A. Kakimoto, *J. Photopolym. Sci. Tech.*, **27**, 139 (2014)
45) K. Xu, J. Economy, *Macromolecules*, **37**, 4146 (2004)
46) H. Chen, J. Yin, *J. Polym. Sci. Part A：Polym. Chem.*, **40**, 3804 (2002)
47) H. Chen, J. Yin, *Polym. Bull.*, **49**, 313 (2003)
48) J. Peter, B. Kosmala, M. Bleha, *Desalination*, **245**, 516 (2009)
49) M. F. Rigana, P. Thirukumaran, K. Shanthi, M. Sarojadevi, *RSC Adv.*, **6**, 33249 (2016)
50) Y. Li, C. Liu, L. Jiao, G. Song, X. Zhao, G. Dang, *High Perform. Polym.*, **26**, 569 (2014)
51) Q. Li, H. Xiong, L. Pang, Q. Li, Y. Zhang, W. Chen, Z. Xu, C. Yi, *High Perform. Polym.*, **27**, 426 (2015)
52) W. Chen, W. Yan, S. Wu, Z. Xu, K. W. K. Yeung, C. Yi, *Macromol. Chem. Phys.*, **211**, 1803 (2010)
53) J. Shen, Y. Zhang, W. Chen, W. Wang, Z. Xu, K. W. K. Yeung, C. Yi, *J. Polym. Sci. Part A：Polym. Chem.*, **51**, 2425 (2013)
54) W. Chen, Q. Li, Q. Zhang, Z. Xu, X. Wang, C. Yi, *J. Appl. Polym. Sci.*, 41544 (2014)
55) P. Sysel, E. Minko, R. Čechová, *e-Polymers*, 081 (2009)
56) Y.-C. Chen, W.-C. Lo, T.-Y. Juang, S. A. Dai, W.-C. Su, C.-C. Chou, R.-J. Jeng, *Mater. Chem. Phys.*, **127**, 107 (2011)
57) D. Yan, C. Gao, *Macromolecules*, **33**, 7693 (2000)
58) C. Gao, D. Yan, *Prog. Polym. Sci.*, **29**, 183 (2004)
59) Y.-T. Chang, C.-F. Shu, *Macromolecules*, **36**, 661 (2003)
60) Y. Liu, T.-S. Chung, *J. Polym. Sci. Part A：Polym. Chem.*, **40**, 4563 (2002)
61) S. Köytepe, A. Paşahan, E. Ekinci, T. Seçkin, *Eur. Polym. J.*, **41**, 121 (2005)
62) S.-J. Park, K. Li, F.-L. Jin, *Mater. Chem. Phys.*, **108**, 214 (2008)
63) Y. Chen, Q. Zhang, W. Sun, X. Lei, P. Yao, *Polym. Int.*, **63**, 788 (2014)
64) L. Zuo, K. Kou, Y. Wang, H. Chen, *Des. Monomers Polym.*, **18**, 42 (2015)

第5章　多分岐ポリイミド-シリカハイブリッドの合成と特性

山田保治*

1　はじめに

　ポリイミド（PI）は1960年代に米国DuPont社によって開発された高耐熱性樹脂で，優れた耐熱性（熱安定性），力学特性，電気特性，耐薬品性，成型性などを有することから，宇宙・航空材料，電気・電子材料，気体分離膜などとして広く使用されている。1990年代にマイクロエレクトロニクス産業用のフィルム，層間絶縁膜，コーティング剤（保護膜），液晶配向膜などとして飛躍的に発展し，今日の電子機器の小型化，高性能化に不可欠な材料となっている。この発展を支えたのはPIの高機能・高性能化による特性向上で，シロキサンとの共重合や無機フィラーとの複合化によって用途に適した熱特性，力学特性，電気特性（低誘電率），光学特性（透明性，屈折率），表面特性（撥水性，密着・接着性），成形性（可溶性，熱可塑性），気体透過・選択性などの特性が制御され，多種多様な高機能・高性能PIが開発されている[1]。

　PI-シリカ複合材料は，1990年代に研究がはじめられ多くの報告がなされている[1,2]。これらの研究は直鎖PIとシリカの複合材料で，シリカ粒子径がサブミクロンオーダー（>300 nm）で分散された複合材料で，100 nm以下のナノオーダーで分散された複合材料の報告はほとんどない。また近年，樹木状構造と特異な特性を持つ高機能高分子として注目されているデンドリマーや多分岐ポリマーの開発が進み，2000年代に多分岐PIの報告がなされている[3]。デンドリマーは多段重合によって合成されるが，多分岐ポリマーは一段重合によって容易に合成できるため，工業材料として応用しやすい利点がある。

　筆者らは，高機能・高性能な多分岐PI-シリカ複合材料の開発を行い，シリカ粒子径が50 nm以下のナノオーダーで分散された多分岐PI-シリカ複合材料を開発した。ここでは，シリカがナノオーダーで分散制御された多分岐PI-シリカハイブリッド（HBPI-SiO$_2$ HBD）の合成，特性と応用について紹介する。

2　PI系複合材料の合成

　PI系複合材料としては，シリカのほか，モンモリトナイトなどのクレイ，ジルコニア，チタニアなどの無機酸化物との複合材料が数多く報告されている[2]。PIの複合化方法には多くの合成

---

　*　Yasuharu Yamada　神奈川大学　工学研究所　客員教授

第5章　多分岐ポリイミド-シリカハイブリッドの合成と特性

法が報告されているが，大別して下記3方法がある。

① 層間挿入法（層剥離法）：クレイやマイカなどの無機層状化合物をアルキル4級アンモニウム塩などの有機変性剤で変性し，モノマーと重合（重合法）またはPIと溶融混練（溶融混練法）し，層剥離と分散を起こさせる方法。比較的簡易で低コストな合成法であるが，無機層状化合物は一般にサブミクロン〜数μmオーダーであるため，ナノレベルでの複合化が困難である。また，PIと無機層状化合物との間に相互作用がないため，得られる複合材料はコンポジット（CPT）となる。

② ゾル-ゲル法[4]：PI（またはポリアミド酸（PAA））溶液中で金属アルコキシドをゾル-ゲル反応させ，無機酸化物を分散させる方法[5]。この時，PI（PAA）分子内に加水分解性基（アルコキシシリル基）を持つPI（PAA）を使用すると，無機酸化物との間に共有結合を有するハイブリッド（HBD）が得られる。

③ 微粒子分散法：①無機微粒子とPI（またはPAA）を溶液中直接混合（溶液混合法）するか溶融混練（溶融混練法）させる，②無機微粒子存在下でモノマーを重合させる（*in-situ* 重合法）などの方法がある。無機微粒子の表面をシランカップリング剤などの表面処理剤で修飾した無機微粒子を使用して複合化すれば，コア-シェル構造のHBDが合成できる。

いずれの合成法においても，ポリマーと無機フィラーの間に相互作用が無ければCPTとなり，ポリマーと無機フィラーとの間に共有結合や水素結合など強い相互作用があればHBDとなる。特に，ナノレベルでの複合化にはポリマーと無機フィラーの界面制御に加え，ポリマーの分子構造（一次構造，二次構造），ポリマーの分子量，無機フィラーや金属アルコキシドの添加量などの最適化が重要である。

2.1　PI-SiO_2 HBDの合成

PIの一般的な合成法は，テトラカルボン酸二無水物（DA）とジアミンとをジメチルホルムアミド（DMF）やジメチルアセトアミド（DMAc）などの極性溶媒中，室温で重縮合させて得られる前駆体（PAA）を熱あるいは化学的処理（イミド化）して合成する方法であるが，シリカをナノオーダーで分散したPI-SiO_2 CPTおよびHBDの合成は，微粒子分散法またはゾル-ゲル法によって行われる[5〜14]。PIとシリカ間に共有結合を持つHBDを合成するには，アミノシラン化合物やアミノ基，イソシアネート基，グリシジル基を持つジアミン化合物（図1）[9]でPAA（またはPI）分子中にアルコキシシリル基を導入し，①シリカ微粒子（コロイダルシリカ）と反応させるか，②テトラアルコキシシラン（$Si(OCH_3)_4$：TMOSや$Si(OC_2H_5)_4$：TEOS）をゾル-ゲル反応させ，シリカ微粒子をPAA（またはPI）中に分散させる方法がある。図2にゾル-ゲル法による代表的なPI-SiO_2 HBDの合成法を示す。また，シリカ微粒子の表面をアミノシラン化合物などの表面処理剤で修飾してシリカ表面にアミノ基あるいはカルボン酸（酸無水物）基を導入し，その存在下でモノマー（DAとジアミン）を重合させコア-シェル型HBDを合成する方法もある。

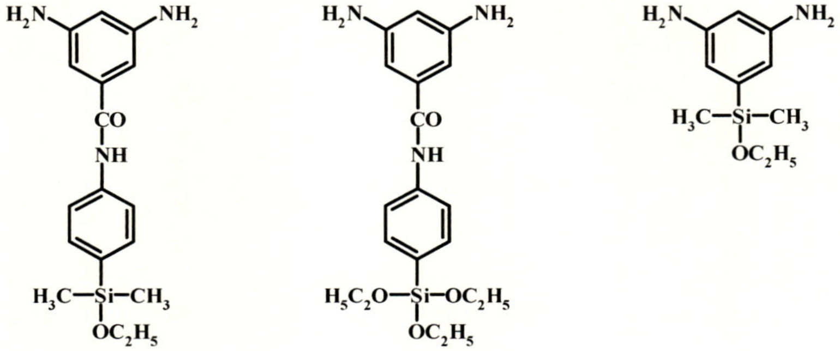

図1　エトキシシリル基を有するジアミン

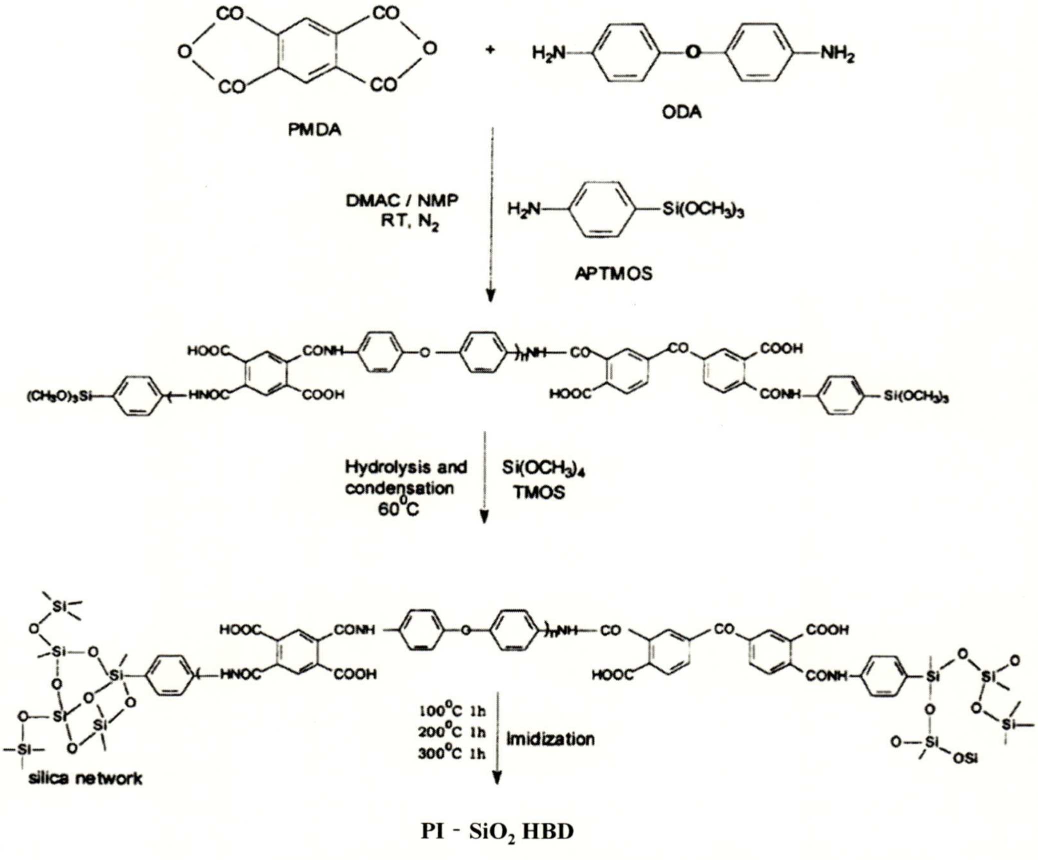

図2　ゾル-ゲル法による PI-SiO$_2$ HBD の合成法

第5章 多分岐ポリイミド-シリカハイブリッドの合成と特性

2.2 HBPI-SiO$_2$ HBD の合成

デンドリマーは保護と脱保護を繰り返す多段階重合により合成される精密に制御された単分散ポリマーであるのに対し，多分岐ポリマーは構造の精密さはデンドリマーには及ばないものの，1段重合で合成できる利点を持っている。HBPI の合成法は，① AB$_2$ 型モノマーの重縮合および，② A$_2$ 型と B$_3$ 型モノマーの重縮合に大別される。いずれの HBPI の合成においても，重縮合はゲル化の起こらない低濃度で温和な条件で反応させる必要がある。HBPI 合成に使用される AB$_2$ 型モノマーはほとんど市販されていないため，モノマー合成が必要でコスト高になる。一方，A$_2$ 型と B$_3$ 型モノマーの重縮合から合成される HBPI は，数多くの DA（A$_2$ 型モノマー）が市販されており，トリアミン（TA；B$_3$ 型モノマー）の組合せやモノマー比率を変えることで種々の HBPI が合成できる。

AB$_2$ 型モノマーの重縮合による HBPI は，DMF，NMP，DMAc などの極性溶媒中でカルボン酸エステルと2個のアミノ基を持つ AB$_2$ 型モノマーを重縮合しポリアミド酸エステルとした後，イミド化する方法で得られる（図3）[15〜17]。また，A$_2$＋B$_3$ 型モノマーの重縮合による HBPI は，極性溶媒中で DA と TA とを重縮合させた後，イミド化する方法で得られる（図4）[18,19]。図5に代表的な TA を示す。A$_2$＋B$_3$ 型モノマーの重縮合では，DA と TA の反応比を変えることで分子末端の構造を変えることができる。すなわち，DA：TA の反応比を2：1で重縮合すると酸無水物末端の HBPI（DA-HBPI）となり，1：1で重縮合するとアミン末端の HBPI（AM-HBPI）となる。このように，A$_2$＋B$_3$ 型モノマーの重縮合では，モノマーの反応比を変えることで末端官能基の異なる種々の分子構造を持った HBPI を簡単に作り分けることができる。図6に A$_2$＋B$_3$ 型モノマーの重縮合における DA-HBPI と AM-HBPI の合成模式図を示す。

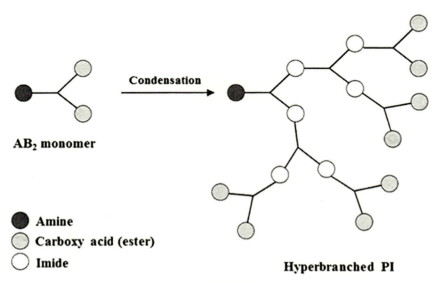

図3　AB$_2$ 型モノマーの重縮合による HBPI の合成

HBPI-SiO$_2$ HBD は，PI-SiO$_2$ HBD と同様にテトラアルコキシシラン（TMOS/TEOS）のゾル-ゲル法やコロイダルシリカを使用した微粒子分散法によるハイブリッド化で合成することができる。筆者らは，1,3,5-トリヒドロキシベンゼン（フロログルシノール）と 4-フルオロニトロベンゼンから合成した 1,3,5-tris(4-aminophenoxy)benzene（TAPOB）と種々の芳香族テトラカルボン酸二無水物（ArDA）を重縮合して HBPI を合成し，シリカ微粒子や TMOS のゾル-ゲル反応によって HBPI-SiO$_2$ HBD を合成した[20]。図 7 に ArDA と TAPOB からなる HBPI-SiO$_2$ HBD の合成スキームを示す。以下，ゾル-ゲル法および微粒子分散法による HBPI-SiO$_2$ HBD の具体的な合成法を述べる。

① ゾル-ゲル法による HBPI-SiO$_2$ HBD の合成

HBPI-SiO$_2$ HBD の合成は，NMP や DMAc などの極性溶媒中，窒素雰囲気下で ArDA に

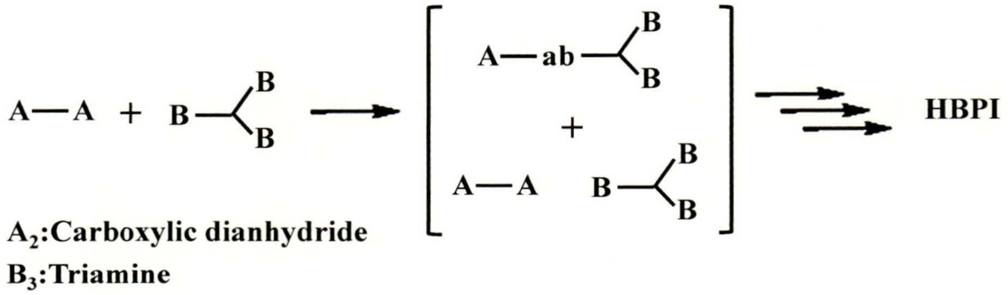

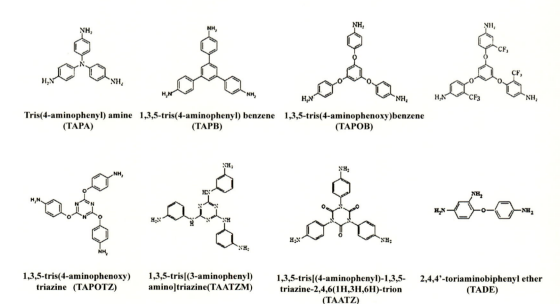

図 4　A$_2$＋B$_3$ 型モノマーの重縮合による HBPI の合成

図 5　HBPI 合成に用いられる代表的なトリアミンモノマー

第5章 多分岐ポリイミド-シリカハイブリッドの合成と特性

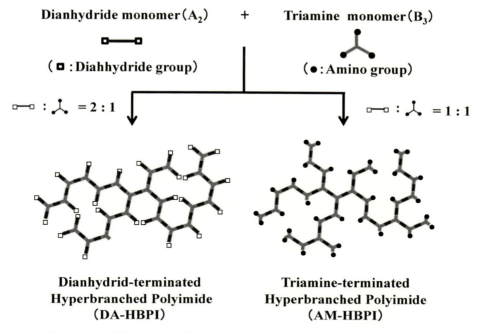

図6 A_2+B_3型モノマーの重縮合における DA-HBPI と AM-HBPI の合成模式図

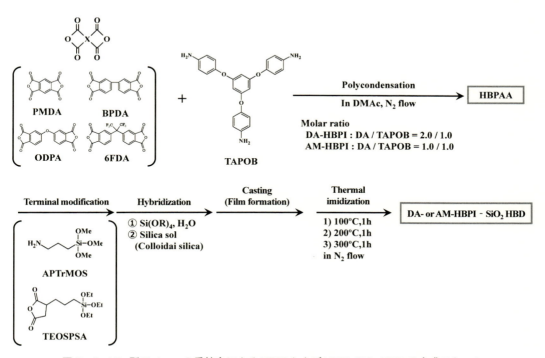

図7 A_2+B_3型モノマーの重縮合による HBPI および HBPI-SiO₂ HBD の合成スキーム

TAPOBを室温でゆっくり滴下し反応させ多分岐ポリアミド酸（HBPAA）を合成する。この時，DA：TAPOBの反応モル比を2：1で反応すれば酸無水物末端HBPAA（DA-HBPAA）となり，1：1で反応すればアミン末端HBPAA（AM-HBPAA）となる。その後HBPAA溶液中に所定量（少量）のシランカップリング剤を滴下し分子鎖末端をアルコキシシリル化する。分子鎖末端がDA-HBPAAの場合は3-aminopropyltrimethoxysilane（APTrMOS）を，分子鎖末端がAM-HBPAAの場合は3-(triethoxysilyl) propyl succinic anhydride（TEOSPSA）を滴下し，分子鎖末端をアルコキシシリル化したHBPAAを合成する。最後に，TMOSまたはTEOSと少量の水を加えゾル-ゲル反応させシリカをハイブリッド化させてHBPI-SiO$_2$ HBDとする。シランカップリング剤でHBPAAの分子鎖末端にアルコキシシリル基を導入することで，HBPIとシリカが共有結合したHBPI-SiO$_2$ HBDとなる。ゾル-ゲル法は均一系で反応が行われるためにシリカがナノレベルで均一に分散された状態を作りやすく，また，シランカップリング剤の使用量によってHBPAAの分子量，シリカとの架橋密度が制御でき，生成するシリカの粒子径やモルホロジーが異なるなど反応条件によって多種多様なHBDを作製でき特性を制御しやすい。

② 微粒子分散法によるHBPI-SiO$_2$ HBDの合成

①で合成した分子鎖末端にアルコキシシリル基を導入したHBPAA中に市販の有機溶媒（DMAc）分散コロイダルシリカ（粒子径：10～15 nm）を加えて撹拌混合することによってHBPI-SiO$_2$ HBDを合成する。上述のTMOSまたはTEOSを用いたゾル-ゲル反応によって得られるHBPI-SiO$_2$ HBDは，シリカネットワーク形成過程でのシラノールの重縮合に伴う体積収縮が比較的大きく，シリカ含有量の増加に伴いフィルム形成能が低下する。これに対し，コロイダルシリカを用いて得られるHBPI-SiO$_2$ HBDはシラノールの重縮合に伴う体積収縮が小さく，加工性（形態保持能）に優れた合成法である。

3 HBPI-SiO$_2$ HBDの特性

HBPIは特異な分子形状（数～数十nmの分子径を持つ球状分子）をしているため，直鎖状PIにはない高溶解性，低粘性，非晶性，多官能性などの多様な特性を示す。分子中に多数の末端を有し，これらの分子鎖末端の機能化や表面および内部骨格を制御することによって多機能高分子を創製することができる[21,22]。図8にHBPI-SiO$_2$ HBDの構造模式図を，表1にシリカとの複合化による諸特性の変化を示す。HBPI-SiO$_2$ HBDもPI-SiO$_2$ HBDと同様にシリカのハイブリッド化によって，ガラス転移温度（T_g），熱分解温度（T_d^5），熱膨張係数（CTE）などの熱特性，弾性率などの力学強度，耐薬品性，ガラスや金属への接着性，表面硬度，耐摩耗性，難燃性，耐候性などの特性がシリカ含有量に比例して向上する。また，HBPI-SiO$_2$HBDは電気特性（低誘電率）や気体透過・分離選択性にも優れた材料である。

ゾル-ゲル法や微粒子分散法で合成したHBPI-SiO$_2$ HBDは，シリカがHBPI中に凝集のない状態でナノオーダーで均一に分散されている。図9にHBPI-SiO$_2$ HBDおよびPI-SiO$_2$ HBDの

第 5 章　多分岐ポリイミド-シリカハイブリッドの合成と特性

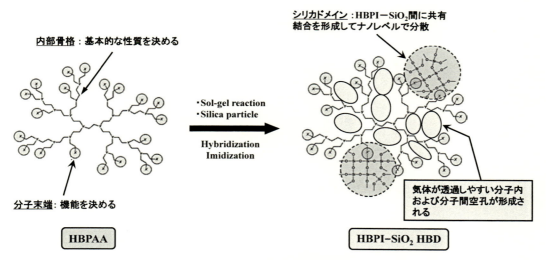

図 8　HBPI-SiO₂ HBD の構造模式図

表 1　シリカとの複合化による効果

特　　性	効　　果
熱　特　性	
熱分解温度	↑
ガラス転移温度	↑
熱膨張係数	↓
力　学　特　性	
引張強度	↑ (↓*)
引張弾性率	↑
伸び	↓
耐摩耗性	↑
その他の特性	
表面硬度	↑
耐薬品性	↑
比誘電率	↑
密着・接着性 (ガラス, SUS, フィルム)	↑
気体透過性	↑↓
体積 (成型／硬化) 収縮率	↓
耐候性	↑
難燃性	↑

ベース樹脂と比較した場合の各特性値の変化
(↑：増加 (向上), ↓：減少 (低下))
*　シリカ含有量の少ない (<5〜10 wt%) 場合は若干向上するが, 多い (>5〜10 wt%) 場合は低下する

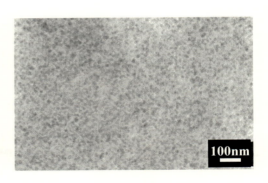
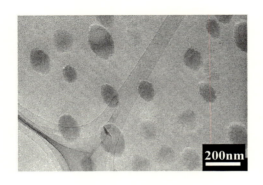

図9 HBPI-SiO$_2$ HBD および PI-SiO$_2$HBD の TEM 写真

透過型電子顕微鏡（TEM）写真を示す。ゾル-ゲル法で合成した PI-SiO$_2$ HBD ではシリカ粒子径が 100 nm 以上の大きさで分散しており，シリカ含有量の増加に伴い PI 成分とシリカ成分がマクロ相分離しシリカ粒子の凝集により透明性が低下する。これに対し，HBPI-SiO$_2$ HBD では HBPI の多分岐構造がシリカ成分の分散性を高め，20〜30 nm のシリカ粒子が HBPI 中に凝集なく均一に分散し，高シリカ含有量においても透明性は低下しない。シリカがナノオーダーで均一に HBPI 中に分散することによって HBPI-SiO$_2$ HBD の透明性は極めて良好で，ゾル-ゲル法ではシリカ含有量が 30 wt％程度まで，微粒子分散法ではシリカ含有量が 60 wt％程度まで透明で良好なフィルムが作製できる[23,24]。

HBPI-SiO$_2$ HBD の熱特性を図10に，力学特性を表2に，動的粘弾性測定（DMA）結果を図11にまとめた。HBPI-SiO$_2$ HBD の T_g, T_d^5, CTE などの熱特性はシリカの含有量とともに向上する。弾性率（ヤング率）はシリカ含有量とともに高くなったが，引張強度と破断伸びは低下した。引張強度がシリカの低含有量域（＜SiO$_2$=5〜10 wt％）でも向上せずシリカ含有量とともに

第5章　多分岐ポリイミド-シリカハイブリッドの合成と特性

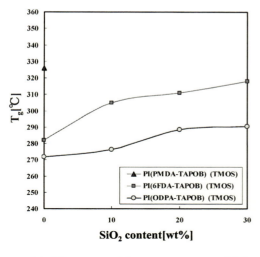

(a) Glass transition temperature(T_g)

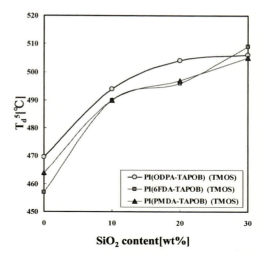

(b) 5wt% weight-loss temperature(T_d^5)

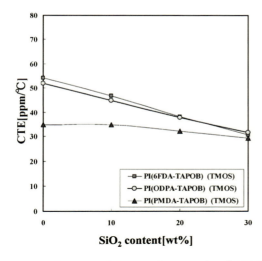

(c) Coefficient of thermal expansion(CTE)

図10　HBPI-SiO$_2$ HBD の熱特性（T_g，T_d^5 および CTE）

低下したのは，HBPI が樹木状構造で分子間力（パッキング力）が弱く，HBPI とシリカ間の共有結合による力学強度向上に寄与するよりも，HBPI とシリカ分子間の非相溶性の寄与の方が大きいためと考えられる。HBPI-SiO$_2$ HBD におけるこれらの特性向上は，シリカなどの無機フィラーを導入した複合材料全般にみられる結果で，マトリックス分子（HBPI）と無機フィラー（シリカ）間の共有結合による架橋構造が HBPI の分子運動を束縛するためである。このことは，図11のDMA結果によって裏付けられる。すなわち，貯蔵弾性率（E'）はシリカ含有量とともに

表2 HBPI-SiO₂ HBD の力学特性

Sample	σ[MPa][a]	E[GPa][b]	ε[%][c]
6FDA-TAPOB	96	2.8	3.8
HBD (SiO₂ : 10 wt%)	77	3.2	3.1
HBD (SiO₂ : 20 wt%)	73	3.4	2.4
HBD (SiO₂ : 30 wt%)	57	3.6	2.3

a) Tensile strength
b) Young's modulus
c) Elongation at break

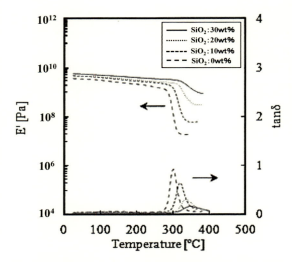

図11 HBPI-SiO₂ HBD の動的粘弾性測定（DMA）結果

増加し，tan δ のピーク強度はシリカ含有量とともに減少し高温側へシフトし，シリカのハイブリッド化が HBPI 分子鎖運動の束縛を示唆している。一般に，HBPI とシリカ間に相互作用がない CPT よりも両成分間に相互作用のある HBD の方が，シリカ複合化の効果がより顕著に表れる。

トリアジン系 PI はトリアジン環の電子密度が高く分子間力が強く働く（強くパッキングされた）構造をしている。このため，トリアジン系 PI は高密度で高い屈折率を示す[25]。トリアジン系 HBPI も比較的密度が高く高屈折率を示し，ODPA-TAPOTZ 系 HBPI の屈折率は 1.697，チタニア（TiO₂）を 30 wt% ハイブリッド化した HBPI-TiO₂ HBD では 1.721 となる。

4　HBPI-SiO₂ HBD の応用

図8に示したように HBPI は樹木状の分子構造をしており，分子内および分子間に多数の空孔

第5章　多分岐ポリイミド-シリカハイブリッドの合成と特性

が形成されている。また，シリカを凝集のないナノオーダーで分散した HBD が合成でき，HBD は表1に示したような特性を向上させることから，種々の応用が考えられる。以下，HBPI-SiO₂ HBD の応用として，多孔性 HBPI および気体分離膜について検討した結果を述べる。

4.1 多孔性ポリイミド

ポリマーの低誘電率化の方法としてポリマー中に空孔を形成させ，誘電率を低下させた多孔性ポリマーがある。PI 中に空孔を形成させた多孔性低誘電率 PI については，数多くの研究がなされている[26]。HBPI-SiO₂ HBD はシリカが 20〜30 nm オーダーで均一に分散されているため，HBD 中のシリカを除去すればナノオーダーの細孔を有する PI フィルムが得られる。筆者らは，HBPI-SiO₂ HBD フィルムをフッ化水素（HF）やフッ化アンモニウム（NH₄F）水溶液に浸漬してシリカ成分を除去することで，ナノ細孔を有する多孔性 HBPI フィルムを得た。図12 に HBPI-SiO₂ HBD からシリカを除去し，ナノ細孔を有する多孔性 HBPI の合成模式図を，図13 にゾル-ゲル法および微粒子分散法で合成した HBPI-SiO₂ HBD およびシリカを除去した多孔性 HBPI の TEM 写真を示す。得られた多孔性 HBPI フィルム中には，ハイブリッド化されたシリカとほぼ同等サイズのナノ細孔が均質に存在していることがわかる。図14 に多孔性 HBPI フィルムの空孔率と誘電率の関係を示す。多孔性 HBPI フィルムの誘電率は空孔率の増加とともに低下し，6FDA 系多孔性 HBPI では 2.3（1 MHz，空孔率：21 %）および 2.1（1 MHz，空孔率：30 %）まで低下する[27, 28]。また，力学強度は極端に低下せず，空孔率 30 % 程度まで透明な自立フィルムが得られる。

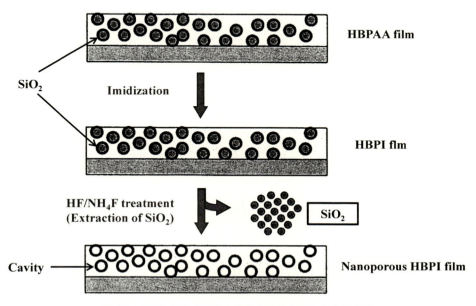

図12　HBPI-SiO₂ HBD からの多孔性 HBPI 合成模式図

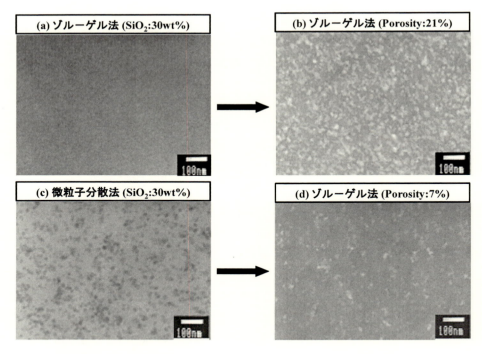

図13　HBPI-SiO₂ HBD および多孔性 HBPI の TEM 写真

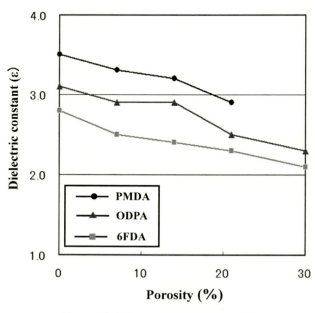

図14　多孔性 HBPI の誘電率（1 MHz）

第5章　多分岐ポリイミド-シリカハイブリッドの合成と特性

HBPI-SiO$_2$ HBD から作製される多孔性 HBPI フィルムは，導入するシリカのサイズや形状によって細孔を任意に制御でき，今後，電気・電子材料向け低誘電率材料だけでなく，細孔が精密に制御された高性能分離膜やろ過膜などへの幅広い応用が期待される。

4.2　気体分離膜

PI は，代表的な気体分離膜で多くの研究がなされている[29]。HBPI-SiO$_2$ HBD は図8に示したような特異な構造をしており，HBPI 分子内および分子間に形成される細孔やゾル-ゲル法で生成したシリカ粒子内の細孔を制御することで，高透過・高分離選択制の気体分離膜が創製できると考えられる。

TMOS あるいはメチルトリメトキシシラン（MTMS）を使ったゾル-ゲル法による HBPI-SiO$_2$ HBD 膜は，他の PI 系分離膜よりはるかに高い気体透過・分離特性を示す[30]。図15に酸素透過係数（P(O$_2$)）と O$_2$/N$_2$ 分離選択性（α(O$_2$/N$_2$)）および二酸化炭素透過係数（P(CO$_2$)）と CO$_2$/CH$_4$ 分離選択性（α(CO$_2$/CH$_4$)）の関係を示す（図中の波線は Robeson によって報告された有機高分子膜の気体透過・分離選択性の上限値[31,32]）。HBPI-SiO$_2$ HBD 膜は，P(O$_2$) と α(O$_2$/N$_2$) に関しては，シリカ含有量の増加とともに P(O$_2$) は増加するが，他の PI 膜と比較して特に優れた透過・分離選択性を示さなかった。一方，P(CO$_2$) と α(CO$_2$/CH$_4$) おいては，TMOS をシリカ源とした HBPI-SiO$_2$ HBD 膜は極めて高い透過・分離選択性を示し，シリカ含有量の増加とともに，P(CO$_2$) および α(CO$_2$/CH$_4$) が共に向上するという従来の高分子膜には見られなかった特異な傾向を示した。一般に，有機高分子膜では気体の透過速度が向上すると分離選択性が低下する。また，緻密な無機フィラーを配合した複合膜は，これまでバリア性が付与された代表的な分離膜として利用されてきた。例えば，層間挿入法（層剥離法）でポリアミド（ナイロン6；

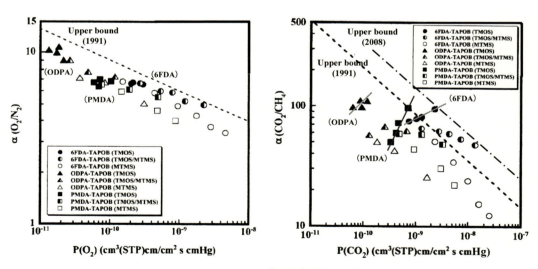

図15　HBPI-SiO$_2$ HBD 膜の気体透過・分離選択性

PA6)にクレイを複合化した PA6-モンモリロナイト（MMT）CPT では，MMT 含有量の増加ともに気体の拡散経路が長くなり，透過速度が低下する[33,34]。しかし近年，ナノ複合材料の発展とともに透過・分離選択性が共に向上する複合型気体分離膜（MM 膜：Mixed Matrix Membrane）の報告が多数なされている[35]。

有機高分子の非多孔質膜は溶解拡散機構で気体が膜を透過し，分離は気体の高分子膜への溶解速度と溶解した気体の高分子鎖間隙（自由体積空間）を移動する拡散速度に依存する。したがって，有機高分子の非多孔質膜中の気体透過性は，P（透過係数）＝D（拡散係数）×S（溶解度係数）で表される。一方，多孔質の無機膜などは篩機構で透過し，分離は膜中の細孔の大きさで制御される。酸性条件下のゾル-ゲル法で合成されたシリカは微細な細孔を有しているため，ゾル-ゲル法で作製された HBPI-SiO_2 HBD 膜はこの両機能を持った高性能気体分離膜となる。

HBPI-SiO_2 HBD 膜の気体透過速度における ArDA 成分の影響は，6FDA＞PMDA＞ODPA の順で，シリカ源ではメチル基を含む MTMS 系 HBD 膜が TMOS 系 HBD 膜より早い。HBPI-SiO_2 HBD 膜の気体透過速度は D に大きく依存し（拡散律速），基本的には HBPI 分子鎖間隙や自由体積の大きさが気体透過性を支配している。図 16 に各種 HBPI 膜の CO_2 拡散係数（D(CO_2)）と自由体積分率（FFV）の関係を示す。FFV は HBPI 中の自由体積の大きさを表しており，HBPI の大きな FFV は，HBPI の分子内および分子間に多くの空孔を有するその分子構造に由来していると考えられる。FFV の大きな HBPI 膜の CO_2 拡散速度（CO_2 透過速度）は大きく，D(CO_2) と極めて良い相関関係があることがわかる。また，AM-HBPI の P(CO_2) が DA-HBPI の P(CO_2) より大きいことは，AM-HBPI の FFV が DA-HBPI より大きいこととよく一

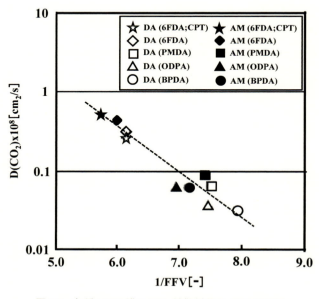

図 16　各種 HBPI 膜の CO_2 拡散係数と FFV の関係

第5章 多分岐ポリイミド-シリカハイブリッドの合成と特性

致している。一般に，アミン末端を有する高分子膜の CO_2 透過速度が早いのは，塩基性のアミンが酸性の CO_2 と相互作用し，透過速度を促進しているためと考えられている。

HBPI-SiO_2 HBD 膜のシリカ含有量の増加とともに向上する $P(CO_2)$ と $α(CO_2/CH_4)$ は，シリカとのハイブリッド化により HBPI とシリカ間に新たな空孔が形成されることやゾル-ゲル法で生成したシリカ内の細孔が大きく寄与していると考えられる。また，シリカ内の細孔が分子篩的な効果をもたらし，CO_2 と CH_4 の分離に有効に働いていることを示唆している。表3に気体の動的分子径を，図17に HBPI-SiO_2 HBD 膜の気体透過・分離機構模式図を示す。X線回折から求めた HBPI 分子鎖間隙の距離 (d-spacing) は約 5.9 Å，TMOS から生成した SiO_2 の d-spacing は 3.8～5.6 Å，MTMS から生成した SiO_2 の d-spacing は 3.9～8.6 Å である。コロイダルシリカを微粒子分散法で作製した HBPI-SiO_2 CPT 膜はシリカが細孔を持たない緻密な構造で

表3 気体の動的分子径

	Kinetic diameter [Å]
CO_2	3.3
O_2	3.5
N_2	3.6
CH_4	3.8

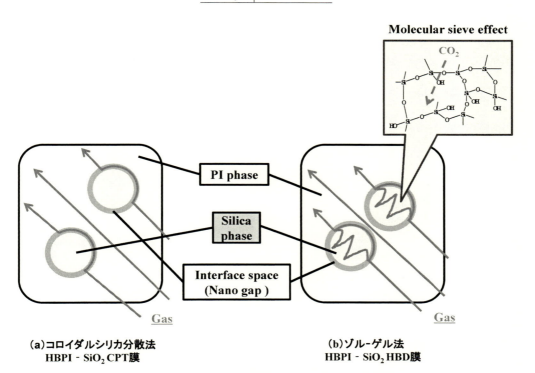

(a)コロイダルシリカ分散法　　　　(b)ゾル-ゲル法
HBPI - SiO_2 CPT膜　　　　　　　HBPI - SiO_2 HBD膜

図17　HBPI-SiO_2 HBD 膜の気体透過・分離機構模式図

あるため，CO_2（動的分子径：3.3 Å）および CH_4（動的分子径：3.8 Å）は共にシリカ内を透過できないが，ゾル-ゲル法 HBPI-SiO_2 HBD 膜はシリカ内の細孔が CO_2 を優先的に透過させるため，シリカ含有量の増加とともに P(CO_2) と α(CO_2/CH_4) がともに向上する[36]。このことは，HBPI-SiO_2 HBD 膜の CO_2/CH_4 透過・分離選択性とよい一致を示している。

HBPI-SiO_2 HBD 膜の極めて高い CO_2/CH_4 分離選択性は天然ガスやバイオマスからの CH_4 分離に有効で，高効率な工業的 CO_2/CH_4 分離膜への応用が期待される。

5 おわりに

ナノサイズ・構造を制御した HBPI-SiO_2 HBD の合成，特性と応用について，筆者らの開発した HBPI-SiO_2 HBD を中心に最近の研究開発状況を紹介した。PI は 1960 年代に米国で開発されて以来，高耐熱性，力学強度や電気特性などの優れた諸特性によって最も重要な高機能樹脂として，航空・宇宙産業や電気・電子産業分野でフィルム，成形材料，層間絶縁膜や保護膜などのコーティング剤として幅広く使用されてきた。その後，低誘電率 PI，無色透明 PI，感光性 PI，炭素（グラファイト）材料などの機能化研究が盛んに行われ，半導体，IC などの高機能マイクロエレクトロニクス材料，液晶配向膜，気体分離膜などへ用途を拡大して今日に至っている。2000 年代に開発された分子内に多数の末端や空孔を持つ HBPI やシリカなど無機フィラーとのナノ構造を制御した複合材料は，新たな特性，機能を発現する新規材料として大きな可能性を秘めている。今後，要求特性に応じた分子設計，分子末端への機能性付与などにより，高機能ナノ複合材料として多種多様な産業分野への応用展開が期待される。

文　献

1) 日本ポリイミド・芳香族系高分子研究会編，新訂 最新ポリイミド―基礎と応用―，エヌ・ティー・エス（2010）
2) 中條澄，ポリマー系ナノコンポジット，工業調査会（2003）
3) 青井啓悟，柿本雅明監修，デンドリティック高分子 多分岐構造が拡げる高機能化の世界，エヌ・ティー・エス（2005）
4) 作花済夫，ゾル-ゲル法の科学，アグネ承風社（1988）
5) A. Morikawa, Y. Iyoku, M. Kakimoto, Y. Imai, *Polym. J.*, **4**, 107-113 (1992)
6) L. Mascia, A. Kioul, *J. Mater. Sci. Lett.*, **13**, 641-643 (1994)
7) G. Ragosta, P. Musto, *eXPRESS Polymer Letters*, **3**, 413-428 (2009)
8) L. Jiang, W. Wang, X. Wei, D. Wu, R. Jin, *J. Appl. Polym. Sci.*, **104**, 1579-1586 (2007)
9) A. Morikawa, Y. Iyoku, M. Kakimoto, Y. Imai, *J. Mater. Chem.*, **2**, 679-689 (1992)

10) L. Mascia, A. Kioul, *Polymer*, **19**, 3649-3659 (1995)
11) B-K. Chen, C-T. Su, M-C. Tseng, S-Y. Tsay, *Polym. Bull.*, **57**, 671-681 (2006)
12) P. Sysel, R. Pulec, M. Marrska, *Polym. J.*, **29**, 607-610 (1997)
13) Z. Ahmad, J. E. Mark, *Chem. Mater.*, **13**, 3320-3330 (2001)
14) M-H. Tsui, P-C. Chiang, W-T. Whang, C-J. Ko, S-L. Huang, *Surface Coating Tech.*, **200**, 3297-3302 (2006)
15) K. Yamanaka, M. Jikei, M. Kakimoto, *Macromolecules*, **33**, 1111-1114 (2000)
16) K. Yamanaka, M. Jikei, M. Kakimoto, *Macromolecules*, **33**, 6937-6944 (2000)
17) K. Yamanaka, M. Jikei, M. Kakimoto, *Macromolecles*, **34**, 3910-3915 (2000)
18) J. Fang, H. Kita, K. Okamoto, *Macromolecules*, **33**, 4639-4646 (2000)
19) H. Chen, J. Yin, *J. Polym. Sci. Part A, Polym. Chem.*, **40**, 3804-3814 (2002)
20) T. Suzuki, Y. Yamada, *Polymer Bulletin*, **53**, 139-146 (2006)
21) 柿本雅明, 高分子, **47**, 804-807 (1998)
22) C. Gao, D. Yan, *Prog. Polym. Sci.*, **29**, 183-275 (2004)
23) 飯田啓雄, 山田保治, 酒井純, 鈴木智幸, 第55回高分子学会年次大会, **55**, 926 (2006)
24) 友清誠丈, 山田保治, 鈴木智幸, 奥淳一, 第55回高分子討論会, **55**, 5175-5176 (2006)
25) 大石好行, 高分子, **48**, 274-278 (1999)
26) 竹市力, 機能材料, **18**, 34-42 (1998)
27) 友清誠丈, 山田保治, 鈴木智幸, 酒井純, 杉山智子, 奥淳一, 56回高分子学会年次大会予稿集, **56**, 1496 (2007)
28) 友清誠丈, 山田保治, 鈴木智幸, 中井祐介, 奥淳一, 第56回高分子討論会予稿集, **56**, 3428-3429 (2007)
29) 田中一宏, 岡本健一, 高分子, **42** (8), 682-687 (1993)
30) T. Suzuki, Y. Yamada, J. Sakai, K. Itahashi, Membrane Gas Separation, Ch2 [8], 143-158, Wiley & Sons Ltd (2010)
31) L. M. Robeson, *J. Membr. Sci.*, **62**, 165-185 (1991)
32) L. M. Robeson, *J. Membr. Sci.*, **320**, 390-400 (2008)
33) K. Yano, A. Usuki, A. Okada. *J. Polym. Sci., Part A: Polym. Chem.*, **35**, 2289-2294 (1997)
34) 臼杵有光, 高分子, **48**, 248-251 (1999)
35) R. Mahajan, W. J. Koros, *Polym. Eng. & Sci.*, **42**, 1420-1431 (2002)
36) M. Miki, H. Horiuchi, Y. Yamada, *Polymers*, **5**, 1362-1379 (2013)

第6章 熱可塑性ポリイミド／ポリヒドロキシエーテル系ポリマーアロイ

古川信之[*1]，市瀬英明[*2]，竹市 力[*3]

1 はじめに

　従来，ポリ（エチレン-ビニルアルコール）（EVOH）系のような，分子鎖にヒドロキシ基（−OH 基）を有する高分子材料は，分子間力が大きく自由体積が小さい材料で，ガスバリア性や防湿性に優れ，食品包装分野，電子製品分野などの様々な分野で実用化されている[1〜5]。また，これらは，同様にガスバリア性に優れたポリ（ビニリデンジクロリド）（PVDC）などとは異なり，ハロゲン元素を含まず，環境低負荷の観点からも優れた材料であることも知られている[1,2]。その他のガスバリア性を有する高分子材料としては，ポリアミド類，ポリエステル類，アクリロニトリル系共重合体，ポリ（ヒドロキシエステル）類，ポリフェノキシ樹脂などが報告されている[1〜17]。しかしながら，これらの材料は，環境（湿度，温度など）によって性能が変化する，高温条件下で使用できる十分なガラス転移温度を有していない，可とう性に乏しく実用面で制約があるなど，様々な課題が残されている[1,4]。

　近年，芳香族系で分子鎖にヒドロキシル基を有する高分子材料であるポリヒドロキシエーテル（以下，PHE）は，耐熱性に優れ，高いガスバリア性を持つ熱可塑性樹脂であることが報告されている。また，PHE の主鎖にアミド構造を有するものは，耐熱性，ガスバリア性・防湿性に優れた材料であると伴に，相対湿度が上昇に伴いガスバリア性が向上することも報告されている[18,19]。一方，ポリイミド（以下，PI）は，耐熱性や機械的特性に優れたスーパーエンジニアリングプラスチックとして知られ，様々な材料が開発され，広範な分野で利用されている。これらの中で，有機溶剤可溶性や成形性を付与した熱可塑性 PI も開発され，成形材料，耐熱性接着材料などに用いられている[20〜22]。

　本稿では，アミド構造を有する種々の PHE と熱可塑性 PI の複合化による，PHE/PI 系新規耐熱性ポリマーアロイの熱機械的特性，透湿性および相溶性の変化などの基本特性などについて解説する[23]（図1）。

---

*1　Nobuyuki Furukawa　佐世保工業高等専門学校　物質工学科　教授
*2　Hideaki Ichise　長崎県工業技術センター　応用技術部　工業材料科　主任研究員
*3　Tsutomu Takeichi　豊橋技術科学大学名誉教授

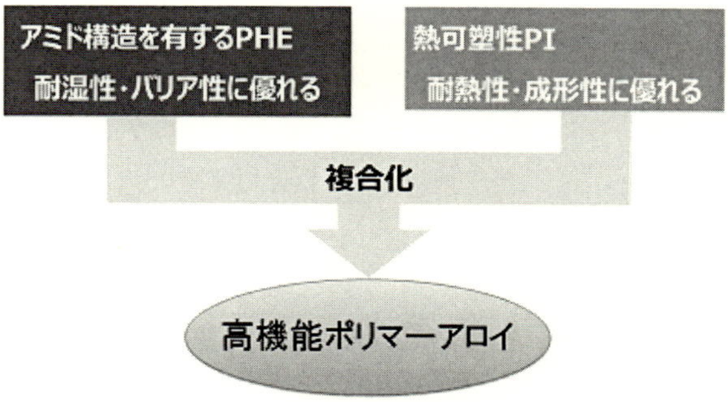

第 6 章　熱可塑性ポリイミド／ポリヒドロキシエーテル系ポリマーアロイ

図 1　PHE と熱可塑性 PI の複合化概念図

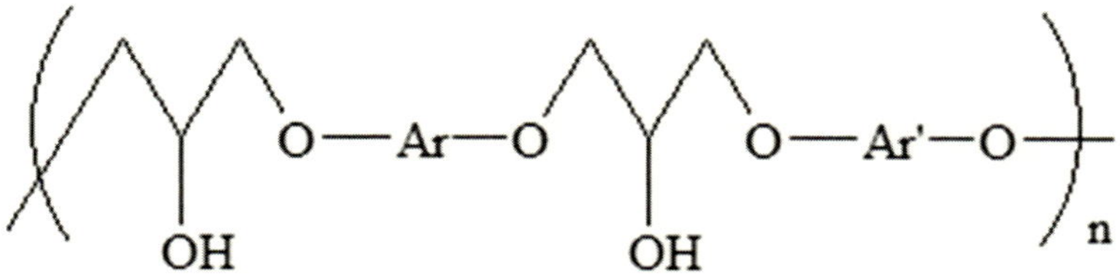

図 2　ポリヒドロキシエーテルの一般的な構造式

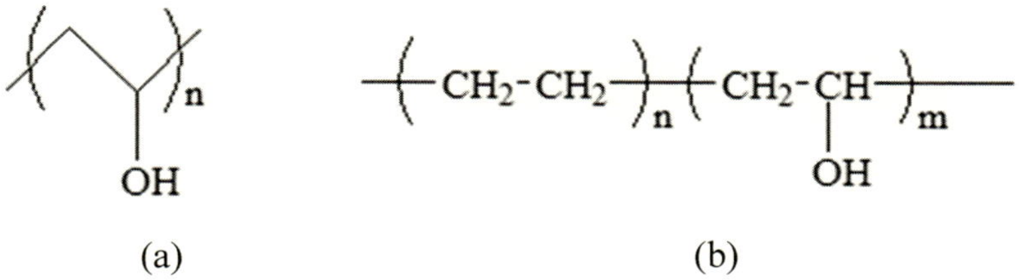

(a)　　　　　　　　　　　(b)

図 3　PVA および EVOH の構造
(a) PVA，(b) EVOH

2　ポリ（ヒドロキシエーテル）（PHE）の基礎

　PHE は，主鎖構造にヒドロキシ基（-OH）とエーテル基（-O-）を有する熱可塑性樹脂（フェノキシ樹脂）である[1~17]（図 2）。これらは，ガスバリア性・防湿性に優れた材料としてよく知られているポリビニルアルコール（PVA）やエチレンビニル共重合体（EVOH）などのヒドロキシ基を有する高分子（図 3）と同様に，高いガスバリア性・防湿性を示すことが報告されている[1]。この高分子鎖の水酸基の働きによる"分子間水素結合"により結晶性を帯び，自由体積が減少することに起因している[1]。

　PHE は，ジグリシジルエーテル（二官能性エポキシ樹脂）類とビスフェノール類を原料とした，重付加反応により合成することができる（図 4）。この反応は，ジグリシジルエーテルのオキシラン環に，フェノール性水酸基が付加することにより進行する。また，この反応は，酸触媒

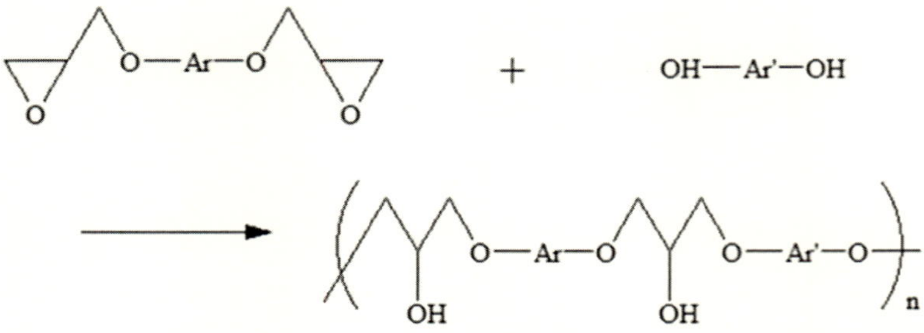

図4 ジグリシジル化合物とビスフェノール類からのポリヒドロキシエーテルの重付加反応

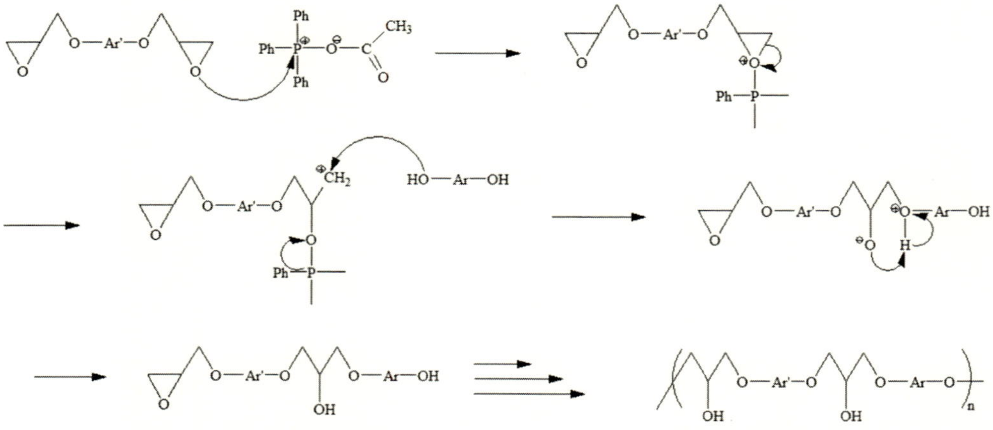

図5 触媒を用いたポリヒドロキシエーテル合成反応の反応機構

(酢酸エチルトリフェニルホスホニウム塩)を用いた場合は，酸がオキシランに配位し，オキシレン環の両端の炭素の求電子性を高め，ビスフェノールのフェノール基との反応が促進されることも報告されている（図5）。この重合反応では，側鎖水酸基やエポキシ末端による架橋やゲル化を防ぐために，反応温度の制御（155～165℃），低濃度，および，末端封止などが必要である[18,19]。

従来，ビスフェノールA型エポキシ樹脂とビスフェノールAの重付加反応により得られるPHEは，フェノキシ樹脂として知られており，ガラス転移温度は70℃以下の可とう性に優れた材料である。近年，分子鎖にアミド構造を有するPHE（図6）は，ガラス転移温度は90～130℃の材料となることが報告されている。また，これらは，耐熱性やガスバリア性の改善が見られるとともに，相対湿度の上昇に従って酸素透過量が減少することも報告されている[23,24]。本稿では，主に，このPHEを用いた新規ポリマーアロイについて解説する。

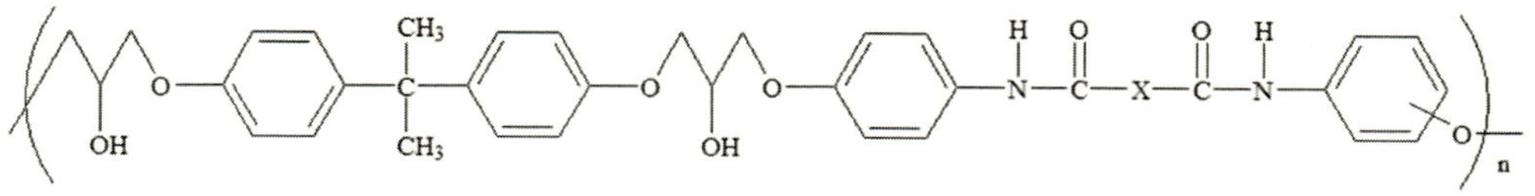

第6章 熱可塑性ポリイミド／ポリヒドロキシエーテル系ポリマーアロイ

図6 分子鎖にアミド構造を有するポリヒドロキシエーテルの一般構造

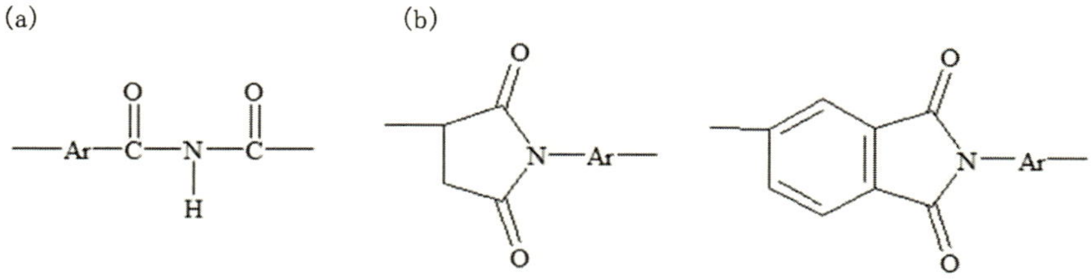

図7 イミド構造
(a) 直鎖状イミド構造，(b) 環状イミド構造（左：脂肪族系，右：芳香族系）

3 熱可塑性ポリイミドの基礎[20]

ポリイミドは，主鎖にイミド結合を有するポリマーの総称で，直鎖状イミド結合を有する（図7(a)）と環状イミド結合を有するもの（図7(b)）が存在する。通常，環状イミドを有するポリマーをポリイミドと称し，耐熱耐久性，機械的特性，電気絶縁性に優れたスーパーエンジニアリングプラスチックとして知られており，フィルム成形性にも優れている。これらの優れた特性から，宇宙航空分野やマイクロエレクトロニクス分野など，耐熱性および耐久性が必要とされる分野において広く利用されている。

ポリイミドの一般的合成法は，前駆体であるポリアミック酸を経由する二段階合成法と，直接イミド化させる一段階合成法が存在する。しかし，ポリイミドの多くが有機溶剤に不溶かつ溶融もしないため，一般的には二段階合成法がよく用いられる。二段階合成法では，テトラカルボン酸と芳香族ジアミンからポリアミック酸を合成後，成形加工を行い，加熱または化学的処理により脱水縮合させることでポリイミドを得る（図8）。また，加熱による熱イミド化よりも化学的処理による化学イミド化の方が，加熱過程での分子量低下が起こりにくいため，工業的なフィルム生産には化学イミド法が利用されている。

ポリイミドの主鎖構造にエーテル基（$-O-$）やスルホン基（$-SO_2-$）などの屈曲性構造を導入し，分子間力を弱めることで，有機溶剤可溶性や熱可塑性を付与したポリイミドを熱可塑性ポリイミドという。熱可塑性ポリイミドでは，非熱可塑性ポリイミドの加熱処理における，水などの揮発性低分子によるボイドの発生を防ぐことができ，厚い成形材料の作成も可能となる。熱可塑性ポリイミドにおいては有機溶剤可溶性の場合は，有機溶剤中でポリアミック酸を合成した後，脱水用共沸溶媒（キシレンなど）を加えて，同一反応器内（One Pot）で加熱脱水によりイミド化反応を進行させ，ポリイミド溶液を得ることができる（図9）。

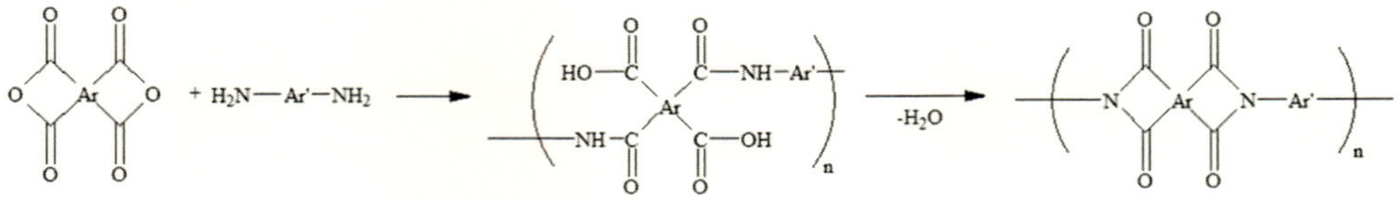

図8 ポリアミック酸を経由するポリイミドの二段階合成法

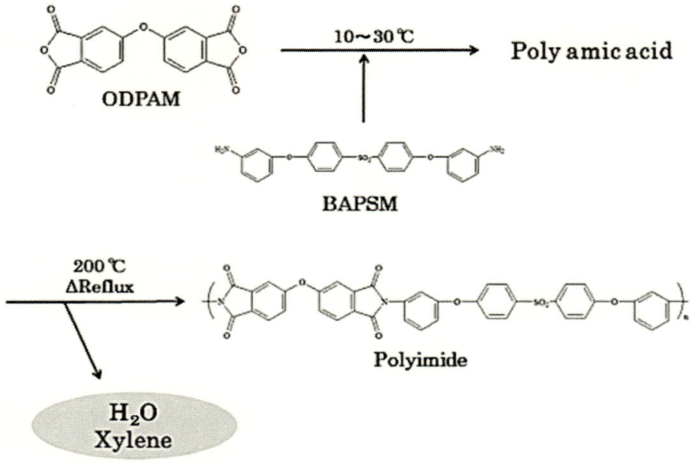

図9 溶液イミド化法によるポリイミドの合成例

4 ポリマーアロイの基礎[23]

ポリマーアロイは，高分子同士のブレンドや共重合により形成される高分子多成分系を指し，分子レベルの制御により相構造を形成させることで，様々な機能の発現が可能になる。

ポリマーアロイは，その成分ポリマーの相溶性により様々な相構造を示す（図10）。非相溶系や部分相溶系のような多相構造では，様々な相構造とその制御により乗的な複合特性が得られ，性能が大きく向上することがある。これは，成分ポリマーが2相に分かれることで，各々の成分の特性を単独で発揮するためである。このため，多相構造を有するポリマーアロイでは，剛性と靭性などの相反する性能の発現が可能となり，単体で用いる場合よりも高い性能を得ることが可能となる。

ポリマーアロイの調整方法には，物理的な方法と化学的な方法がある。前者では異種ポリマーを物理的な方法で混合・分散し，相構造を制御するが，後者は共重合や 相互貫入網目（IPN）の形成，相溶化剤による相溶向上などの化学的な方法を用いたものである。物理的な方法である，いわゆるブレンド法には，溶媒の溶解度パラメーターの違いやエマルション粒子を利用して相分離させる方法や，溶融ブレンドすることで分散粒子を小さくして安定な成形物を得る方法がある。また，化学的な方法には，ブロック共重合体やグラフト共重合体の合成，異種の高分子間に

第6章　熱可塑性ポリイミド／ポリヒドロキシエーテル系ポリマーアロイ

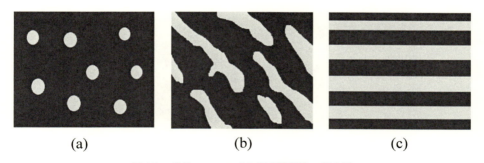

図10　ポリマーアロイの相分離構造の代表例
(a)海島構造，(b)相互連結構造，(c)ラメラ（層状構造）

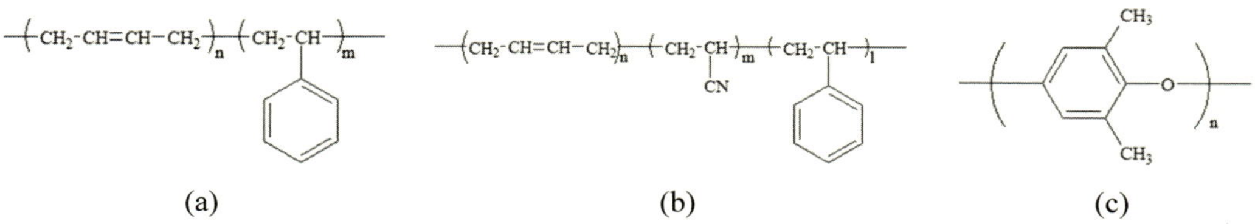

図11　HIPS および ABS 樹脂，PPE（ポリフェニレンエーテル）の構造
(a) HIPS, (b) ABS 樹脂, (c) PPE

働く相互作用を利用したポリマーコンプレックス，熱硬化性樹脂の架橋反応を利用して相溶化させる IPN の形成などがあり，相構造の制御に独自性が見られる。

実用材料としてのポリマーアロイとしては，ABS 樹脂や耐衝撃性ポリスチレン（HIPS），変性 PPE などが知られている（図11）。ABS 樹脂や HIPS では，ガラス状態の樹脂を連続相，ゴムを分散相とすることにより，耐衝撃性を向上させている。変性 PPE においては，耐熱性が高い一方で非常に硬く脆いため成形しづらい PPE を，PPE との相溶性が高く成形性に優れる PS との混合することにより，成形加工性を付与し，材料物性のバランスがよい複合材料を得ている。

一般に，ポリマーアロイは，機械的性能を向上させたものが多く，実用的には工業用材料として利用されており，自動車分野での内装用材料，電気機器の部材などに使用されている。また，エンジニアリングプラスチックにおいても，ポリマーアロイの開発が進められており，機械的特性や電気的特性，耐熱性に優れていることから様々な用途で利用されている。さらに，近年では，様々な用途における，要求性能が高度化・多様化しており，スーパーエンプラ系ポリマーアロイの開発による性能の向上が図られている。

5　熱可塑性ポリイミド／ポリヒドロキシエーテル系ポリマーアロイ

5.1　主鎖にアミド構造を有する PHE（アミド構造含有 PHE）[18,19]

分子鎖にアミド構造を導入する方法の一つとして，アミド構造を有するビスフェノール類とジ

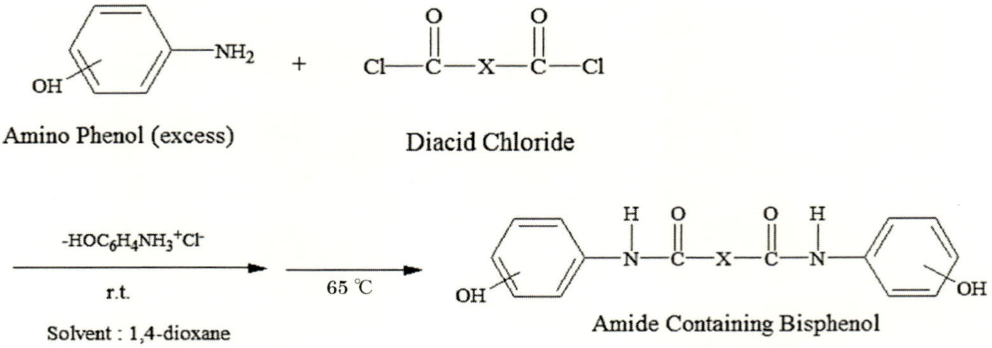

図12 アミド構造を有するビスフェノールの合成反応

表1 アミド基含有ビスフェノール類の合成原料

高分子 (略称)	スペーサー (X)	原料	
		アミノフェノール	二酸塩化物
PHE(1) PHE(2)	-(CH$_2$)$_4$-	m-アミノフェノール p-アミノフェノール	二塩化アジポイル
PHE(3)	-C$_6$H$_4$- (m)	m-アミノフェノール	二塩化イソフタロイル
PHE(4)	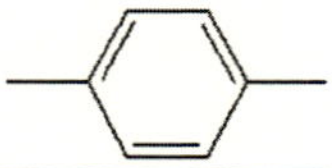 -C$_6$H$_4$- (p)	p-アミノフェノール	二塩化テレフタロイル

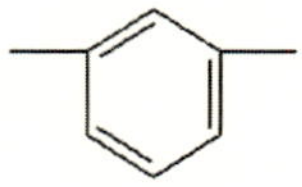

グリシジルエーテル化合物（二官能性エポキシ樹脂）の重付加反応により得ることができる。主鎖にアミド構造を有するビスフェノール類は，アミノフェノール類と二酸塩化物類から合成することができる（図12）。p-アミノフェノール，m-アミノフェノール，二塩化アジポイル，二塩化イソフタロイル，二塩化テレフタロイルなどの，様々なアミド構造を有するビスフェノール類（以下，BP）を原料として用いることにより，アミド構造含有PHEを合成することができる[23]。筆者らは，表1に示す原料を用いた。

PHE，BPおよび触媒に酢酸エチルトリフェニルホスホニウム，末端封止剤にt-ブチルフェノールを用い，BPと，ジグリシジルエーテルとの反応により，アミド構造を有するポリヒドロキシエーテル（以下PHE）の合成することができる（図13）。また，PHEフィルムは，生成したPHEをDMAc（N,N-ジメチルアセトアミド）などの極性溶媒に20～30 wt%の濃度で溶解した後，ガラス板上にキャストし，溶媒を除去することによりPHEフィルムを得ることができる。

5.2 有機溶剤に可溶な熱可塑性ポリイミド[20～22]

筆者らは，熱可塑性ポリイミド（PI）として，酸二無水物としてODPAM（ジオキシフタル酸二無水物）を，ジアミンとしてBAPSM（ビス-[4-(3-アミノフェノキシ)フェニル]スルホン）

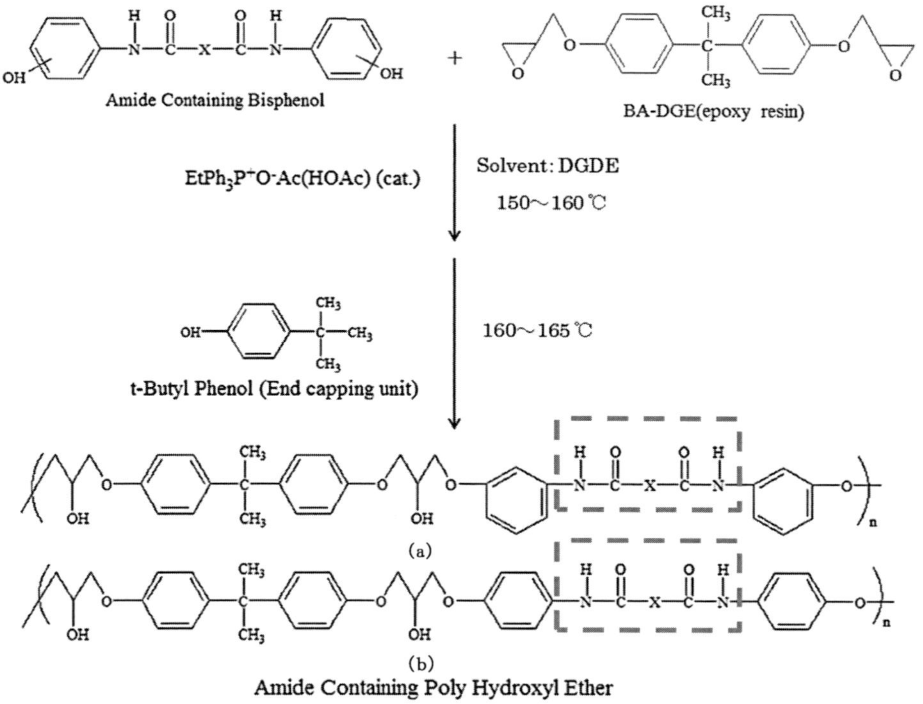

第6章　熱可塑性ポリイミド／ポリヒドロキシエーテル系ポリマーアロイ

図13　アミド基含有 PHE の合成プロセス
(a) m-アミノフェノール由来，(b) p-アミノフェノール由来

から合成される熱可塑性 PI（有機溶剤可溶性 PI）を用いた（図14）。この PI は，ジアミン原料の BAPSM を DMAc 中に溶解させ，冷却しながら ODPAM 少しずつ加えて3時間以上撹拌し，ポリアミック酸を得ることができる。さらに，この溶液を加熱処理で溶媒除去，および脱水縮合反応により，PI を得ることができる。

5.3　PHE/PI 系ポリマーアロイフィルムの調製方法[24]

ポリマーアロイは，PHE を溶解（場合によっては，ゲルを除去）させた溶液中で，ポリアミック酸の合成を行うことにより，ポリマーアロイ溶液（PHE とポリアミック酸の混合溶液）を得ることができる。さらに，PI フィルムと同様の熱処理により，溶剤除去およびポリアミック酸の脱水反応が起こり，PHE/PI 系ポリマーアロイを得ることができる（図15）。また，可溶性 PI と PHE を溶解させることにより得ることもできる。

5.4　PHE および PHE/PI 系ポリマーアロイの熱機械的特性[23,24]

本稿で紹介した"アミド構造含有 PHE"，および，PHE/PI 系ポリマーアロイのガラス転移温度（T_g）を表2および図16に示す。アミド構造含有 PHE では，PHE（BP-A）と比較して，高

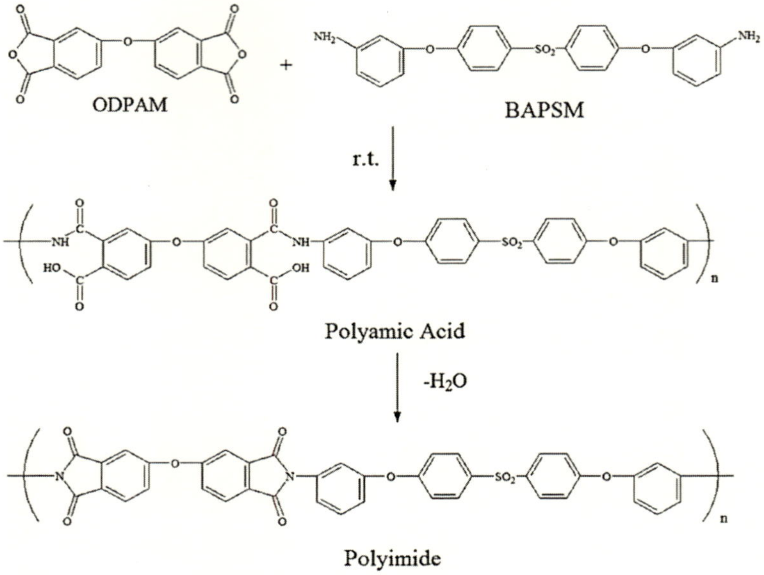

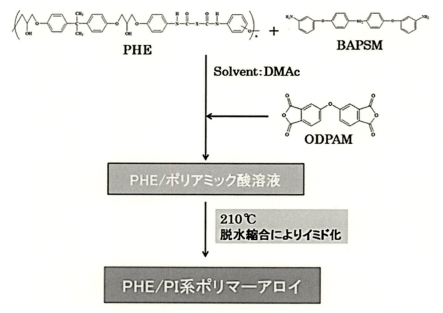

図14 熱可塑性ポリイミドの合成プロセス

図15 PHE/PI系ポリマーアロイの作成方法

第6章 熱可塑性ポリイミド／ポリヒドロキシエーテル系ポリマーアロイ

い T_g が得られている。これは，アミド構造の水素結合能により，PHE と PI 間の分子間相互作用により，T_g が上昇したものと考えられる。また，スペーサーに，芳香環や p-位構造などの剛直な構造を導入したアミド構造含有 PHE では，アミド構造を持たないものと比較して，T_g が 50℃ほど向上し，耐熱性が大幅に上昇している。このポリマーアロイでは，PI との複合化によって非常に高い T_g が示された。

また，アミド構造を持たない PHE を用いたポリマーアロイでは，PI の T_g が明確に観測される。これに対して，芳香環や p-位構造などの剛直な構造を導入したアミド基含有 PHE を用いたポリマーアロイでは，PHE 含有率と T_g の間に加成性が示された。このことから，アミド構造を有する PHE は PI との相溶性を有し，PHE と PI に分子間相互作用が働いていると考えられる。

表2 PHE および PHE/PI 系ポリマーアロイの T_g

PHE 含有率 [wt%]	ガラス転移温度（T_g）[℃]				
	PHE(1)	PHE(2)	PHE(3)	PHE(4)	PHE(BP-A)
0（PI）			212.9		
10	193.1	—	204.6	—	213.6
20	191.2	—	—	—	203.5
25	—	146.5	193.1	155.2	—
50	—	123.9	181.0	149.7	193.4
75	—	109.7	156.1	106.4	—
100	57.4	107.4	98.8	—	46.9

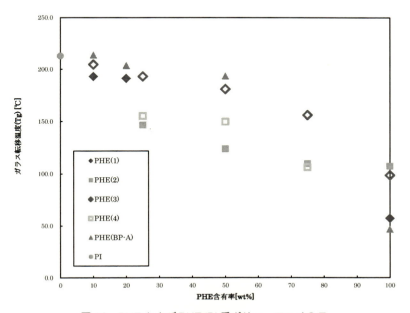

図16 PHE および PHE/PI 系ポリマーアロイの T_g

5.5 PHEおよびPHE/PI系ポリマーアロイの化学的耐熱性

PHEおよびポリマーアロイの5％重量減少温度（T_{d5}），10％重量減少温度（T_{d10}），および550℃における重量残渣率（RW_{550}）を表3，4に，また，PHE(3)系ポリマーアロイの熱重量分析（TGA）の結果を図17に示す。T_{d5} は低い値となる。また，PHE(3)と比較してPHE(4)の

表3 PHEのT_dおよび550℃における重量残渣率RW_{550}

PHE 種類	T_{d5} a)	T_{d10} b)	RW_{550} c)
PHE(1)	126.0	155.2	14.3
PHE(2)	361.1	379.4	–
PHE(3)	257.2	388.3	33.2
PHE(4)	–	359.8	14.5
PHE(BP-A)	179.1	272.6	9.2

a) 5％重量減少温度，b) 10％重量減少温度，c) 550℃時点での重量残渣率

表4 PHE(3)系ポリマーアロイのT_dおよび550℃における重量残渣率RW_{550}

試料	T_{d5} a)	T_{d10} b)	RW_{550} c)
PHE(3) 100 wt％	257.2	388.3	33.2
PHE(3) 75 wt％	398.7	409.5	44.1
PHE(3) 50 wt％	417.8	430.0	61.7
PHE(3) 25 wt％	430.5	448.8	68.1
PI	510.0	542.9	87.9

a) 5％重量減少温度，b) 10％重量減少温度，c) 550℃時点での重量残渣率

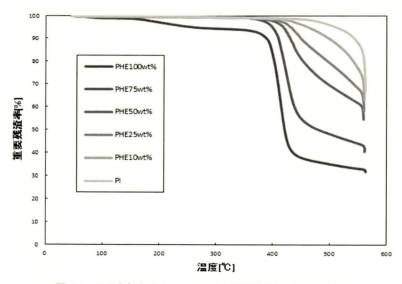

図17 PHE(3)系ポリマーアロイの熱重量分析（TGA）結果

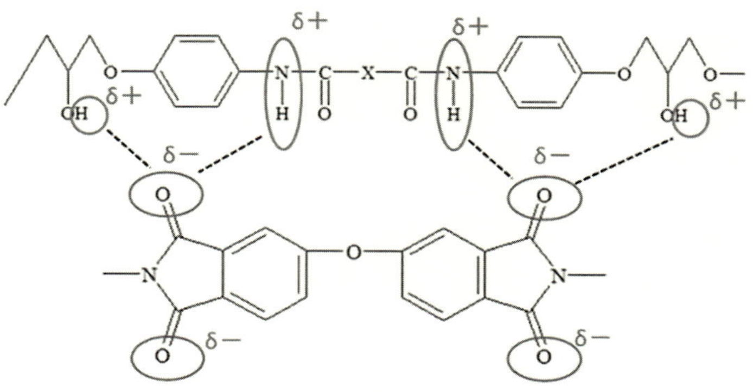

第6章 熱可塑性ポリイミド／ポリヒドロキシエーテル系ポリマーアロイ

図18 PHE-PI 間に働く分子間相互作用

T_{d10} が低いが，これは，PHE(4)においてフィルム化の際に使用した溶媒の残留により，T_{d10} が低くなったのではないかと考えられる。一方，ポリマーアロイでは T_d や RW_{550} の大きな値となり，PHE 含有率が減少するに従って，T_d や RW_{550} が向上した。これは PHE-PI 間に働く相互作用（図18）により，水酸基側鎖などの脱離しやすい構造が安定化されることに起因している。

5.6 PHE/PI 系ポリマーアロイの相溶性

PHE(BP-A) 系ポリマーアロイは，走査型電子顕微鏡による表面観察結果（図19）から，海-島構造型の相分離構造であることが観察されている。また，動的粘弾性測定結果から，PI および PHE(BP-A) のガラス転移温度が別々に観測されている（図20）。従って，PHE(BP-A)/PI 系のポリマーアロイは，非相溶系であると推定される。一方，PHE(3)系ポリマーアロイでは，高温度側（T_{g1}）と低温度側（T_{g2}）の両方に，ガラス転移による流動が起こることによる E' の減少が観測された。さらに，PHE/PI 組成の変化により T_{g1}，T_{g2} が変化し，それぞれの T_g に対して，お互いに影響を及ぼし，中間的な値を示している。このことから，アミド構造を有する PHE から作成したポリマーアロイでは，PI との間に相互作用が働いている部分相溶系であると推定される。一方，PHE(4)系ポリマーアロイは，PHE(3)系ポリマーアロイと比較して，E' の測定結果におけるガラス転移温度がより互いに近づいていて，T_g が2箇所に観測されていない。このため，PHE(4)系ポリマーアロイは，PHE(3) よりも PI との相溶性が高いと考えられる。このことから，PHE/PI 系ポリマーアロイでは，m-位構造よりも p-位構造を持つ PHE が，より高い PI との相溶性を有すると推測される。

5.7 PHE および PHE/PI 系ポリマーアロイの表面構造

PHE および PHE/PI 系ポリマーアロイの FT-IR，顕微 IR による赤外吸収測定の結果を図21，22に示した。PHE(3) の IR スペクトルにおいて，PHE のヒドロキシ基由来の赤外吸収のピークが反射測定と比較して低いとわかる。このことから，PHE(3) はフィルム内部により多くの水酸

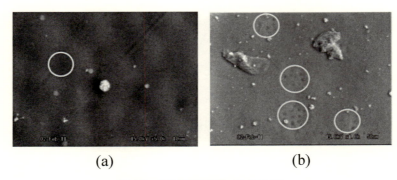

図 19　SEM 観察画像（5,000 倍）
(a) 20 wt%PHE(BP-A)，(b) 50 wt%PHE(BP-A)

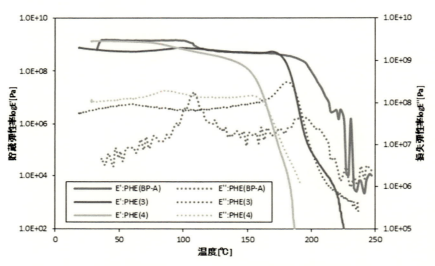

図 20　PHE(3)系ポリマーアロイの動的粘弾性測定結果

基を組み込んだ構造をしていると考えられる。

　さらに，接触角測定結果を図 23 に，接触角測定の結果から算出された表面自由エネルギーの算出結果を表 5 に示す[24,25]。測定された接触角や算出された表面自由エネルギーから，表面自由エネルギーに水素結合性成分が少ないとわかる。このため，赤外吸収測定の結果を考慮しても，分子鎖中の水酸基やアミド構造などの水素結合性の構造は，フィルム内部に偏在すると推測できる。また，PHE(3)系ポリマーアロイにおいても，PHE 単体と同様の結果が得られた。このため，ポリマーアロイにおいても水酸基やアミド構造が内部に組み込まれた表面構造となっていることが推定される。

　また，PHE および PHE/PI 系ポリマーアロイにおいて，高い防湿性が得られるのは，表面の疎水性構造が水蒸気の透過を妨げ，内部の親水性構造が拡散する水蒸気を捕捉することで乾燥側への拡散を防ぐ構造によるものと推測される。さらに，高湿度環境下で，ガスバリア性が向上す

第6章 熱可塑性ポリイミド／ポリヒドロキシエーテル系ポリマーアロイ

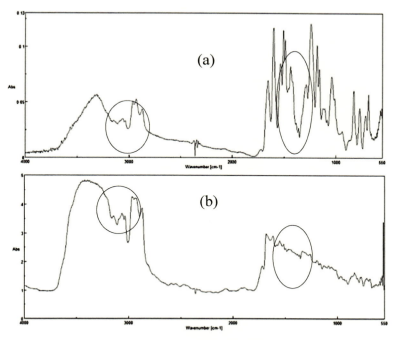

図21 PHE(3)におけるFT-IR，顕微IR測定結果
(a) ATR測定（FT-IR），(b) 反射測定（顕微IR）

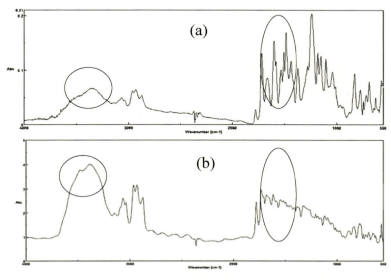

図22 PHE(3)系ポリマーアロイにおけるFT-IR，顕微IR測定結果
(a) ATR測定（FT-IR），(b) 反射測定（顕微IR）

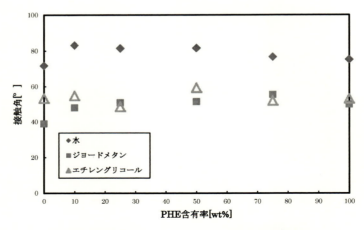

図23 PHE(3)系ポリマーアロイの接触角測定結果

表5 PHE(3)系ポリマーアロイの表面自由エネルギー

PHE 含有率 [wt%]	表面自由エネルギー [mJ/m^2]	
	分散力成分	水素結合性成分
0	35.5	7.8
10	32.5	3.9
25	30.5	5.1
50	30.2	5.1
75	27.0	8.3
100	30.1	8.0

(Owens-Wendt 式より算出)

るのは，フィルム内部に存在する捕捉した水蒸気により，他の気体の拡散が妨げられるとともに，気体が離脱する際に表面の疎水性構造に捕捉されやすいためではないかと考えられる。

5.8 PHE および PHE/PI 系ポリマーアロイの防湿性

本稿で紹介した PHE およびポリマーアロイの透湿率を表6，図24 に示す。PHE 単体については，アミド構造含有 PHE が，PI と比較して非常に高い防湿性を有するということがわかる。これは，水素結合相互作用により分子鎖が凝集し，自由体積が減少することや，疎水性の表面構造によるものだと考えられる。また，(BP-A) と比較してアミド構造を有する PHE の透湿率が非常に低いことから，アミド構造の導入による水素結合相互作用が強くなり，自由体積が大きく減少したと予想できる。このことから，アミド構造の導入による自由体積への影響が大きいという推測される。また，ポリマーアロイについては，PHE(2)系ポリマーアロイ（50 wt％PHE）において，PHE のみの場合よりも低い透湿率が示された。これは，分子間に働く相互作用により分子鎖の凝集状態が変化することで，自由体積が減少したためと考えられる。また，PHE(3) や PHE(4) で低い透湿率が得られたのは，芳香環の導入により疎水性かつ規則性の高い構造とな

第6章 熱可塑性ポリイミド／ポリヒドロキシエーテル系ポリマーアロイ

表6 PHE および PHE/PI 系ポリマーアロイの透湿率

PHE 含有率 [wt%]	透湿率 [g/m·24 h]				
	PHE(1)	PHE(2)	PHE(3)	PHE(4)	PHE(BP-A)
0 (PI)			1.0×10^{-3}		
10	1.3×10^{-3}	–	8.7×10^{-4}	–	6.2×10^{-4}
20	1.4×10^{-3}	–	–	–	6.7×10^{-4}
25	–	6.6×10^{-3}	8.5×10^{-4}	7.8×10^{-4}	–
50	–	2.5×10^{-4}	6.9×10^{-4}	3.8×10^{-4}	7.1×10^{-4}
75	–	2.3×10^{-3}	6.1×10^{-4}	5.2×10^{-4}	–
100	–	3.7×10^{-4}	3.9×10^{-4}	3.6×10^{-2}	1.0×10^{-3}

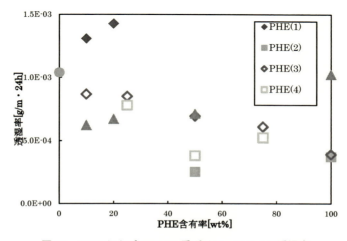

図24 PHE および PHE/PI 系ポリマーアロイの透湿率

り，水蒸気に対するバリア性が向上したと推測できる。

以上より，芳香環の導入やアロイ化による相互作用の利用は，PHE や PHE/PI 系ポリマーアロイの防湿性の向上に有効であると考えられる。

6 おわりに

本稿では，アミド構造含有 PHE，および新規 PHE/PI 系ポリマーアロイの基本特性に関する技術（耐熱性，防湿性，相溶性，相構造など）について紹介した。PHE 単独では，アミド構造の導入により，水素結合相互作用が大きくなり，耐熱性や防湿性が向上する。また，主鎖中への芳香環の導入により耐熱性が大きく改善できる。PHE/PI 系ポリマーアロイでは，PHE-PI 間の相互作用により T_g や T_d が向上し，耐熱性が改善される。防湿性については，PHE 含有率の減少に伴って，防湿性が徐々に低下する。しかしながら，一部の組成では，PHE-PI 間の相互作用による凝集状態の変化で透湿率の低下が観測された。PHE/PI 系ポリマーアロイは，アミド構造

の導入により PHE-PI 間の相互作用が強くなり，相溶性が増す現象が観測された．スペーサーへの芳香環や p-位構造などの剛直な構造を導入することにより，相溶性が高くなることが示唆され，PHE-PI 間の相互作用が働くことで，部分的に相溶性している部分相溶系の相構造を示すものと推測される．さらに，新規材料として，分子鎖中に，イミド構造を有する PHE，および PHE/PI 系ポリマーアロイの基本特性についても報告されている[26,27]．今後，スーパーエンジニアリングプラスチック系ポリマーアロイの技術開発により，高分子材料のさらなる高機能・高性能化が図られるものと考えられる．

文　献

1) 滝沢章，高分子と水，高分子学会編，118 共立出版（1996）
2) P. DeLassus, Barrier Polymers, Encycropedia of Chemical Technology, 4th de., **3**, 931 Wiley (1992)
3) J. A. Wachtel, B. C. Tsai, C. J. Farrell, *J. Plast. Eng.*, **2**, 41 (1985)
4) T., D., Krizan, J. C. Coburn, P. S. Blatz, Polymers and Structures, Koros, W. J., Ed., ACS Symposium Series 423, Chapter 5 American Chemical Society (1990)
5) T. Watanabe, *Plast. Film Technol.*, **1**, 153 (1989)
6) W. J. Koros, D. R. Paul, *J. Polym. Sci. Polym. Phys. Ed.*, **16**, 2171 (1978)
7) R. R. Light, R. W. Seymour, *Polym. Eng. Sci.*, **22** (14), 857 (1982)
8) G. A. Orchard, P. Spiby, I. M. Ward, *J. Polym. Sci. B Polym. Phys.*, **28**, 603 (1990)
9) J. A. Slee, G. A. J. Orchard., D. I. Bawer, I. M. Ward, *J. Polym. Sci. B Polym. Phys.*, **27**, 71 (1989)
10) M. Salame, *J. Polym. Sci.*, **41**, 1 (1973)
11) M. Salame, E. J. Temple, *Adv. Chem.*, **135**, 61 (1974)
12) N. H. Reining, A. E. Barnabeo, W. F. Hale, *J. Appl. Polym. Sci.*, **7**, 2135 (1963)
13) N. H. Reinking, A. E. Barnabeo, W. F. Hale, *J. Apple. Polym. Sci.*, **7**, 2145 (1963)
14) B. J. Brennan, H. C. Silvis, J. E. White, C. N. Brown, *Macromolecules*, **28**, 6694 (1995)
15) B. C. Tsai, B. J. Jenkins, *J. Plast. Film Sheeting*, **4**, 63 (1998)
16) M. Salame, *Polym. Eng. Sci.*, **26** (22), 1543 (1986)
17) H. C. Silvis, J. E. White, S. P. Crain, *J. Appl. Polym. Sci.*, **44**, 1751 (1992)
18) D. J. Brennan, J. E. White, A. P. Haaf, S. L. Kram, M. N. Mang, S. Pikulin, C. N. Brown, *Macromolecules*, **29**, 3707 (1996)
19) D. J. Brennan, A. P. Haag, J. E. White, C. N. Brown, *Macromolecules*, **31** 2622 (1998)
20) 今井淑夫，横田力男，最新ポリイミド，日本ポリイミド研究会編，エヌ・ティー・エス（2002）
21) 横田力男，新訂 最新ポリイミド，日本ポリイミド・芳香族系高分子研究会編，エヌ・

第 6 章 熱可塑性ポリイミド／ポリヒドロキシエーテル系ポリマーアロイ

ティー・エス（2010）
22) M. K. Ghosh, K. L. Mittal, Polyimides, Fundamentals and Applications, Msrcel Dekker, Inc.（1996）
23) 小高忠男，西敏夫，ポリマーアロイ 基礎と応用 第2版，高分子学会編，東京化学同人（1993）
24) 伊豆美樹，古川信之，城野祐生，市瀬英明，梶正史，竹市力，第63回ネットワークポリマー講演討論会要旨集，114（2013）
25) 福山紅陽ほか，異種材料界面の測定と評価技術，石井淑夫監修，p.13-27，㈱テクノシステム（2012）
26) 一ノ瀬宗哉，古川信之，城野祐生，市瀬英明，梶正史，竹市力，第63回ネットワークポリマー講演討論会要旨集，115（2013）
27) 一ノ瀬宗哉，古川信之，城野祐生，市瀬英明，梶正史，竹市力，第64回ネットワークポリマー講演討論会要旨集，128（2014）

第7章　ポリイミドハイブリッド膜の ガス透過性とガス分離性

岩佐怜穂[*1]，風間伸吾[*2]，永井一清[*3]

1　はじめに

　高分子膜のガス透過性は，高分子膜の種類に因って大きく異なり，更に，ガスの種類に因っても大きく異なる。この内，ガス透過性が大きい高分子膜はガスの種類で透過性が異なることを利用して，クリーンエネルギーとしての水素（H_2）の精製や地球温室効果のある二酸化炭素（CO_2）の分離回収などのガス分離膜として利用されている。また，ガス透過性が低い高分子膜はガスバリア膜として食品などの包装用途に利用されている。更に，高いバリア性が要求される電子デバイス分野において水蒸気や酸素（O_2）からデバイスを保護する目的で高分子膜が利用されている。

　このように，高分子膜の用途は年々拡大しており，それに伴い高分子膜にはより高い機能や性能が求められるようになってきている。この高機能化と高性能化の要求に応えるためには，これまで以上に精密な高分子構造の設計が必要であり，また，高分子材料以外とのハイブリッド化も検討されている。

　例えばガス分離の用途において，図1に例示するような，剛直な分子構造を持つ芳香族ポリイミドは，高いガス透過性とガス分離性に加えて，高い耐熱性や耐薬品性，機械的強度を有する優れた高分子材料である。この高分子の性能を更に向上させる目的で，ポリイミドの優れた特性にイオン液体や無機材料などの他の材料の機能を付与させた，新規なポリイミドハイブリッド材料の開発が進められている。

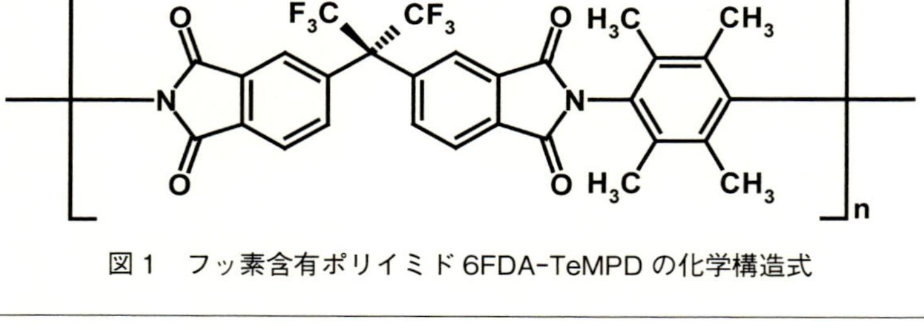

図1　フッ素含有ポリイミド 6FDA-TeMPD の化学構造式

---

* [*1]　Ryosui Iwasa　明治大学　大学院理工学研究科　大学院生
* [*2]　Shingo Kazama　明治大学　高分子科学研究所　研究・知財戦略機構　客員研究員
* [*3]　Kazukiyo Nagai　明治大学　理工学部　応用化学科　教授

第7章 ポリイミドハイブリッド膜のガス透過性とガス分離性

本稿では，ポリイミドハイブリッド膜のガス透過性とガス分離性の研究開発において，最近の筆者のグループを中心とした研究のトピックスについて述べる。

2 ポリイミドハイブリッド膜開発の方向性

始めに，高分子膜中におけるガス分子の透過機構について述べる。図2のように，ガス分子が膜の界面に溶解し，次いで高分子膜中の高分子鎖間隙を拡散する二段階のプロセスを経て透過すると考えられている。このような透過機構は一般に溶解拡散機構と呼ばれる。

ガス成分 A の膜への溶解度係数（溶解性）を S_A，膜内部の拡散係数（拡散性）を D_A とすると，ガス成分 A の透過係数（透過性）は(1)式で表される

$$P_A = S_A \times D_A \tag{1}$$

高分子膜のガス分離性は，(2)式の理想的分離係数 $\alpha_{A/B}$ で表す。

$$\alpha_{A/B} = \frac{P_A}{P_B} \tag{2}$$

ここで，P_A と P_B は，それぞれガス A とガス B の透過係数である。また，(1)式から，(2)式は(3)式と表される。

$$\alpha_{A/B} = \frac{P_A}{P_B} = \left(\frac{S_A}{S_B}\right) \times \left(\frac{D_A}{D_B}\right) \tag{3}$$

(3)式において，溶解度係数の比 (S_A/S_B) は溶解選択性，拡散係数の比 (D_A/D_B) は拡散選択性と呼ばれる。(1)式と(3)式から，ガス A の透過性を向上させるためにガス A の溶解性もしくは拡散性を増加させればよく，ガス A を選択的に透過させるためには，ガス A の溶解選択性もしくは拡散選択性を増加させればよいことがわかる。

しかし，一般に透過係数が高い膜は分離係数が小さく，分離係数が高い膜は透過係数が低い。

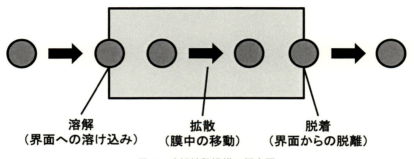

図2 溶解拡散機構の概念図

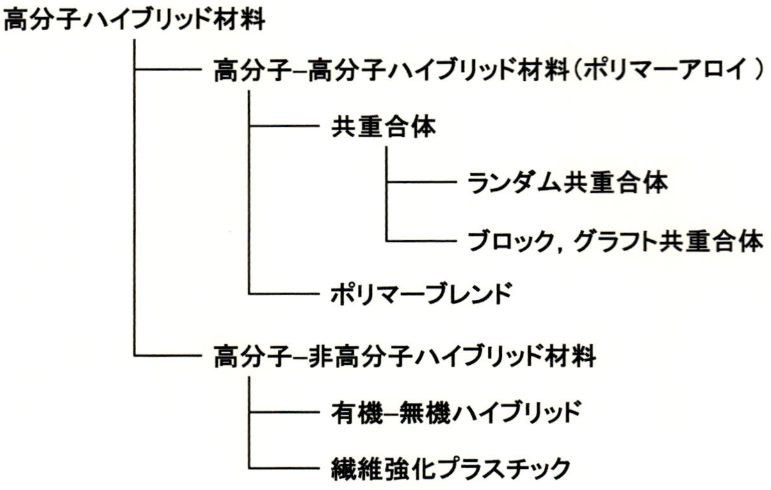

```
高分子ハイブリッド材料
├── 高分子–高分子ハイブリッド材料（ポリマーアロイ）
│   ├── 共重合体
│   │   ├── ランダム共重合体
│   │   └── ブロック，グラフト共重合体
│   └── ポリマーブレンド
└── 高分子–非高分子ハイブリッド材料
    ├── 有機–無機ハイブリッド
    └── 繊維強化プラスチック
```

図3　ハイブリッド高分子材料の主な分類

ポリイミドを含む多くの高分子膜にはこのようなトレード・オフの関係があり，膜性能の上限値となる指標がRobesonによって報告されている[1,2]。

そこで，既存の高分子膜の性能の限界を超えるために，2つ以上の異なる材料を組み合わせる，いわゆるハイブリッド化することによる新規な高分子ハイブリッド材料の開発に注目が集まるようになった。高分子ハイブリッド材料では，構成成分が互いの欠点を補うことで，各材料単体と比較して優れた特性の発現を目指す。図3にハイブリッド高分子材料の主な分類を示す。この図のように，ハイブリッド化の手法は組み合わせる材料と方法によって多岐に渡る。

現在までに，ポリイミドを用いたハイブリッド材料の開発が広く行われている。これは，ポリイミドが耐熱性や力学的特性に優れること，加えて，モノマーの種類が多く，豊富な高分子構造を選択できることが理由である。一方で，ガス分離膜の高性能化を目指す場合は，ナノスケールでの構造制御が必要となる。このナノスケールの構造制御の方法として，高分子同士，または高分子と他の材料を分子レベルでハイブリッド化させる技術に注目が集まっている。例えば，異種の高分子同士のハイブリッド化において，分子レベルで精密に構造制御を行うことで，異種高分子間に新しく生じる相互作用が，これまでとは全く異なる優れた特性を引き出す可能性を有する。

3　イオン液体ハイブリッド膜

3.1　液膜～ガス吸収液含有まで

液膜とは液体からなる膜であり，一般に二相を隔てるような状態で存在する。液膜は形状によってバルク液膜や乳化液膜，支持液膜のいずれかに分類されるが，取り扱いの容易さから，膜

第7章 ポリイミドハイブリッド膜のガス透過性とガス分離性

液を多孔性の高分子膜やセラミック膜といった支持体に含浸させた，支持液膜の状態で用いることが多い。ガス分離用途で液膜を用いた最初の研究としては，1967年のCO_2の分離濃縮までさかのぼり，多孔性酢酸セルロース膜に炭酸塩と炭酸水素塩からなる溶液を含浸させて作製した支持液膜が，4,000を超えるCO_2/O_2分離係数を示したと報告している[3]。現在では炭酸塩以外にもCO_2との親和性が高いアミン溶液をガス吸収液として膜に含浸させることでCO_2選択性を向上させる研究が行われている。多孔質膜に膜液を担持させた支持液膜は，多くの高分子膜と比較して優れたガス選択性を有しているが，膜液の保持安定性が低いために膜液の揮発が生じ，時間経過に伴いガス選択性が低下することが実用上の課題となっている。この課題を解決するために，非多孔質膜と膜液のハイブリッド化による新規なハイブリッド液膜の開発が行われている。膜液を非多孔質膜中に分散させて固定化することで，従来の支持液膜と比較して，膜液の揮発の抑制と，時間経過に伴うガス分離性能低下の抑制が期待される。

3.2 イオン液体

イオン液体は陰イオンか陽イオンの少なくとも一方が有機物からなる，常温で液体の塩である（図4）。近年では，ガス分離用途の液膜に含浸させる液体として，イオン液体が注目を集めている。これはイオン液体が，熱安定性が高い，揮発性が極めて低い，有機分子の溶解性が高いといった優れた特性を有しているためである。イオン液体を高分子膜に担持したハイブリッド膜では，高温・高圧下においても膜液の揮発が抑えられ，長期間の安定したガス分離性能の維持が期待される。中でも，陰イオン側にフッ化アルキル基を有するイオン液体は高いCO_2溶解性を示すことが知られており，CO_2分離用途への応用が研究されている[4]。

ポリイミドを利用した例では，図1に示したフッ素含有ポリイミドである 4,4'-(hexafluoro-isopropylidene)diphthalicanhydride-2,3,5,6-tetramethyl-1,4-phenylenediamine（6FDA-TeMPD）に対して，フッ化アルキル基含有イオン液体である 1-butyl-3-methylimidazolium bis(trifluoromethylsulfonyl) imide（[BMIM][Tf$_2$N]）をハイブリッド化させたイオン液体ハイブリッドポリイミド膜（PI＋IL膜）のCO_2分離性能について報告を行っている[5]。この膜では，イオン液体がサブミクロンスケールで分散，担持されている。図5に，PI＋IL膜におけるイオン液体の含有率とガス透過係数の関係を示す。図から，イオン液体の含有量が35 wt%までは透過係数が低下し，それ以降では透過係数が増加した。これは，イオン液体の含有量が35 wt%まで

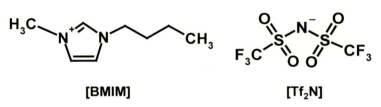

図4 イオン液体［BMIM］［Tf$_2$N］の化学構造式

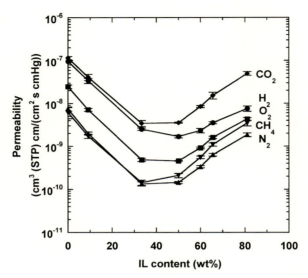

図5　イオン液体ハイブリッド膜（PI＋IL膜）のガス透過係数と
イオン液体含有率の関係（35℃）[5]

はイオン液体が高分子鎖間隙を埋めることでガス分子の拡散係数が減少するが，35 wt％以上ではイオン液体のドメインが連続相を形成し，このドメイン中をガス分子が選択的に透過することで拡散係数が増加することが原因である。

図6にPI＋IL膜のCO_2/H_2，CO_2/O_2，CO_2/N_2分離性能を示す[5]。いずれのガス分離性能もアッパーバウンドの近傍に位置していた。ポリイミドとイオン液体をハイブリッド化することで，膜のCO_2選択性を向上させるとともに，機械強度に劣る液膜では不可能であった差圧を利用したガス分離を行うことが可能となった。

PI＋IL膜はイオン液体含有量の増加に伴いCO_2分離性能が向上した。一方で，イオン液体の含有量が60 wt％以上のPI＋IL膜は，10 atm以上の高圧に耐える膜強度を有していなかったが，上述のPI＋IL膜にゼオライトであるZSM-5を加えたハイブリッド膜（PI＋ZSM-5＋IL膜）で可能となった[6]。一例として図7に，導入圧力10 atm，測定温度35℃の条件における，イオン液体の含有量が60 wt％のPI＋ZSM-5＋IL膜のCO_2/H_2，およびCO_2/N_2の理想的分離係数の時間変化を示す。24時間の測定において，分離係数の低下は認められず，PI＋ZSM-5＋IL膜のCO_2選択性が維持された。ゼオライトZSM-5を導入することで，元のイオン液体ハイブリッド膜のガス分離性能を維持しつつ，耐圧性を向上させることに成功した。更に，このPI＋ZSM-5＋IL膜はPI＋IL膜よりも柔軟性を有していた。

第7章 ポリイミドハイブリッド膜のガス透過性とガス分離性

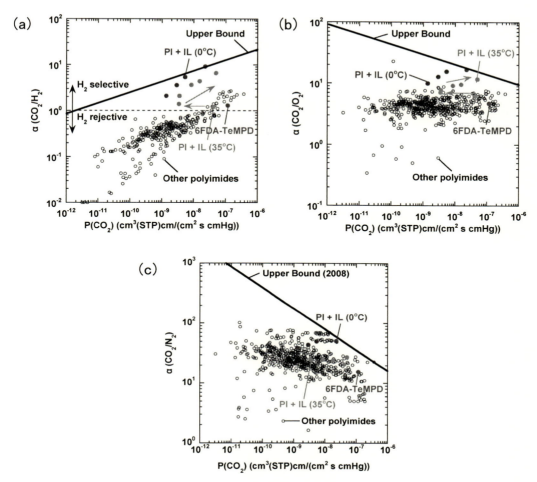

図6 6FDA-TeMPD，およびイオン液体ハイブリッド膜の (a) CO_2/H_2，(b) CO_2/O_2，(c) CO_2/N_2 分離係数と CO_2 透過係数の関係[5]

4 ABAトリブロックコポリマー型ハイブリッド膜

4.1 ABAトリブロックコポリマー

　通常，高分子に対して他の材料を混合するとマクロ相分離が生じて，目的とする両成分の優れた特性を同時に発現させることは困難である[7]。そこで20世紀後半の精密重合の進歩により，両成分の優れた特性を同時に発現させるために，異なる二成分の高分子鎖を化学的に結合させる手法が広がっている[8]。

　図8は，高分子化学の教科書に掲載されている典型的な二成分系相分離構造の概念図である。高分子AとBを化学結合させたトリブロックコポリマーである。2つの成分Aと成分Bは相溶性が低いため分離しようとするが，化学的に結合しているため離れることができず，結果として

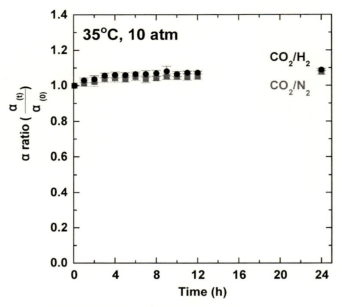

図7 PI + ZSM-5+IL（60 wt%）の CO_2/H_2 および CO_2/N_2 の分離係数の時間変化[6]

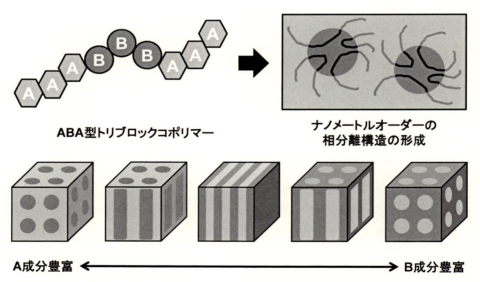

図8 ABAトリブロックコポリマーのミクロ相分離構造，およびミクロ相分離構造とコポリマーの成分比の関係

第7章 ポリイミドハイブリッド膜のガス透過性とガス分離性

数十 nm の凝集体構造であるミクロ相分離構造と呼ばれる相分離構造を形成する。この相分離構造は，使用する高分子の種類や分子量，成分比によって変化し，それに伴いトリブロックコポリマーの特性も変化する。近年では，相分離構造を精密にコントロールする技術が開発され，用途や要求される特性に応じて高分子材料の構造をナノレベルで制御することが可能である。

多くの優れた特性を有するポリイミドと，ポリイミドにはない特徴を有する高分子を結合することで，新規なポリイミドを開発することが可能となる。最近の研究のアプローチに，凝集し易いナノフィラーを ABA トリブロックコポリマー化を利用してナノ分散させたものがある。ナノフィラー構造を側鎖に有するメタクリル酸を A 成分，溶媒可溶型ポリイミドである 6FDA-TeMPD を B 成分とした ABA トリブロックコポリマーの研究例を示す。

4.2 PMMA

Poly（methyl methacrylate）（PMMA）は，分子量の制御が容易で，アクリル酸誘導体の中で最も単純な構造を持つ，メタクリル酸メチルの重合体である。PMMA は高い透明性と優れたガスバリア性（低いガス透過性）を有することから，無機ガラスの代替材料として光学レンズや窓材といった用途で広く利用されている。近年では，次世代のフレキシブル電子デバイス用基材として期待されているが，PMMA 単体ではガラス転移温度（T_g）が低く，耐熱性が不足することから実用化には至っていない。

そのような中，PMMA の耐熱性の低さを補うために PMMA を A 成分，6FDA-TeMPD を B 成分とした ABA トリブロックコポリマーを合成し，各種物性について報告を行っている（図9）[9]。得られたトリブロックコポリマーは，高い透明性を有し，ポリイミドの成分比の増加に伴い T_g が増加する傾向を示した。例えば，ポリイミドの重量分率が 40 wt% のトリブロックコポリマーは，PMMA 単体と比較して T_g が 30℃ 程度増加した。また，このトリブロックコポリマー型ハイブリッド膜（Block(PI/PMMA)膜）のガスバリア性について報告を行っている[10]。図10 に，ポリイミドの重量分率が 40 wt% のポリマーブレンド膜，および Block (PI/PMMA) 膜における 6FDA-TeMPD の重量分率と透過係数の関係を示す。PMMA 単体と比較して，Block (PI/PMMA) 膜のガスバリア性は 0.03 倍程度まで減少したが，ポリマーブレンド膜のガスバリア性は 0.3 倍程度までの減少にとどまった。トリブロックコポリマー化により，PMMA の有す

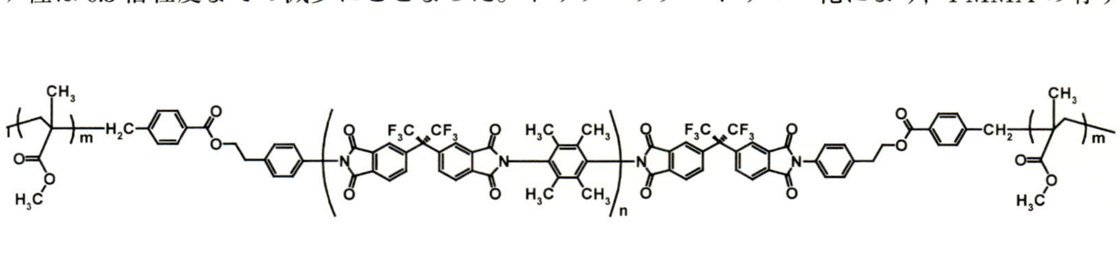

PI / PMMA triblock copolymer

図9　ABA トリブロックコポリマー（Block(PI/PMMA)）の化学構造式

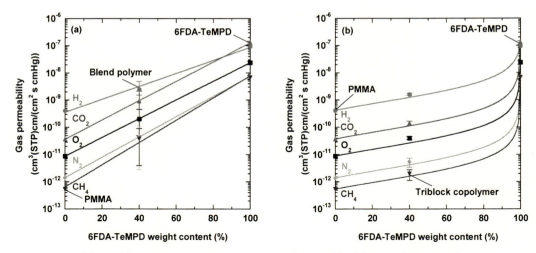

図10 (a) PMMA と PI からなるポリマーブレンド膜と (b) Block (PI/PMMA) 膜のガス透過係数と 6FDA-TeMPD の重量分率の関係[10]

るガスバリア性を維持しつつ，T_g を実用レベルまで高めることに成功した．

4.3 アダマンタン

アダマンタンは，10個の炭素からなる「かご型構造」の分子である．アダマンタンは高い対称性の構造を有しており，炭化水素の中でも非常に高い融点（270℃）を有する．このアダマンタン骨格を高分子鎖の主鎖や側鎖に導入することで，高分子の熱特性，および力学特性が向上することが報告されている．アダマンタン骨格を含有高分子である poly (2-methyl-2-adamantyl methacrylate)（PMAdMA））を A 成分，6FDA-TeMPD を B 成分とした ABA トリブロックコポリマー型ハイブリッド膜（Block(PI/PMAdMA)膜）を開発して，その物性を報告している（図11）[11]．PMAdMA と 6FDA-TeMPD のブレンドポリマー膜と比較して，Block (PI/PMAdMA) 膜は膜強度が大きく向上することを示した．ブロックコポリマー化によってマクロな相分離が抑制されたためと考察している．図12に，この膜の H_2/CO_2 分離性能を示す．PMAdMA の含有率が 86 wt% の Block(PI/PMAdMA)膜（BP-3膜）は 6FDA-TeMPD と比較して約7倍高い H_2/CO_2 分離係数を有していた．これは，PMAdMA が緻密な凝集構造を形成することで自由体積が減少し，ガス分子の拡散選択性が増加したことが原因である．トリブロックコポリマー化により，ガス分子の選択性を制御することに成功している．

4.4 POSS

Polyhedral oligomeric silsesquioxane（POSS）は，Si-O-Si 結合（シロキサン結合）がかご型構造をとった嵩高い分子である．POSS もアダマンタン同様，高い対称性に由来する，優れた酸化安定性，熱的安定性，耐薬品性，疎水性を併せ持つ．加えて，POSS はかご型構造に様々な置

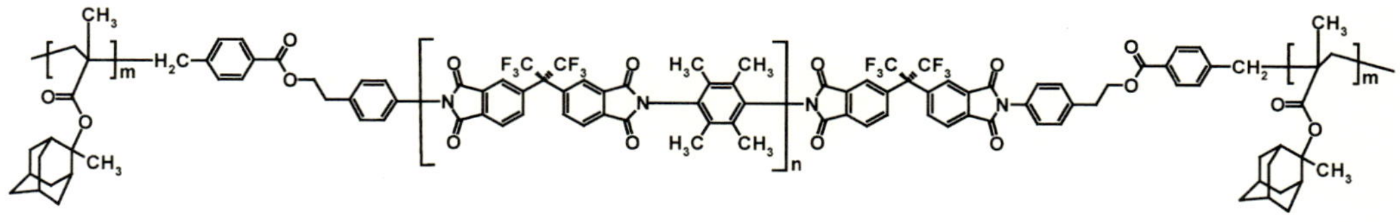

第7章 ポリイミドハイブリッド膜のガス透過性とガス分離性

PI / PMAdMA triblock copolymer

図11 ABAトリブロックコポリマー（Block(PI/PMAdMA)）の化学構造式

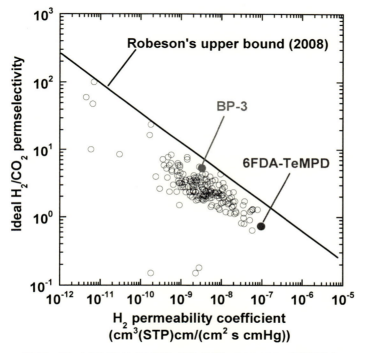

図12 Block(PI/PMAdMA)膜（BP-3膜）のH_2/CO_2分離係数とH_2透過係数の関係[11]

換基を導入することが可能であり，置換基に応じて異なる特性を発現させることが可能である。現在，POSSは気体分離膜，コーティング剤，航空宇宙材料などへの応用が検討されている。例えば，POSS含有高分子であるpoly（methyl phenyl POSS）（MPPOSS）をA成分，6FDA-TeMPDをB成分としたABAトリブロックコポリマー型ハイブリッド膜（Block（PI/MPPOSS）膜）の作製を行い，ガス透過性について報告がある（図13）[12]。Poly（MPPOSS）単体では十分な膜強度を得られなかったが，Block（PI/MPPOSS）膜では膜強度が向上した。このことから，トリブロックコポリマー化は，単体ではフィルム形成が困難な高分子の物性を引き出す方策としても有効であることが示されている。

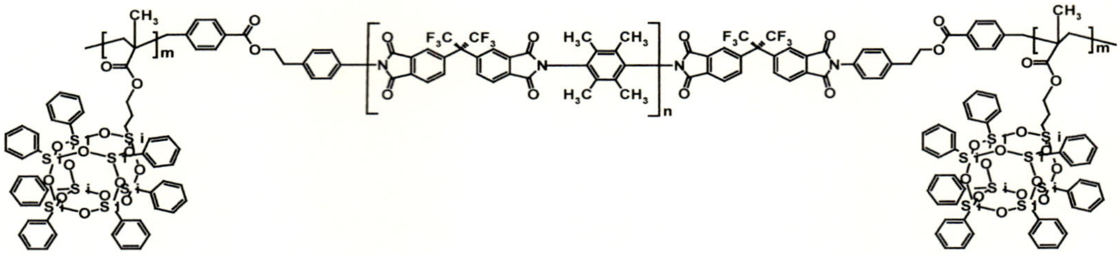

PI / MPPOSS triblock copolymer

図13　ABA トリブロックコポリマー（Block(PI/MPPOSS)）の化学構造式

5　おわりに

　高分子膜を用いたガス分離は，H_2 や CO_2 といったガスの分離用途で実用化されたのを始まりとして，近年では天然ガスの精製，各種ガスの除湿といった様々な用途で利用されており，バイオエタノールの濃縮などの用途にも期待されている。また，ガスバリア膜では，最近では，各種デバイスの小型化，軽量化に伴い，デバイスの部品の高分子材料への置き換えが進んでいる。このことから，高分子材料には高いガス透過性，ガス分離性だけでなく，無機材料に匹敵するような極めて高いガスバリア性能も求められるようになってきている。

　多様化する用途と高性能化の要求に応えるために，高分子と他の材料を組み合わせることによるハイブリッド膜の開発が広く行われている。特に，近年では精密重合技術や分子シミュレーション技術の進歩に伴い，分子レベルで構造を制御した高分子材料の開発に注目が集まっている。本稿では分子レベルでのハイブリッド化の最近のトピックスとして，イオン液体含有ハイブリッド膜と ABA トリブロックコポリマー型ハイブリッド膜に関する研究を主に紹介した。非相溶系材料の相分離構造を分子レベルで作製し長期間その構造を維持することは，現在でも難しい課題となっているが，本稿で紹介した研究を足掛かりとして，将来的には分子レベルの構造制御が可能となり，革新的なハイブリッド膜が開発されて，新たな領域に応用展開していくことを期待している。

文　　献

1) L. M. Robeson, *J. Membr. Sci.*, **62**, 165-185 (1991)
2) L. M. Robeson *et al.*, *Polymer*, **35**, 4970-4978 (1994)
3) W. J. Ward *et al.*, *AIChE. J.*, **16**, 405-410 (1970)

4) R. E. Baltus *et al.*, *Separ. Sci. Technol.*, **40**, 525-541 (2005)
5) S. Kanehashi *et al.*, *J. Membr. Sci.*, **430**, 211-222 (2013)
6) R. Shindo *et al.*, *J. Membr. Sci.*, **454**, 330-338 (2014)
7) L. A. Utracki *et al.*, *ACS Symp. Ser.*, **395**, 1-35 (1989)
8) L. Leibler *et al.*, *Macromolecules*, **13**, 1602-1617 (1980)
9) S. Miyata *et al.*, *Polym. Int.*, **58**, 1148-1159 (2009)
10) S. Sato *et al.*, *Polym. Int.*, **62**, 1377-1385 (2013)
11) S. Ando *et al.*, *Polym. Int.*, **63**, 1634-1642 (2014)
12) T. Suzuki *et al.*, *Polym. Int.*, **64**, 1209-1218 (2015)

第8章　紫外線照射表面濡れ性制御ポリイミド

津田祐輔*

1　はじめに

　ポリイミドは耐熱性，機械的強度，電気的特性などに優れた機能性高分子であり，電子材料用途などを中心に，近年も広範な分野で研究が進められている[1~3]。ポリイミドの先端的な応用の一つにプリンテッドエレクトロニクスに用いるフレキシブル基板が挙げられる。プリンテッドエレクトロニクスは，インクジェット，グラビア，フレキソ，オフセットなどの印刷技術を導電パターニングの形成あるいは電子デバイスの製造に活用する新しい技術であり，薄膜ディスプレイ，電子ペーパー，有機EL照明，バックプレーン，太陽電池などの製造プロセスに適用する研究が活発に行われている[4,5]。ポリイミドはその優れた耐熱性，絶縁性，易フィルム形成性の観点から，プリンテッドエレクトロニクスにおいて最も注目されている基板材料であり，微細な電極などのパターンをインクジェット方式などで形成させるなど様々な検討が行われている[6~10]。

　一方，ポリイミドは剛直な構造を有するために，一般に有機溶媒に溶解しにくいという欠点を有しているため，耐熱性などの物性を維持したまま，ポリイミドの状態でフィルム化が可能な有機溶媒に対する溶解性を向上させた可溶性ポリイミドが求められている。特に低温プロセスが特徴のプリンテッドエレクトロニクスの分野においては必須の特性といえる。ポリイミドの溶媒可溶化の手法として，例えば，フッ素基やトリフルオロメチル基の導入[11,12]，屈曲構造の導入[13]，脂環式骨格の導入[14]，非対称構造の導入[15]，などが報告されており，筆者らも脂環式骨格を導入した可溶性ポリイミド[16~18]，長鎖アルキル基を側鎖に導入した可溶性ポリイミドに関して報告している[19~26]。

　本章では，筆者らがこれまで研究を行ってきた側鎖に長鎖アルキル基などの疎水基（撥水基）を付与させた可溶性ポリイミドの紫外線照射濡れ性制御ポリイミドとしての応用[27~36]に関して述べる。これらの可溶性ポリイミドから得られたポリイミドフィルムに紫外線を照射し，水に対する濡れ性の変化を測定すると，紫外線照射により長鎖アルキル基を有する部位の分解・切断が進行し，カルボキシル基，水酸基などの親水基に変化することが確認された。すなわち，光照射により表面濡れ性を制御し，疎水性部分-親水性部分にパターニングを可能とすることで，例えば水溶性有機半導体などの電極パターンの形成に適用可能となることが考えられ，プリンテッドエレクトロニクスの分野での応用が期待される（図1）。

---

*　Yusuke Tsuda　久留米工業高等専門学校　生物応用化学科　教授

第 8 章　紫外線照射表面濡れ性制御ポリイミド

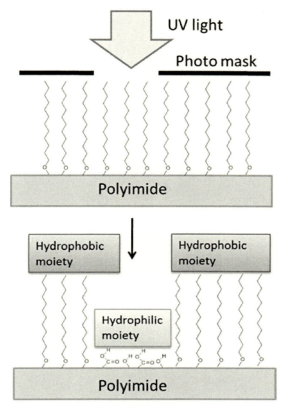

図 1　紫外線照射濡れ性制御ポリイミドの概念図

2　紫外線照射濡れ性制御ポリイミドの合成と物性評価

　ポリイミドに官能基を付与させる方法として，テトラカルボン酸二無水物に付与させる方法，芳香族ジアミンに付与させる方法，合成したポリアミック酸もしくはポリイミドに高分子反応で導入させる方法（Post-functionalization）があるが，本研究では原料の入手が容易で様々な官能基の付与が可能である芳香族ジアミンに官能基を付与させる方法に着目した。導入した官能基は，長鎖アルキル基を有するビルディングブロック[27〜36]，天然化合物[30]，不飽和長鎖アルキル基[32]，t-Boc 基[35] もしくは o-ニトロベンジル基[36] などの光反応性基に大別され（図 2），それぞれの官能基群（Group-1〜4）の紫外線照射濡れ性制御に対する効果を検証した。

　ポリイミドの合成には，筆者らがこれまで検討した方法である，NMP を溶媒として，ポリアミック酸の重合を経由し，ピリジンを塩基触媒，無水酢酸を脱水剤として用いる化学イミド化を行う 2 段階法を用いた。但し，酸触媒で容易に分解される t-Boc 基を有する t-Boc-ADA, t-Boc-EDA の場合は，無水酢酸を用いると t-Boc 基の分解が生じるため，ピリジンを溶媒および触媒として用いてポリイミドを合成する方法を見出した[35]。テトラカルボン酸二無水物モノマー

ポリイミドの機能向上技術と応用展開

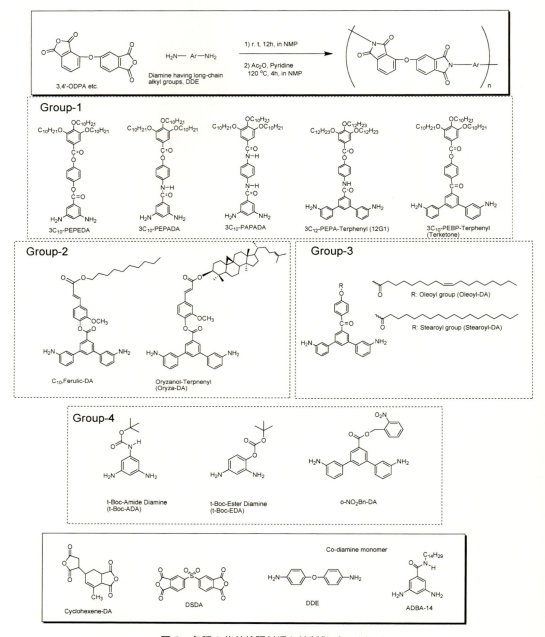

図2 各種の紫外線照射濡れ性制御ポリイミド

は可溶性ポリイミドを得ることが容易であるという観点から，脂環式テトラカルボン酸二無水物であるCyclohexene-DA，極性基を有する芳香族テトラカルボン酸二無水物であるDSDA，もしくは非対称型芳香族テトラカルボン酸二無水物である3,4'-ODPAを選択した。芳香族ジアミ

第8章 紫外線照射表面濡れ性制御ポリイミド

ンモノマーとしては前節で述べた官能基を有する芳香族ジアミンモノマーに加えてポリイミド用として汎用な芳香族ジアミンモノマーである DDE を用いる共重合検討も行った。筆者らの機能性芳香族ジアミンモノマーを用いる系統的な研究においては，機能性芳香族ジアミンモノマーに汎用芳香族ジアミンモノマーを併用する共重合を行い，機能性芳香族ジアミンモノマーの含有量により重合性，各種の物性値がどの様に変化するかを明らかにし，その機能性芳香族ジアミンモノマーの特性を把握する事に努めている。

ポリイミドフィルムに対する紫外線照射は低圧水銀ランプ（λmax；254 nm）もしくは高圧水銀ランプ（λmax；365 nm）を用い，紫外線照射前後の濡れ性変化は水に対する接触角を用いて測定し，紫外線照射による濡れ性変化機構を ATR，XPS などの各種の分析手法を駆使して解析した。ポリイミドとしての基礎的な物性評価として GPC による分子量測定（Mn；ポリスチレン換算で 5,000～50,000 程度），DSC を用いるガラス転移温度測定（Tg；200～250℃程度），TGA を用いる熱分解温度測定（Td_{10}；空気中で 300～500℃程度，窒素中で 400～550℃程度）を実施した。一般的な全芳香族ポリイミドと比較し分子量，耐熱性共に低い傾向にあるが，成膜性良好なポリイミドが合成できることを確認した。分子量，耐熱性共に共重合モノマーの DDE が増加すると向上することが判っており，紫外線照射濡れ性制御の性能に問題がない場合には DDE の共重合比率が高い方が材料として好ましい物性を有しているといえる。

3 長鎖アルキル基を有する紫外線照射濡れ性制御ポリイミド

本節では 3 個の長鎖アルキル基を有するガリック酸部位に基づく Group-1 の紫外線照射濡れ性制御ポリイミド[26～28,31)]に関して述べる。これらのポリイミドは筆者らの長鎖アルキル基含有型の可溶性ポリイミドの研究を発展させたものである。図 3 は Cyclohexene-DA/12G1/DDE 共重合ポリイミドの表面濡れ性の紫外線照射（λmax；254 nm）による変化を示したものである。長鎖アルキル基を含有していない Cyclohexene-DA/DDE（100/100）ポリイミドの場合，水に対する接触角（以下，接触角と記す）は 80°に満たないが，長鎖アルキル基を含むポリイミドは 100°程度と大きな値を示し，ポリイミド表面が疎水性となっている事が判る。紫外線を照射すると照射エネルギーの増大とともに接触角は低下し，表面が疎水性から親水性に徐々に変化する。また，この様な接触角の低下の度合いは長鎖アルキル基を有する 12G1 の含有量が多いポリイミドの場合が大きく，紫外線照射により，光酸化反応，長鎖アルキル基の切断，分解，連結官能基の分解，酸化などが起こり，親水基へ変化していることが推測され，この現象は各種の分析により立証された。図 4 はテトラカルボン酸二無水物を 3,4'-ODPA に固定しベンゼン環の連結基が異なる $3C_{10}$-PEPEDA，$3C_{10}$-PEPADA，$3C_{10}$-PAPADA の 3 種の芳香族ジアミンから得られたポリイミドの紫外線照射濡れ性変化を示したものである。何れの場合も紫外線照射強度に応じて接触角の低下が見られるが，フェニルエステル結合（PE と略）を含む芳香族ジアミンを用いた場合が若干ではあるが低下の度合いが大きい。この理由としてはフェニルエステルの場合，光

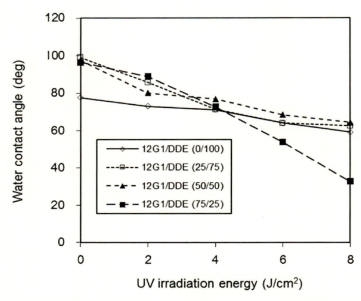

図3 Cyclohexene-DA/12G1/DDE 共重合ポリイミドの紫外線照射による表面濡れ性変化

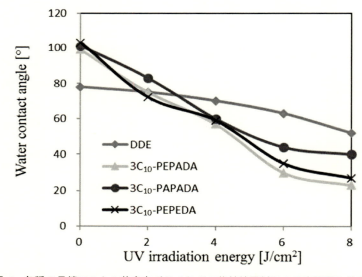

図4 各種の長鎖アルキル基含有ポリイミドの紫外線照射による表面濡れ性変化

Fries 転移による親水基の生成が影響を及ぼしているのではないかと推測される。なお，長鎖アルキル基を含有しないポリイミド，すなわち，Cyclohexene-DA/DDE ポリイミドおよび 3,4'-ODPA/DDE ポリイミドの場合も，紫外線照射エネルギーの増大と共に若干の接触角の低下が見られ，ポリイミド表面の酸化分解やポリイミド主鎖の部分的な酸化が生じていることが考えられる。したがって，ポリイミド表面で紫外線照射時に起こっている光化学反応は図5に示すような

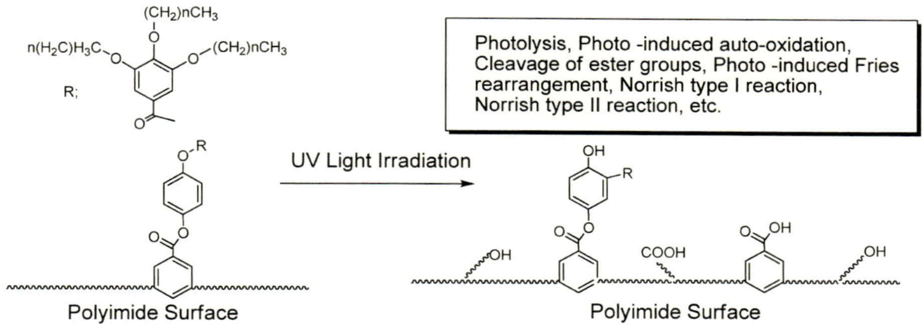

第8章　紫外線照射表面濡れ性制御ポリイミド

図5　ポリイミド表面で紫外線照射時に起こる化学反応の推測

複雑な光酸化・分解反応の混合系であることが推測される。

4　天然物骨格に基づく紫外線照射濡れ性制御ポリイミド

桂皮酸骨格を有する天然物であるフェルラ酸およびγ-オリザノールに着目し，芳香族ジアミン C_{10}-Feruric-DA および Oryza-DA をそれぞれ合成した。特にγ-オリザノールは分子中に疎水性を有するコレステロール部位と光反応性の桂皮酸部位を併せ持ち，合成法も容易であるのが特徴である。これら Group-2 のジアミンモノマーを用いたポリイミドの紫外線照射（λmax；254 nm）による濡れ性変化を検討した結果，両者とも紫外線強度に応じて接触角の低下が認められるが，3,4'-ODPA/Oryza-DA/DDE に基づくポリイミドの濡れ性変化の程度が大きく，初期接触角 100°程度が 35°（8 J/cm² 照射）まで大きく低下することが判明した（図6）[30]。この理由として，Oryza-DA 部位には二重結合，3級水素など光酸化を受けやすい部位が多くあり，またコレステロール基の疎水性が初期接触角を高くしていることが考えられる。また，DDE を用いた共重合において Oryza-DA 10 mol%の方が Oryza-DA 25～75 mol%よりも濡れ性変化が大きいことが判明した。この理由として，表面に高濃度で疎水基が存在する場合には，光酸化などにより表面に親水基が生成しても，残存する高濃度の疎水基の影響により生成した親水基が疎水基に覆いかぶされ親水性が発現しにくく，一方，表面に低濃度で疎水基が存在する場合には，残存する疎水基は少ないため，紫外線照射で生成した親水基が表面濡れ性を支配するのではないかと推測している。

5　不飽和長鎖アルキル基を有する紫外線照射濡れ性制御ポリイミド

長鎖アルキル基における二重結合の有無による紫外線照射濡れ性変化の影響を調べる目的で Group-3 のジアミンモノマー，Oleoyl-DA（不飽和長鎖アルキル基含有）および Stearoyl-DA（飽和長鎖アルキル基含有）を合成し，3,4'-ODPA および共重合ジアミン，DDE を用いてポリ

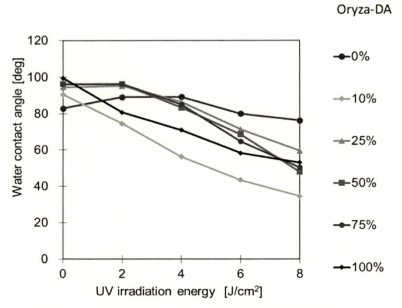

図6 γ-オリザノール含有ポリイミドの紫外線照射による表面濡れ性変化

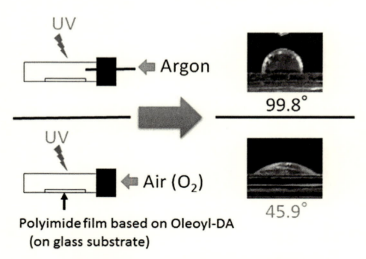

図7 不飽和長鎖アルキル基含有ポリイミドの紫外線照射による
表面濡れ性変化（雰囲気の影響）

イミドを得た。これらのポリイミド薄膜に紫外線（λmax；254 nm）を照射し表面の濡れ性変化を検討した[32]。本研究による紫外線照射濡れ性制御ポリイミドにおいては紫外線照射後に表面に生じることが予想される微量の切断物の影響を排除するために照射後にIPA洗浄を行っているが，3,4'-ODPA/Oleoyl-DA/DDE系ポリイミドではIPA洗浄の効果が大きく現れ，洗浄後で最大30°程度まで接触角が低下していることが判明した。一方，二重結合を有しない3,4'-

第8章　紫外線照射表面濡れ性制御ポリイミド

ODPA/Stearoyl-DA/DDE 系ポリイミドの場合には IPA 洗浄後でも接触角の低下は殆ど見られない。この事実は Oleoyl 基を含む場合，光照射により2重結合の酸化反応・分解反応が生じて，接触角の低下，すなわち親水基の生成を引き起こしていること，IPA 洗浄は表面に残存する疎水基の断片を取り除く効果があることが推測される。また，酸素非存在下，すなわち，アルゴンを封入した石英セルにポリイミド薄膜試験片を入れて紫外線照射を行うと，接触角の変化は殆ど見られないことが判明し，上記の光酸化反応が濡れ性変化における主な光化学反応であることが明らかとなった（図7）。

6　光反応性の官能基を有する紫外線照射濡れ性制御ポリイミド

以上に述べた Group-1～Group-3 の芳香族ジアミンに基づくポリイミドは紫外線照射により疎水性から親水性への濡れ性制御が可能であるが，特定の光反応というより複雑な光酸化・分解反応による親水基の生成がその原理であることが考えられ，また，用いる紫外線波長領域も λ max が 254 nm と高エネルギー領域で高出力の照射ランプが入手しにくいという欠点がある。

本節ではフォトレジスト分野において紫外線照射による極性転換にしばしば用いられる，t-Boc 基[37,38]もしくは o-ニトロベンジル基[39,40]に着目し，Group-4 の芳香族ジアミン；t-Boc-ADA，t-Boc-EDA，o-NO$_2$Bn-DA を用いたポリイミドの紫外線照射濡れ性制御を検討した[35,36]。これらの光反応に適した紫外線領域が 365 nm 付近であることから λ max が 365 nm の高圧水銀ランプを用い，また，この様な光反応にしばしば用いられる光酸発生剤の併用も検討しその効果を確認した。なお，これらのポリイミドに於いては t-Boc 基のみでは疎水性の発現に懸念があるため，共重合ジアミンとして DDE ではなく，筆者らが開発した長鎖アルキル基含有ジアミン，ADBA-14[22]を使用している。図8に 3,4'-ODPA/t-Boc-ADA/ADBA-14 ポリイミド，3,4'-ODPA/t-Boc-EDA/ADBA-14 ポリイミドの紫外線照射強度に応じた濡れ性変化を示している。懸念されていた t-Boc 基の疎水性の不足は認められず，ADBA-14 の共重合がない場合で

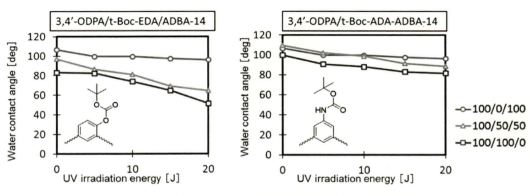

図8　t-Boc 基含有ポリイミドの紫外線照射による表面濡れ性変化

も接触角100°程度の疎水性が発現している。紫外線照射強度に応じて接触角は低下するが，3,4'-ODPA/t-Boc-EDA（100/100）が低下の程度が最も大きく，20 J/cm^2（4 min）の照射で50°程度まで低下した。一方，3,4'-ODPA/t-Boc-ADA/ADBA-14系のポリイミドではその低下の度合いは小さく，また，t-Boc基を含有しない3,4'-ODPA/ADBA-14では紫外線照射による接触角変化は殆どないことが判明した。t-Boc基による光脱保護反応は光酸発生剤の共存下で生じることが多く，この様な無触媒でのt-Boc-EDA基の光脱保護反応は実用上，極めて有効なものであると考える。無触媒でのt-Boc基の光脱保護反応は，紫外線照射により薄膜表面で光酸化により生じる微量の酸種による脱保護，あるいはカルボニル基の光励起による［3,3］-シグマトロピー転移による脱保護などにより進行すると推測している（図9）。また，光酸発生剤；CPI-100P（三洋化成製，λmax；365 nm）を5 wt％添加した場合には濡れ性変化は3,4'-ODPA/t-Boc-ADA/ADBA-14ポリイミド，および3,4'-ODPA/t-Boc-EDA/ADBA-14ポリイミド共に著しく加速されることが判明した[35]。この場合は紫外線照射により光酸発生剤から生じる酸種がt-Boc基の脱保護を引き起こす通常の光脱保護反応機構が想定される。o-ニトロベンジル基を含有するo-NO$_2$Bn-DAを用いたポリイミドにおいても，同様に，光酸発生剤非添加，光酸発生剤添加の両者において紫外線照射による濡れ性の疎水性から親水性への変化が見られ，その度合いは光酸発生剤添加の場合が大きいことが判明した[36]。この場合もo-ニトロベンジル基の光脱保護による親水基（カルボン酸）の生成が推測される。なお，光酸発生剤の添加はGroup-1のジアミンを用いた光酸化型の紫外線照射濡れ性制御ポリイミドにおいても濡れ性変化を加速し，また，光塩基発生剤の添加は加速効果がないことを確認している[33]。

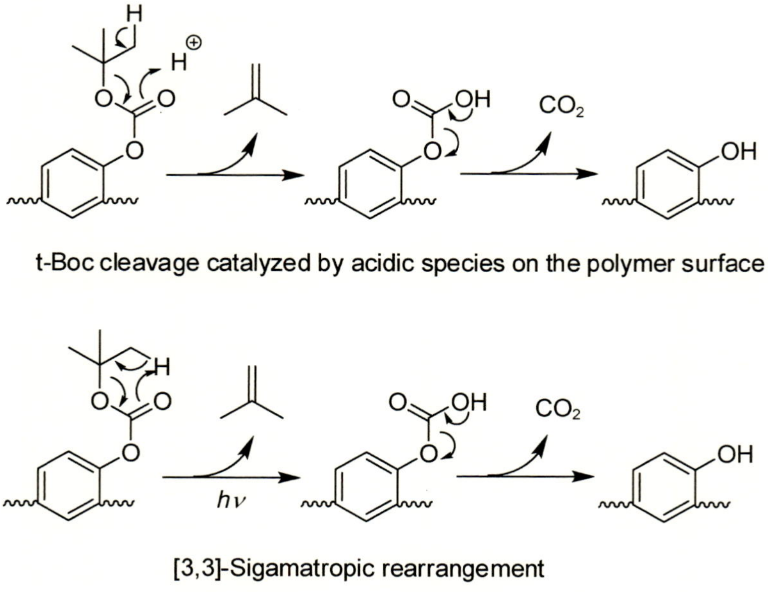

t-Boc cleavage catalyzed by acidic species on the polymer surface

[3,3]-Sigamatropic rearrangement

図9 ポリイミド表面におけるt-Boc基の光切断反応

第8章　紫外線照射表面濡れ性制御ポリイミド

7　各種の表面分析

　紫外線照射による本研究によるポリイミドの表面の疎水性から親水性への変化は接触角の低下から判断し，表面での親水基の生成が推測されるが，実際の親水基の生成を表面分析で確認する必要があり，また，物理的な表面形状変化も確認する必要がある。以下に，ATR，XPS，AFM（SFM）分析に関して代表的な結果を示す。

　図10に3,4'-ODPA/3C_{10}-PEPADAの紫外線照射前後のATRスペクトルを示している。紫外線照射前には僅かしかなかった3,300 cm^{-1}付近のOH基の吸収が増大し，2,900 cm^{-1}付近のアルキル基の吸収が減少し，1,200 cm^{-1}付近のエーテル基の吸収が減少しており，紫外線照射によるアルキル基の切断，OH基，COOH基の生成が示唆される。XPSは2～10 nm程度の深さの最表面の化学結合の分析に有効である。代表例として図11に3,4'-ODPA/3C_{10}-PEPADAの紫外線照射前後のXPSのC_{1s}のnarrow scanを示している。紫外線照射後にC-OH，COOH結合に基づくと考えられるC-O結合，C＝O結合のピークが増大していることが判る。また，XPSのwide scanにおいては紫外線照射によりC％の減少およびO％の増加が観測され，すなわち，長鎖アルキル基などの疎水基の減少，および水酸基（OH基），カルボキシル基（COOH基）などの親水基の増加が示唆された。

　本研究による紫外線照射濡れ性制御のAFM（SFM）測定においては紫外線照射前後のRMS値（表面粗さ）の変化に着目して測定を行ったが，紫外線照射前後においてRMS値の変化は殆ど見られず，濡れ性の変化は物理的な形状の変化より表面の化学構造の変化が支配的であることが示唆された。

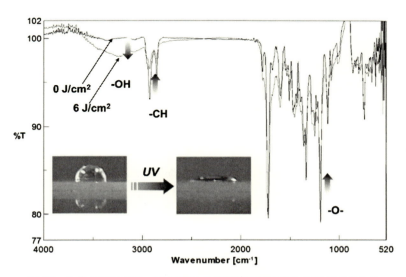

図10　3,4'-ODPA/3C_{10}-PEPADAの紫外線照射前後のATRスペクトル

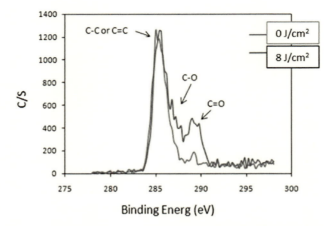

図11 3,4'-ODPA/3C$_{10}$-PEPADA の紫外線照射前後の XPS 測定
（C$_{1s}$, narrow scan）

8 おわりに

可溶性ポリイミドの研究で培ってきた機能性芳香族ジアミンモノマーの合成とこれらのジアミンモノマーに基づくポリイミドの合成と物性に関する知見を活用し，紫外線照射により表面の濡れ性を制御可能な新規なポリイミドの開発に成功した。Group-1〜Group-3 のポリイミド類は紫外線照射（λmax；254 nm）によりポリイミド表面で主に光酸化が起こり，濡れ性が疎水性から親水性に変化したものと推測され，各種の分析手法を駆使してこの現象を解明した。この中で天然物骨格（γ-オリザノール）に基づくポリイミド（Group-2）は天然資源を活用しジアミンモノマーの合成も容易であり，最も有望なものといえる。t-Boc などの光反応性基を有するポリイミド（Group-4）は紫外線照射（λmax；365 nm）で濡れ性変化を起こすため，高出力の紫外線ランプが使用可能であり，短時間の照射で濡れ性変化が達成でき，実用上，好ましい。t-Boc などの光脱保護反応は一般に光酸発生剤を併用するのが常法であるが，上記の Group-4 のポリイミドは光酸発生剤がない場合でも濡れ性変化を起こすものがあり，光酸発生剤の残存は種々の悪影響を及ぼすと考えられるため，実用上，有用であると考える。

従来，プリンテッドエレクトロニクスの分野でポリイミドが検討されているが，ポリイミド自体を分子修飾した例は殆ど知られていない。本技術は，新規な光機能性ポリイミドに紫外線照射することで，ポリイミド表面を容易に疎水部と親水部にパターニングする手法として，プリンテッドエレクトロニクスの分野での応用が大いに期待される。

また，本章で述べた芳香族ジアミンの分子修飾に基づく機能性付与の手法は，紫外線照射濡れ性制御のみならず，種々の機能性付与に活用できると考えられる。加えて，合成した各種の機能性芳香族ジアミンモノマーはポリイミドのみならずポリアミドの合成にも適用可能であると考えられ，今後の研究が期待される。

第8章　紫外線照射表面濡れ性制御ポリイミド

文　　献

1) M. K. Ghosh, K. L. Mittal, Ed. Polyimides, Marcel Dekker, New York N. Y. (1996)
2) K. L. Mittal, Ed. Polyimides and Other High Temperature Polymers：Synthesis, Characterization and Applications, **5**, Koninklike Brill NV, Leiden (2009)
3) 日本ポリイミド・芳香族系高分子研究会編，新訂 最新ポリイミド―基礎と応用―，エヌ・ティー・エス（2010）
4) 八瀬清志，工業材料，**56**(6), 19 (2008)
5) 特集：有機半導体とプリンタブルエレクトロニクス，月刊ディスプレイ，**16**(5) (2010)
6) Y.-H. Yun, J.-D. Kim, B.-K. Lee, B. Yoo, J.-H. Lee, Y.-W. Cho, *Polym. Plast. Technol. Eng.*, **48**, 1318 (2009)
7) 鈴木幸栄，月刊ディスプレイ，**16**(5), 40 (2010)
8) 鈴木幸栄，日本写真学会誌，**75**(1), 68 (2012)
9) C. Kim, M. Nogi, K. Suganuma, Y. Yamamoto, *Applied Materials & Interfaces*, **4**, 2168 (2012)
10) 飯田健二，コンバーテック，**41**, 94 (2013)
11) C. Wang, X. Zjao, G. Li, J. Jiang, *Colloid Polym. Sci.*, **281**, 1617 (2011)
12) S.-D. Kim, S. Lee, J. Heo, S.-Y. Kim, I.-S. Chung, *Polymer*, **54**, 5648 (2013)
13) K. Takahashi, S. Takahashi, T. Takeichi, H. Itatani, *J. Photopolymer Sci. Technol.*, **27**, 145 (2014)
14) 松本利彦，高分子論文集，**61**, 39 (2004)
15) M. X. Ding, *Prog. Polym. Sci.*, **32**, 623 (2007)
16) Y. Tsuda, Y. Tanaka, K. Kamata, N. Hiyoshi, S. Mataka, Y. Matsuki, M. Nishikawa, S. Kawamura, N. Bessho, *Polym. J.*, **29**, 574 (1997)
17) Y. Tsuda, K. Etou, N. Hiyoshi, M. Nishikawa, Y. Matsuki, N. Bessho, *Polym. J.*, **30**, 222 (1998)
18) Y. Tsuda, R. Kuwahara, K. Fukuda, K. Ueno, J.-M. Oh, *Polymer. J.*, **37**, 126 (2005)
19) Y. Tsuda, T. Kawauchi, N. Hiyoshi, S. Mataka, *Polym. J.*, **32**, 594 (2000)
20) Y. Tsuda, K. Kanegae, S. Yasukouchi, *Polym. J.*, **32**, 941 (2000)
21) Y. Tsuda, M. Kojima, J.-M. Oh, *Polym. J.*, **38**, 1043 (2006)
22) Y. Tsuda, M. Kojima, T. Matsuda, J.-M. Oh, *Polym. J.*, **40**, 354 (2008)
23) 津田祐輔，ポリイミドの高機能化と応用技術，第9節 ポリイミドの溶解性向上サイエンス＆テクノロジー（2008）
24) Y. Tsuda, Soluble Polyimides Based on Aromatic Diamines Bearing Long-Chain Alkyl Groups, Polyimides and Other High Temperature Polymers：Synthesis, Characterization and Applications, Edited by K. L. Mittal, **5** Koninklike Brill NV, Leiden (2009)
25) Y. Tsuda, J.-M. Oh, R. Kuwahara, *Int. J. Mol. Sci.*, **10**, 5031 (2009)
26) Y. Tsuda, Polyimides bearing long-chain alkyl groups and their application for liquid crystal alignment layer and printed electronics, Features of Liquid Crystal Display Materials and Processes, Edited by N. V. Kamania, Intech, Croatia (2011)

27) 津田祐輔, 橋本有紀, 松田貴暁, 高分子論文集, **68**, 21 (2011)
28) Y. Tsuda, *J. Photopolymer Sci. Technol.*, **26**, 345 (2013)
29) Y. Tsuda, Y. Kawashima, *J. Photopolymer Sci. Technol.*, **27**, 161 (2014)
30) Y. Tsuda, S. Kawabata, *J. Photopolymer Sci. Technol.*, **27**, 277 (2014)
31) Y. Tsuda, R. Nakamura, S. Osajima, T. Matsuda, *High Performance Polymers*, **27**, 46 (2015)
32) Y. Tsuda, R. Shiki, *J. Photopolymer Sci. Technol.*, **28**, 191 (2015)
33) Y. Tsuda, M. Tahira, N. Shinohara, D. Sakata, *J. Photopolymer Sci. Technol.*, **28**, 313 (2015)
34) Y. Tsuda, *J. Photopolymer Sci. Technol.*, **29**, 383 (2016)
35) Y. Tsuda, R. Shiki, *J. Photopolymer Sci. Technol.*, **29**, 265 (2016)
36) Y. Tsuda, D. Sakata, *J. Photopolymer Sci. Technol.*, **29**, 283 (2016)
37) K. Horie, T. Yamashita, Eds., Photosensitive Polyimides, Fundamentals and Application, Technomic Publishing Co. Inc., Lancaster, Basel (1995)
38) Y. Miyake, M. Isono, A. Sekiguchi, *J. Photopolymer Sci. Technol.*, **14**, 463 (2001)
39) M. Edler, S. Mayrbrugger, A. Fian, G. Trimmel, S. Radl, W. Kern, T. Griesser, *J. Mater. Chem. C*, **1**, 3931 (2013)
40) Y. Ishida, Y. Kawabe, A. Kameyama, *J. Photopolymer Sci. Technol.*, **28**, 201 (2015)

第9章 ポリイミド／炭素繊維複合材料の作製と強度評価

石田雄一*

1 はじめに

代表的な耐熱性樹脂としてポリイミドが挙げられるが，一般的にポリイミドはいったんイミド化すると不溶不融となり，成形材料や炭素繊維複合材料（CFRP）の母材樹脂には適さない。本章では，CFRP マトリックスとして適用可能とするポリイミドの基本分子設計，樹脂ならびに CFRP の開発例と一部の強度特性について，成形方法別に紹介する。

2 CFRP マトリックス用ポリイミドの分子設計

2.1 成形材料に求められる条件

航空宇宙用途などにおいて軽量化と強度・剛性が要求される CFRP は，炭素繊維の強度を最大限に活かすため，連続繊維としてできるだけ最密充填に近づける組成が望ましい。したがって，含浸性・成形性の面から，マトリックス樹脂としては硬化前は低分子量で溶融粘度が低く，硬化すると強度を有する熱硬化性樹脂が大半である。現在航空機で用いられている CFRP のマトリックスの多くはエポキシ樹脂であるが，将来の超音速機，極超音速機の構造部材やエンジン部材としての適用拡大を考えると，より耐熱性の高いポリイミドを適用した CFRP の開発が望まれる。ポリイミドの難成形性を解決する方法の一つが，分子量を小さくしたイミドオリゴマーの末端を反応性末端剤で修飾した熱硬化性ポリイミド（熱付加型イミドオリゴマー）である[1~3]。熱硬化性ポリイミドに求められる条件は，

① 硬化前イミドオリゴマーのガラス転移温度（T_g）が反応性末端剤の反応開始温度よりも低く，硬化前の T_g と反応開始温度の間で適度な流動性があり，賦形が可能である

② 硬化反応中に副生成物（特に揮発物）を生成しない

などが挙げられる。このような制限の中で硬化物の T_g を高くするためには，オリゴマーの分子量を小さくする，すなわち末端基濃度を高めて架橋密度を上げる方法，もしくは主鎖骨格を剛直にする方法が考えられる。しかし，架橋密度を上げると硬化樹脂はもろくなり，主鎖骨格を剛直にすると硬化前の T_g が高くなり溶融流動性が悪くなるため，成形性が極端に低下する。このよ

---

* Yuichi Ishida （国研）宇宙航空研究開発機構　航空技術部門
　　　　　　　　構造・複合材技術研究ユニット　主任研究開発員

うに，高耐熱性，高靭性と易成形性を兼ね備える分子設計は容易ではない。しかし，近年，「剛直かつ非対称」の化学構造を導入することにより成形時の流動性を高め，かつ硬化後の T_g も向上させた熱硬化性ポリイミド TriA-PI をきっかけに，さらに耐熱性や成形性を高めたポリイミド樹脂も登場しており[4~7]，具体的な例を後述する。

2.2 反応性末端剤

反応性末端剤の種類は硬化温度，架橋密度，耐熱酸化性に大きく影響する[6,8~11]。反応時に副生成物を生じない付加型反応性末端剤の例を表1に示す。硬化温度の低い末端剤は硬化前 T_g から反応開始温度までの温度範囲（プロセスウインドウ）が狭くなるため，溶融流動性を持たせるためには柔軟な主鎖骨格を導入させるか，もしくはオリゴマーの平均分子量を小さくせざるを得

表1 末端剤の化学構造と硬化温度

末端基	構造	硬化温度(℃)	備考
ナジイミド		350	シクロペンタジエン発生，もろい，低熱安定性
ビニル		250	反応熱大，低熱安定性
エチニル		250	成形温度幅小さい，もろい
フェニルエチニル		350	高温硬化，高耐熱性，高靭性
ビフェニレン		350	高温硬化，もろい
シアナート		200	低熱安定性
トリフルオロビニルオキシ		250	熱安定性不明，成形温度幅小さい
マレイミド		230	低熱安定性
メチルマレイミド		300	

第9章　ポリイミド／炭素繊維複合材料の作製と強度評価

表2　大気中371℃における長期熱安定性に対する末端剤の影響

末端剤	重量保持率（%）				
	100時間	206時間	300時間	390時間	507時間
無水フタル酸	98.89	98.45	97.89	97.54	96.94
4-フェニルエチニル無水フタル酸	95.67	91.83	86.41	79.74	65.47
3-フェニルエチニルアニリン	94.69	86.91	73.13[a]	62.65[b]	39.15[c]
無水ナジック酸	86.21	73.21	60.09	45.54	−
p-アミノスチレン	90.34	80.39	68.26	54.35	−

主鎖骨格：BPDA：6FDA（75：25）/PDA　分子量：3,000 g/mol　370℃30分硬化
a 332時間，b 395時間，c 533時間

ない。したがって，硬化樹脂の耐熱性は一般的に低いか，もしくは耐熱性が高くても架橋密度が高いためにもろくなる。例えば，硬化温度が250℃であるエチニル末端の場合，反応開始温度は200℃程度となるため硬化前樹脂の T_g は200℃以下が求められ，主鎖骨格を全芳香族にすることは非常に限定される。オリゴマーの分子量を小さくすることで硬化前 T_g は低下し成形可能となるが，末端剤濃度が増えるために硬化後の架橋密度も高くなり，結果として硬化物はもろくなる。一方，エチニルにフェニル基が置換したフェニルエチニル基では，硬化温度は350℃前後とエチニル末端に比べ約100℃高く，プロセスウインドウが広い。その結果硬化前イミドオリゴマーの分子量を大きくすることができる。さらに，フェニル基による立体障害の影響もあり硬化反応が主に鎖延長反応であることが推測され，硬化樹脂の破断伸びも極めて高い。マレイミド基でも同様な例が見られる。このように，反応性基に置換基を導入することにより，硬化温度を高めてプロセスウインドウを広げ，かつ硬化樹脂の架橋密度を低く抑えることができる。

　Takekoshiらは，主鎖骨格をBPDA：6FDA（75：25）/PDA，分子量を3,000 g/molで固定し，数種類の反応性末端剤を用いた硬化樹脂の大気中長期熱安定性を調べている[11]。その結果，反応性末端剤の中では4-フェニルエチニル無水フタル酸が最も重量減少量が少ないことが示された（表2）。ただし，反応性末端剤はいずれも無水フタル酸と比較すると長期熱安定性は大きく劣る。このことから，熱硬化性ポリイミドの長期熱安定性を向上させるためには，成形性との兼ね合いもあるが，できるだけ反応性末端剤の量を減らす，すなわちイミドオリゴマーの分子量を大きくすることが有効であることがわかる。

3　プリプレグ用熱硬化性ポリイミド樹脂

3.1　プリプレグ／オートクレーブ成形の概要

　炭素繊維複合材料の代表的な製作方法のひとつにプリプレグ／オートクレーブ成形がある。まず，織物もしくは一方向に引きそろえた炭素繊維に樹脂を含浸させて，シート状のプリプレグを作製する。このプリプレグを所望の形に切断，積層し，真空バギングしながらオートクレーブと呼ばれる圧力釜の中で加熱加圧して硬化させることで複合材料を得る。プリプレグは積層，賦形

時での作業性の点から，タック性（表面のべたつき）とドレープ性（しなやかさ）が求められることが多い。熱硬化性ポリイミドをマトリックスとする場合，硬化前樹脂が室温で固体であるため，タック性とドレープ性を付与するためにほぼすべてのプリプレグにおいて溶媒を残している。また，成形過程においてイミド化により水を発生するものも多く，成形時における溶媒または副生する揮発物の除去が課題となっている。

3.2　PMR-15

　PMR-15は，アメリカ航空宇宙局NASAのLewis（現Glenn）研究所により開発された，ベンゾフェノンテトラカルボン酸ジエステル誘導体（BTDE），メチレンジアニリン（MDA）および末端剤ナジン酸モノエステル誘導体（NE）からなる熱硬化性ポリイミドである[12]。PMR-15の大きな特徴は，原料はモノマーの混合溶液であり，加熱していくとモノマーが約120〜230℃で水とアルコールを副生しながら中間体の末端変性イミドオリゴマーとなり，続けて316℃で末端NEが架橋する（図1）。これがPMR（*in situ* polymerization of monomer reactants, モノマーその場重合法）の名前の由来となっている。PMR-15は樹脂単体で用いられることはほとんどなく，モノマー混合溶液を炭素繊維に含浸させたプリプレグの形で供給される。モノマー出発であること，および中間体イミドオリゴマーの計算分子量が1,500 g/molと低いことから，溶融流動性に優れている。さらに，重合・イミド化により揮発分を副生する温度と末端基の硬化温度が離れており，揮発分によるボイドの発生を防いでいる。硬化後のPMR-15は架橋密度が高いためにT_gは340℃と高いものの，もろいという欠点も併せ持つ。MDAの毒性や熱サイクルによる

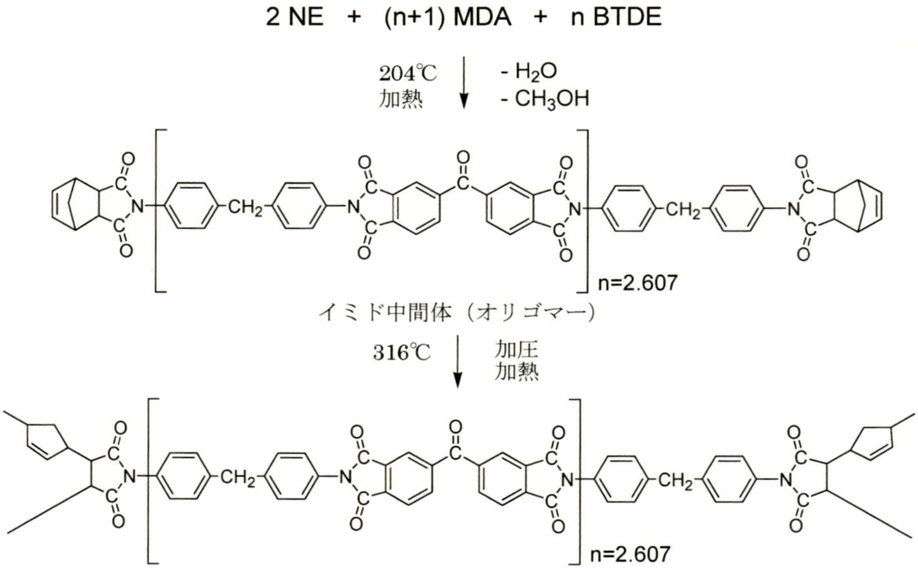

図1　PMR-15の反応機構

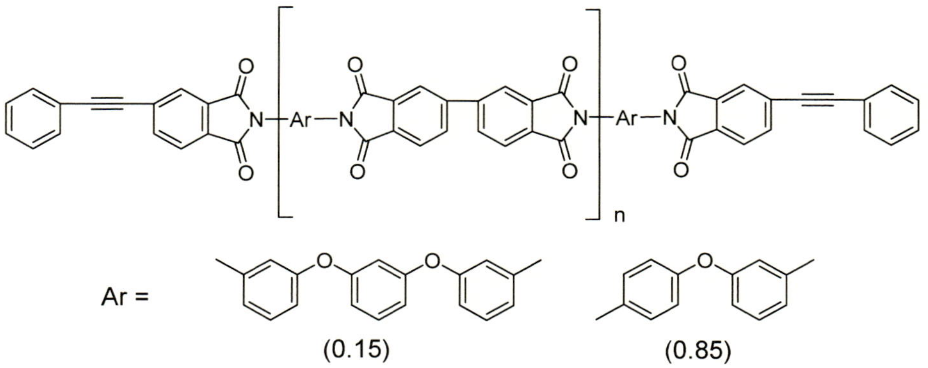

第 9 章 ポリイミド／炭素繊維複合材料の作製と強度評価

Ar =
(0.15)   (0.85)

図 2　PETI-5 の化学構造

マイクロクラックの発生などのデメリットもあるが，今でもエンジン部品などに採用されていると思われる重要なポリイミド樹脂である。

3.3　PETI-5

初期の熱硬化性ポリイミドの開発では，2.2 項で示したようにいくつかの反応性末端剤が試されたが，硬化樹脂はもろいものが多く，普及しなかった。しかし，1990 年代前半に NASA Langley 研究所により開発された PETI-5[13,14)] は，硬化後樹脂の破断伸びが 32% を示した。PETI-5 の化学構造は 3,3',4,4'-ビフェニルテトラカルボン酸二無水物（s-BPDA），3,4'-ジアミノジフェニルエーテル（3,4'-ODA），1,3-ビス-(3-アミノフェノキシ）ベンゼン（1,3,3-APB）および末端剤の 2-フェニルエチニル無水フタル酸（PEPA）からなる（図 2）。この破断伸びの値は熱硬化性ポリイミドのみならず熱硬化性樹脂全体から見ても極めて大きい。この理由は，オリゴマーの分子量が約 5,000 g/mol と高く主鎖骨格の影響が大きいこと，およびフェニルエチニル基が主として鎖延長反応により硬化しており架橋密度が小さいためと推測される。しかし，対称型酸二無水物 s-BPDA を用いながらも溶融流動性を保持するため，ジアミンには大きな屈曲性・柔軟性を有する 3,4'-ODA と 1,3,3-APB を用いており，その結果，硬化樹脂の T_g は 270℃ 程度にとどまっている。

3.4　TriA-PI

PETI-5 は靱性を大幅に向上させた一方，T_g の点では若干不十分ともいえる。ただし，一般的に成形性と高耐熱性はトレードオフの関係にあり，耐熱性を上げるために直線的な構造を導入すると成形性を大きく損ない，逆に成形性を高めるために屈曲性基を導入すると耐熱性が下がる。この難題に対し，文部科学省宇宙科学研究所（現　宇宙航空研究開発機構　宇宙科学研究所）と宇部興産が開発した熱硬化性ポリイミド TriA-PI[4,5)] が解決の糸口を示した（図 3）。TriA-PI 硬化樹脂は 340℃ と高い T_g を有し，破断伸びも 14% 以上と大きく，耐熱性，成形性，靱性をす

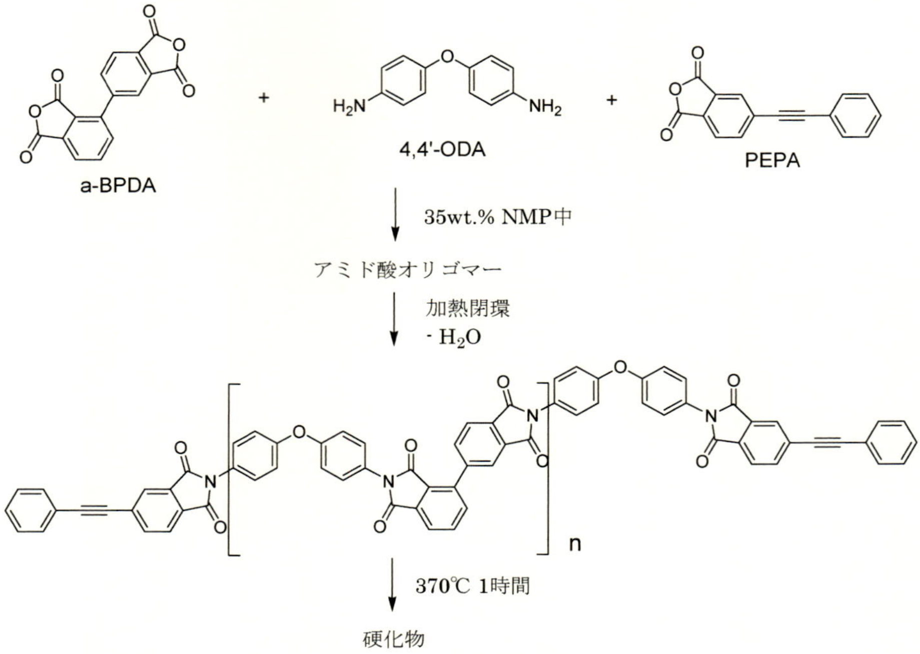

図3 TriA-PI の化学構造

べて兼ね備えている。TriA-PI の大きな特徴は，酸二無水物に非対称構造の 2,3,3',4'-ビフェニルテトラカルボン酸二無水物（a-BPDA）を用いている点である。通常，非対称構造の導入は分子間の自由体積を大きくし，また分子間相互作用を小さくすることから，溶融状態での流動性を高めて成形性は向上するが，一般的には T_g を下げる方向に向かうと考えられる。しかし，剛直かつ非対称な構造である a-BPDA においては，ビフェニル結合の内部回転が立体障害により阻害され，結果として T_g の高いポリイミドが得られたと推測される。さらに，s-BPDA では溶融流動性を示さない 4,4'-ODA を用いても，a-BPDA の場合には良好な溶融流動性を示した。すなわち，3,4'-ODA や 1,3,3-APB よりも耐熱性が期待できるジアミンを用いても成形可能であり，ジアミンの選択肢を広げられたことも大きな特徴といえる。

3.5 TriA-SI

TriA-PI の開発により，"剛直かつ非対称" を有する化学構造を導入することで成形性を確保しながら耐熱性を向上できる可能性が示された。この分子設計をジアミンに適用したもののひとつに TriA-SI[15,16] がある（図4）。TriA-SI はジアミンとして剛直かつ嵩高いフルオレン環を有する 9,9-ビス［4-(4-アミノフェノキシ) フェニル］フルオレン（BAOFL）を用いたことで，対称型酸二無水物である s-BPDA との組み合わせでも溶融流動性を有している。さらに，イミドオリゴマーが N-メチル-2-ピロリドン（NMP）に対し 30 wt.% 以上可溶である。PETI-5 や TriA-

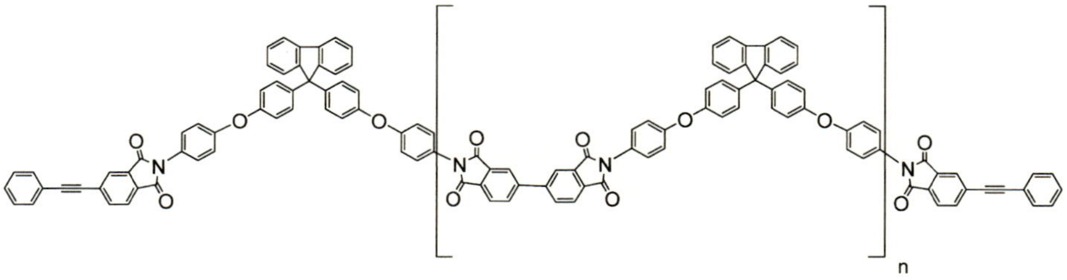

第9章 ポリイミド／炭素繊維複合材料の作製と強度評価

図4 TriA-SI の化学構造

表3 TriA-SI オリゴマーおよび硬化物の性質

オリゴマー		硬化物				
溶解性（wt.%）(NMP，室温)	最低溶融粘度 (Pa s)	T_g (℃) (DSC)	T_{d5} (℃) (Argon)	引張弾性率 (GPa)	破断強度 (MPa)	破断伸び (%)
33	326 (347℃)	321	551	2.78	110	10.2

PI のイミドオリゴマーはプリプレグ作製に要求される 30 wt.% 以上の濃度で溶解できないため，これらのプリプレグはアミド酸オリゴマー溶液を炭素繊維に含浸させて作製する[14,17]。アミド酸プリプレグ出発では，積層板成形中にアミド酸からイミドに化学変化する過程で水が副生し，丁寧に水抜きをしないと成形体内部にボイドが発生してしまう。これに対し，TriA-SI はイミドオリゴマー溶液から直接プリプレグを作製できるため，成形中に水を発生しない。TriA-SI イミドオリゴマーおよび硬化後樹脂の特性を表3に示す。ただし，BAOFL はエーテル基を2つ有することから溶解性は高いものの T_g は TriA-PI に比べ 20℃ ほど低く，フルオレン基の影響で破断伸びも若干落ちる。

3.6 TriA-X

TriA-SI で示されたように，成形性と耐熱性の両立に対してジアミンに剛直かつ非対称の構造を導入することも有効である。これまで，酸二無水物として無水ピロメリット酸（PMDA）を用いると，ピロメリットイミド骨格の平面性と強い分子間相互作用のため，BAOFL などのジアミンを用いても溶融流動性のあるイミドオリゴマーを得ることはできなかった。JAXA とカネカは，ジアミンとして側鎖にフェニル基を有する 2-フェニル-4,4'-ジアミノジフェニルエーテル（p-ODA）を用いると，PMDA との組み合わせでも良好な溶融流動性を示し，かつ NMP に対し 33 wt.% 以上の溶解性，硬化後で 350℃ 以上と非常に高い T_g を有するポリイミド樹脂が得られることを見出した[18]。この PMDA/p-ODA/PEPA 系のイミドオリゴマーを TriA-X（シリーズ）と称する（図5）。ただし，PMDA/p-ODA/PEPA からなるイミドオリゴマーでは，33 wt.% とした NMP 溶液が溶液作成1日後にゲル化してしまい，イミドオリゴマー溶液からのプリプレグ作製が実質不可能であった。そのため，溶解性を向上させる目的で，ジアミンとして 9,9-ビス（4

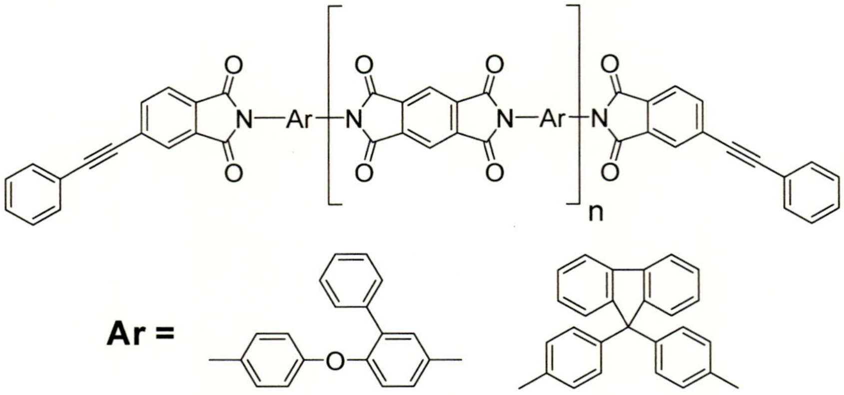

図5 TriA-X の化学構造

表4 TriA-X オリゴマーおよび硬化物の性質

樹脂の種類 (p-ODA/BAFL)	オリゴマー		硬化物		
	溶解性（wt.%） (NMP, 室温)	最低溶融粘度 (Pa s)	T_g (℃) (DSC)	破断強度 (MPa)	破断伸び (%)
TriA-X (100/0)	33*	208	354	133	17
TriA-X (90/10)	33	154	372	119	11

*溶解1日後にゲル化

-アミノフェニル）フルオレン（BAFL）を少量共重合させたところ，溶液は冷凍保管で1年以上安定となり，イミド溶液プリプレグの製造を可能とした。TriA-Xの特性を表4に示す。ジアミン共重合比 p-ODA/BAFL＝90/10 の TriA-X は，NMP に対する溶解性が 33 wt.%以上，T_g が DSC 測定で 372℃，破断伸びが約 11%と，溶解性，成形性，靭性のいずれも優れている。一般的に T_g を上げようとするともろくなるが，TriA-X シリーズは T_g が 350〜370℃と TriA-PI や TriA-SI に比べて高いにもかかわらず，破断伸びは同等以上である。

現在，この TriA-X 樹脂をマトリックスとした炭素繊維複合材料の研究開発を進めている[19]。開発初期の段階では，PETI-5，TriA-PI と同様のプロセスでオートクレーブ成形を行ったところ，厚さ2mmの板では複合材の T_g が樹脂単体に比べ 15℃（平織積層）〜45℃（疑似等方積層）程度低い値となり，厚さ4mmの板では内部にボイドが発生した。これは，成形中に溶媒を完全に除去できておらず，複合材中に残存した NMP が可塑剤として働くためと思われる。一方，真空ホットプレスを用いて厚さ2mmおよび4mmの積層板を作製したところ，積層板の断面観察ではボイドやクラックは確認されなかった。また，オートクレーブとほぼ同じ加熱加圧条件にもかかわらず，得られた疑似等方積層板の T_g は約 350℃であり，樹脂単体に近い値となった。オートクレーブ成形ではプリプレグ積層後に副資材を用いて真空バギングを行うため，弱い真空引き

第9章 ポリイミド／炭素繊維複合材料の作製と強度評価

であっても板厚方向に圧縮の力が加わって通気口が塞がり，面内方向への溶媒の揮発が難しくなる。一方，真空ホットプレスでは槽内全体が真空になり，積層されたプリプレグは板厚方向に力がかからないため層間に隙間があり，面内方向への溶媒の揮発が容易である。その結果，真空ホットプレス成形では残存溶媒が少なくT_gの高い積層板が得られたものと思われる。真空ホットプレス成形で得られた疑似等方積層板の室温および高温における無孔圧縮強度，有孔圧縮強度を図6に示す。300℃の圧縮強度は室温での強度に対し無孔・有孔とも約65％であり，高い高温強度保持率を示した。

真空ホットプレス成形で良好なポリイミド複合材が得られることがわかったが，真空ホットプレス成形では大きさ，形状に制限があり，実用化に向けてはオートクレーブ成形への適用が求められる。そこで，真空ホットプレス成形の結果をオートクレーブ成形に適用し，溶媒除去の課題を解決すべく，ダブルバキュームバッグデバルク（DVD）法について検討した。DVD法とは，溶媒除去工程と成形工程を分割した二段階成形法である。第一段階では，揮発分の抜け道を確保する目的で，真空バギング中に真空圧で積層体に圧力がかからないようにステンレスボックスを

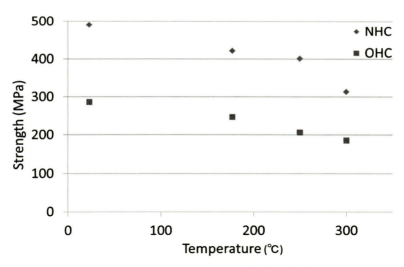

図6 真空ホットプレスで成形したTriA-X複合材料（積層構成［45/0/-45/90］$_{2S}$）の無孔圧縮（NHC）および有孔圧縮（OHC）強度

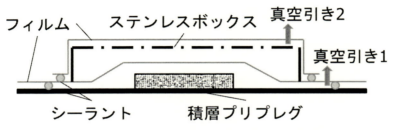

図7 ダブルバキュームバッグデバルク（DVD）法の概略図

表5　PETI-340M 複合材料[a]の性質

	T_g（℃）	無孔圧縮強度[b] （MPa）	無孔圧縮弾性率[b] （GPa）
暴露前	338	471	51
274℃ 8000 時間暴露後	－	389	53

a) 使用繊維：IMS60-24K，積層構成：$(45/0/-45/90)_{3S}$，板厚：4.3 mm，繊維体積率：55〜59%
b) 試験規格：ASTM 695，測定温度：24℃

用いて，内側バッグ内真空圧を外側より若干高く保持しながら溶媒を除去する（図7）。その後いったん取り出し，オートクレーブにて硬化成形を行う。この方法を適用したところ，得られた複合材の超音波探傷結果は良好で，かつ疑似等方32層積層板でも T_g は347℃と，大きな T_g の上昇が見られた。このように，DVD法の適用とプロセスの改善により複合材料の高品質化のめどが立ち，実用化に向けて一歩前進した。

3.7　PETI-340M

　宇部興産は，イミドプリプレグ"PETI-340M"を開発している[20]。PETI-340M の硬化後樹脂の T_g は340℃，破断伸びは19%で高い耐熱性と靱性を有する。重合反応は PMR 型と推測され，複合材の成形工程中，オリゴマー化およびイミド化により揮発分となる水とアルコールを副生する。288℃で一定時間保持することにより揮発分をおおむね除去し，その後371℃で硬化させることで成形体を得る。PETI-340M 炭素繊維複合材料の特性を表5に示す。複合材の274℃，8,000時間暴露後の無孔圧縮強度は389 MPa，圧縮強度保持率は暴露前に対し82.6%であり，優れた長期熱安定性を示している。なお，PETI-340M 炭素繊維複合材料の T_g は338℃と，樹脂単体とほぼ同じである。

4　レジントランスファーモールディング（RTM）用熱硬化性ポリイミド樹脂

4.1　RTM 成形の概要

　プリプレグ／オートクレーブ法は，樹脂含有率が安定している，最密充填に近い繊維体積率の複合材が得られるなど，複合材の品質が良好である一方，オートクレーブといった設備の導入やハンドレイアップのプロセスなど，低コスト化が課題である。一方，強化繊維をあらかじめ成形品の形にして，これに樹脂を直接注入し硬化させる RTM 法はプリプレグ積層法に比べ製造コストを抑えられ，特に小物大量生産に対して有利である。RTM 成形には，樹脂を炭素繊維の中に直接含浸させるために，含浸時の粘度が 3 Pa·s 以下であることが求められる。高耐熱樹脂を RTM 成形に適用するには，そのほとんどが室温で粉末のため，高温で溶融した状態で樹脂を注入する必要がある。温度を上げていくと溶融粘度は低下するが，末端の硬化反応が起こると粘度

第9章　ポリイミド／炭素繊維複合材料の作製と強度評価

表6　PETI-330 CFRP の特性（RTM 成形品）

試験温度	ショートビームシェア強度 （ASTM D2344） （MPa）	有孔圧縮強度 （MPa）
23℃	61.1	298
316℃	39.7	234

は上昇するため，硬化反応が起こる手前の温度（すなわち注入温度）での溶融粘度の低さおよびその安定性が重要となる。

4.2　PETI-330

宇部興産は NASA とライセンス契約を締結し，PETI-330[20]を上市している。PETI-330 は原料として非対称構造の 2,3,3',4'-ビフェニルテトラカルボン酸二無水物（a-BPDA），芳香族ジアミンおよび末端剤 PEPA からなり，低溶融粘度とするためにプリプレグ用途よりも分子量の小さいイミドオリゴマーである。280℃で 100 分以上加熱しても 1 Pa·s 以下の低粘度を維持し，この温度付近で RTM 成形が可能である。DSC 測定での樹脂単体の T_g は 330℃，引張試験における破断伸びは約 8％であり，架橋密度が高くなる低分子量オリゴマーとしては靭性が高い。RTM 成形した CFRP の特性を表6に示す。316℃での有孔圧縮強度は室温強度の約 79％と，優れた高温特性を有している。

5　熱可塑性ポリイミド樹脂

熱可塑性樹脂は成形前に高分子量化しており溶融粘度が高いため，繊維体積率の高い連続繊維 CFRP の成形は熱硬化性樹脂に比べると難しいが，PPS や PEEK，PEKK などをマトリックスとした熱可塑性炭素繊維複合材料（CFRTP）も出始めている。耐熱性の高い全芳香族ポリイミドで熱可塑性を持たせることは容易ではないが，三井化学は射出成形を可能とする熱可塑性ポリイミド「オーラム®」を上市している[21,22]。オーラム®の化学構造を図8に示す。ベンゼン環を4つ持つ長いジアミンを用いることで分子中のイミド基の濃度を低くし，2つの柔軟なエーテル基と屈曲性のメタ結合により分子運動の自由度を高めている。オーラム®は T_g = 250℃であり，420～430℃で溶融成形が可能である。近年の熱可塑性プリプレグとその成形方法の進歩により，オーラム®をマトリックスとしたプリプレグおよび CFRP が開発されている。表7にオーラム® CFRP の物性を示す。この表にはないが，化学構造から長期熱安定性や耐衝撃性にも優れると推測される。

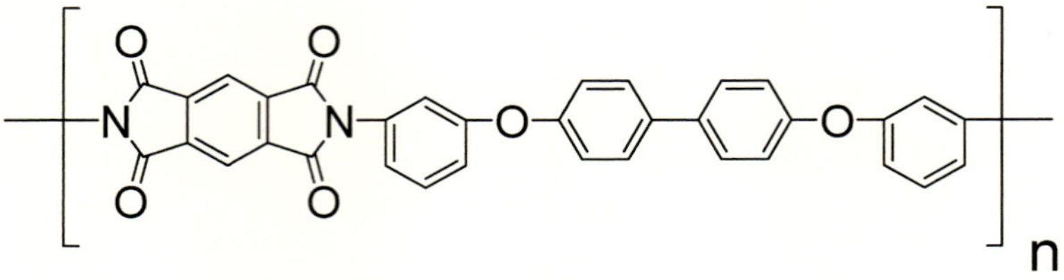

図8 オーラム® の化学構造

表7 オーラム® CFRP の特性

積層構成	引張強度 (MPa)	引張伸び (%)	曲げ強度 (MPa)	曲げ弾性率 (GPa)
UD	1724	1.2	1662	121.7
疑似等方	838	1.7	800	41.3

6 まとめ

末端剤 PEPA による靱性の向上，および非対称構造の導入による耐熱性と成形性の両立により，熱硬化性ポリイミド樹脂単体での特性は大幅に進歩した。その一方で，複合材料としてはいまだに本格的な実用化には至っていない。プリプレグ法ではオートクレーブ成形中に揮発分を完全に除去することが難しく，特に厚肉成形の際に大きな課題として残っている。DVD 法は揮発分除去には効果的であるが，二段階成形のためにコスト高である。また，RTM 成形では，大型部材を成形するにはさらなる低粘度化が求められ，また末端基の割合が多いため長期熱熱安定性の面で不利である。熱可塑性ポリイミド複合材においてもプリプレグ製作時の温度，含浸性には課題があるものと思われる。樹脂開発のみならず，成形メーカー，ユーザー間のさらなる連携強化が望まれていたところ，内閣府主導による 2014 年から 5 年間のプロジェクト「戦略的イノベーション創造プログラム（SIP） 革新的構造材料」[23]の中で熱可塑性ポリイミド複合材料，および耐熱ポリイミド複合材料の研究開発が開始され，その展開が注目される。

文　献

1) 福田博，塩田一路，横田力男，複合材料基礎工学，日刊工業新聞社（1994）
2) P. M. Hergenrother, *High Perform. Polym.*, **15** (1), p.3 (2002)
3) 石田雄一，横田力男，日本ポリイミド・芳香族系高分子研究会編，新訂　最新ポリイミド—基礎と応用—, p.222, エヌ・ティー・エス (2010)
4) R. Yokota, S. Yamamoto, S. Yano, T. Sawaguchi, M. Hasegawa, H. Ozawa, R. Sato, *High*

Perform. Polym., **13**, p.S61 (2001)
5) R. Yokota, M. Hasegawa, H. Yamaguchi, U. S. Patent, US 6281323 B1 (2001)
6) J. W. Connell, J. G. Smith Jr., P. M. Hergenrother, *J. Macromol. Sci., Part C: Polymer Reviews*, **40** (2, 3), p.207 (2000)
7) M. Ding, X. Fang, A. Yang, L. Gao, *Proceedings of the 3rd China-Japan Seminor on Advanced Aromatic Polymers*, p.8 (2000)
8) K. J. Bowles, D. Jayne, T. A. Leonhardt, *SAMPE Quarterly*, **24** (2), p.2 (1993)
9) A. K. StClair, T. StClair, *Polym. Eng. Sci.*, **22**, p.9 (1982)
10) T. Takeichi, H. Date, Y. Takayama, *J. Polym. Sci., Part A: Polym. Chem.*, **28**, p.3377 (1998)
11) T. Takekoshi, J. M. Terry, *Polymer*, **35**, p.4874 (1994)
12) T. T. Selafini, "Polyimides : Synthesis, Characterization and Applications", **2**, K. L. Mittal, eds., New York；Plenum, p.157 (1984)
13) J. G. Smith Jr., P. M. Hergenrother, *Polymer*, **35**, p.4857 (1994)
14) T. H. Hou, B. J. Jensen, P. M. Hergenrother, *J. Comp. Mater.*, **30** (1), p.109 (1996)
15) 石田雄一，ポリイミド最近の進歩2007，柿本雅明，早川晃鏡，安藤慎治編，p.9，繊維工業技術振興会 (2007)
16) 石田雄一，小笠原俊夫，横田力男，第55回高分子学会年次大会予稿集，**55**，p.289 (2006)
17) T. Ogasawara, T. Ishikawa, R. Yokota, H. Ozawa, R. Sato, Y. Shigenari, K. Miyagawa, *Adv. Composites. Mater.*, **11** (3), p.277 (2003)
18) M. Miyauchi, Y. Ishida, T. Ogasawara, R. Yokota, *Polymer J.*, **44**, p.959 (2012)
19) 石田雄一，工業材料，**62** (7)，p.35 (2014)
20) 宇部興産ホームページ，カタログおよびデータシートより
21) 玉井正司，日本ポリイミド・芳香族系高分子研究会編，最新ポリイミド―基礎と応用―，p.241，エヌ・ティー・エス (2002)
22) 佐藤友章，プラスチックス2014年12月号，p.77 (2014)
23) 戦略的イノベーション創造プログラム (SIP) ホームページ，http://www.jst.go.jp/sip/k03.html

【第3編　ポリイミドの応用展開】

第1章　耐熱・低線膨張ポリイミドフィルムと その応用

前田郷司*

1　はじめに

　一般に，高分子材料の線膨張係数は金属やセラミック材料などの無機物に比較して大きく，高い寸法精度を求められる場合などに問題になることが多い。電子回路の一般的な導体として用いられる銅のCTE：線膨張係数は17 ppm/K程度，半導体である結晶シリコンは3 ppm/K程度と比較的小さいCTEを持つが，絶縁材料として用いられるエポキシ樹脂などの一般的な高分子材料のCTEは100～200 ppm/Kと，無機材料に比較して1～2桁程度も大きい。そのため，両者が共存する電子回路基板においては，絶縁性高分子材料とガラスクロスやフィラーなどの無機物との複合化によりCTE差を縮めて，概ね銅と同程度のCTEに合わせ，同時に機械的強度の改善を図るのが常套手段となっている。

　しかしながら電子機器の高密度化の進展は，銅のCTEを基準にしてきた電子回路基板と半導体シリコンチップとのCTE差が問題であることを顕在化させてきている。半導体素子のピン数は増加の一途をたどり，シリコンチップと電子回路基板間の接続端子の配置は，従来のペリフェラル配置からエリアアレイへと変化している。それに伴い，半導体チップ実装は，TABないしダイボンド接着剤などを用いたチップ固定とワイヤボンディングの組み合わせからなるフェイスアップ形態から，フリップチップボンディングへと移りつつある。半導体チップがフェイスアップ形態にて実装される場合には，ダイボンド接着剤層とボンディングワイヤが，両者のCTE差を吸収していた。しかしながら，フリップチップ接続においては，半導体チップ側のパッドと，プリント配線板側の電極が直接向き合った形で接続されるため，両者のCTE差に基づく歪みがチップと配線基板とをつなぐ電気的接続点に直接的に加わることになる。そのため，半導体チップと配線基板間のCTE差の解消が，電子機器の信頼性向上に直結する重要な課題と捉えられるようになってきている。

　一方，近年，液晶表示素子の一部を，自発光型表示素子であるOLED，反射型表示素子であるEPDが代替しつつある。これらの表示素子は，かならずしも基板材料に透明性を必要としない。同時に表示素子のさらなる軽量化とフレキシブル化へのニーズが高まっており，かかる状況変化は，これまで事実上ガラス基板に限られてきていた表示素子基板材料として耐熱性高分子材料を適用できる可能性をもたらしている。これら表示素子の駆動にも液晶表示素子と同様に

　＊　Satoshi Maeda　東洋紡㈱　総合研究所　コーポレート研究所　IT材料開発グループ　主幹

TFTが必要とされ，アモルファスシリコンないし多結晶シリコンを用いたTFTには，シリコンと同程度の低いCTEを有する基板材料が求められている。

2 ポリイミド

ポリイミドは有機物中，最高クラスの耐熱性と難燃性を有するスーパーエンジニアリングプラスチックとして知られており，実装分野を中心に広く用いられている。ポリイミドは一般に，テトラカルボン酸二無水物とジアミンの溶液重合により得られる前駆体（ポリアミド酸）の脱水閉環反応により得られ，テトラカルボン酸二無水物とジアミンを種々組み合わせることにより様々な特性のポリイミドを得ることができる。

市販されているポリイミドは図1に示すように，非熱可塑タイプと熱可塑タイプに大別される。一般に非熱可塑性ポリイミドは溶剤にも溶解せず，成形加工が極めて困難であるため，その前駆体であり有機溶剤に可溶なポリアミド酸の状態で流延製膜し，脱水閉環反応を経てポリイミドフィルムに加工される。市場にはポリイミドフィルムの形態はもちろんだが，一部は前駆体溶液の形態でコーティング剤（ワニス）として提供されている。

非熱可塑タイプは，柔軟タイプと剛直タイプに分類される。柔軟タイプは，PMDA（ピロメリット酸二無水物）とODA（オルソジアニリン）を主原料とするポリイミドフィルムで，主にFPC，COFなどに用いられている。剛直タイプとしてはBPDA（ビフェニルテトラカルボン酸二無水物）とPDA（パラフェニレンジアミン）から得られるポリイミドフィルムが知られており，主にTABテープなどに使用されている。

ポリイミドの中には溶剤溶解性を示すものも知られており，それらはポリイミド樹脂溶液の状態でコーティング剤（ワニス）として提供されている。また熱可塑性を示すポリイミドについては，溶融押出加工で得られるシート剤として提供されるものもある。

東洋紡が開発したポリイミドフィルム XENOMAX®（ゼノマックス）（図2）は，従来より知られているポリイミドとは異なる化学構造を有する非熱可塑タイプ，溶剤不溶型の新規なポリイミドのフィルムである。ポリマー主鎖中にポリベンザゾール構造を導入することにより，ポリ

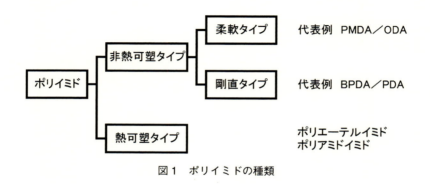

図1 ポリイミドの種類

第1章 耐熱・低線膨張ポリイミドフィルムとその応用

イミドフィルムの特徴である耐熱性，難燃性を損なわず，従来のポリイミドフィルムでは得られなかったシリコンと同等の低いCTEを広い温度範囲で実現している。

一般に高分子材料は温度上昇に伴い体積が増加する。この現象は高分子を構成する原子の熱振動が温度上昇と共に大きくなることに起因している。一方で，高度に長さ方向に配向が進んだ高強度繊維，たとえば高分子量ポリエチレン繊維，芳香族ポリアミド繊維，ポリベンゾオキサゾール繊維などは長さ方向に負のCTEを示すことが知られている。この現象はペンダントモデルで説明されており，線状高分子材料のCTEは，分子鎖方向において負であることが理解できる（図3）。

以上より，高分子の配向方向を平面的に揃えることにより，高分子フィルムの面方向のCTEを制御することが可能となる（図4）。XENOMAX®はポリベンザゾール骨格に基づく剛直な分

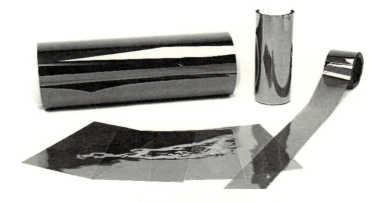

図2　XENOMAX®（ゼノマックス）

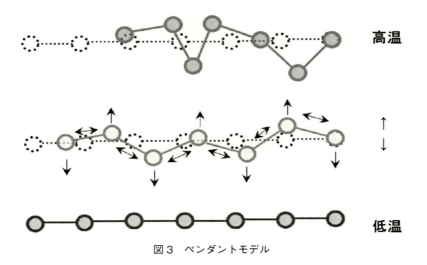

図3　ペンダントモデル

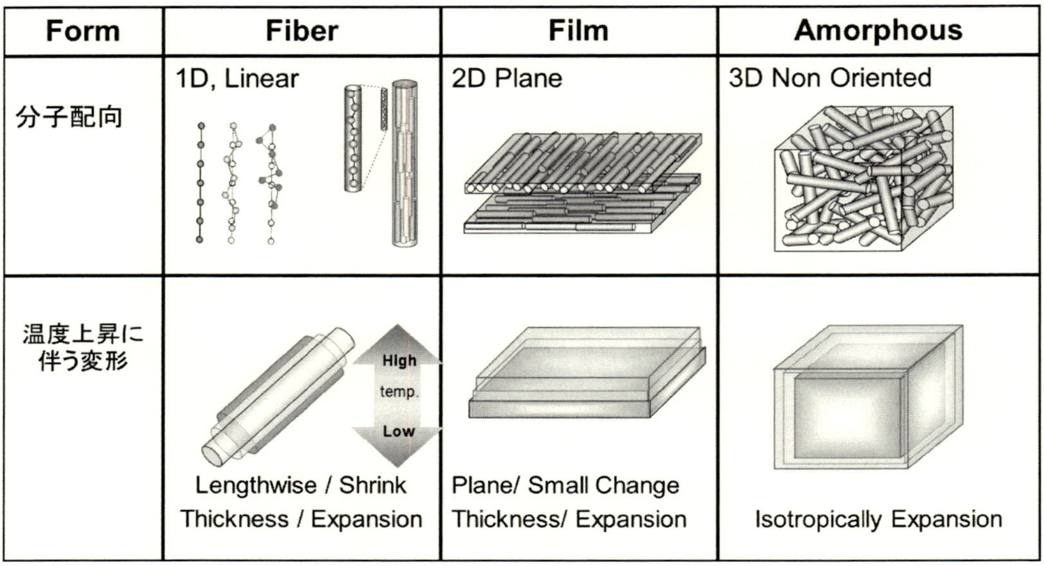

ポリイミドの機能向上技術と応用展開

Form	Fiber	Film	Amorphous
分子配向	1D, Linear	2D Plane	3D Non Oriented
温度上昇に伴う変形	Lengthwise / Shrink Thickness / Expansion	Plane/ Small Change Thickness/ Expansion	Isotropically Expansion

図4 高分子の配向と CTE

子鎖を有しており，フィルム製膜過程で分子鎖の面方向への配向を促進することで，低い CTE を有するフィルムを実現することができる。

以下，ポリイミドA（PMDA/ODA系：柔軟タイプ），ポリイミドB（BPDA/PDA：剛直タイプ）との比較により XENOMAX® の特徴について紹介していく。

3 XENOMAX® の特性

3.1 CTE：線膨張係数

図5に XENOMAX® とポリイミドA，ポリイミドBの面方向 CTE 温度依存性を示す。ポリイミドA，ポリイミドBは室温〜200℃程度までは銅箔とほぼ等しい線膨張係数を示しているが，それ以上の温度では銅箔 CTE からの乖離が大きくなり，さらに300℃を越えた付近に変曲点が観察され，高温度域での CTE は安定していない。一方，XENOMAX® は，室温から400℃を越える広い温度範囲で，低く，安定した CTE を示している。

図6に XENOMAX® とポリイミドA，ポリイミドBのフィルム厚さ方向 CTE 温度依存性を示す。いずれも面方向 CTE と比較して大きな値となっている。室温から300℃程度までは，何れのフィルムもほぼ同じような挙動であるが，300℃超の領域ではポリイミドA，B共に急激にCTEが大きくなる。一方，XENOMAX® は300℃超の領域でも300℃未満の温度特性の延長線上に位置し，変曲点は見られない。

先に述べたとおり，高分子材料に限らず，一般の固体材料は温度が上がると体積が増すが，直

第1章　耐熱・低線膨張ポリイミドフィルムとその応用

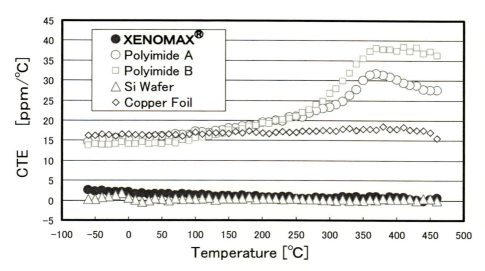

図5　ポリイミドフィルムのCTE：線膨張係数（フィルム面方向）

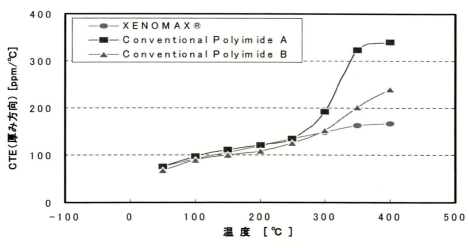

図6　ポリイミドフィルムのCTE：線膨張係数（厚さ方向）

鎖状高分子の分子軸方向は，温度が上がると縮むことが知られている。フィルム材料が持つ異方性は，フィルム面方向に分子軸方向が適度に配向していることにより発現する。

3.2　粘弾性特性

図7に粘弾性特性を示す。ポリイミドA，B共に，300℃を越えた付近から急激にE'が低下する。400～500℃の範囲の弾性率は室温での弾性率の1/10以下に低下している。特にポリイミドAにおいては330℃前後にE"の極大値が観察されており，この付近に構造転移点が存在することが示唆される。この温度はCTE温度特性に見られる変曲点とほぼ一致している。

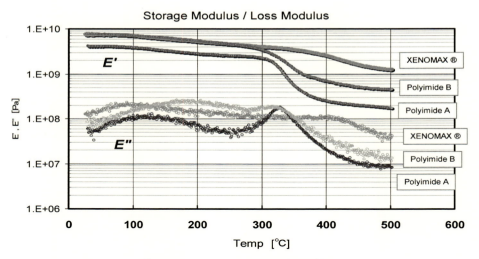

図7　ポリイミドフィルムの粘弾性特性

XENOMAX®においても400℃付近に変曲点が見られるが，弾性率の低下度合いは小さく，500℃に至っても1GPa以上と，十分に高い弾性率を維持している。

3.3　機械特性，熱収縮率，電気特性

表1に各ポリイミドの機械特性，熱収縮率，電気特性を示す。電気特性に関しては，絶縁性，誘電特性，共に絶縁フィルムとして十分な特性を備えている。

強伸度，引っ張り弾性率において，XENOMAX®は，剛直タイプのポリイミドBフィルムに比較的近い特性であり，一般のエンジニアリングプラスチックフィルムと同様に扱うことが可能である。さらにXENOMAX®は，前項に示したように300℃以上の高温域においても高弾性率を維持するため，搬送時のテンションによる変形についても最低限に抑えることができる。

熱収縮率については，通常のポリイミドフィルムの場合では，200℃×10分程度の熱履歴後の値が示されていることが多い。このような条件下では，いずれのポリイミドフィルムも熱収縮率が0.01～0.05％程度と非常に小さな値を示している。一方，400℃×2時間という高温長時間の条件においては，従来のポリイミドが1％近い収縮率を示すのに対して，XENOMAX®は0.1％以下と小さな値に留まっており，高い寸法安定性を示すことが解る。本特性に関しても，他のポリイミドにある330℃付近の構造転移点が，XENOMAX®では見られないことによると考えることができる。

図8に各種ポリイミドフィルムを5cm四方の正方形とし，所定の温度に調整したホットプレート上に5分間保持し，それらの変形度合いを比較した写真を示す。ポリイミドA，ポリイミドBを含む従来のポリイミドフィルムは温度の上昇と共に大きくカールしていることが解る。カールはフィルムの表裏で熱収縮度合いが異なることにより生じ，熱収縮率の絶対値が大きくな

第1章 耐熱・低線膨張ポリイミドフィルムとその応用

表1 各ポリイミドフィルムの特性

特性項目		ポリイミドフィルム			備考
		XENOMAX®	Polyimide A (PMDA/ODA系)	Polyimide B (BPDA/PDA)	
引張弾性率	GPa	8	5.2	8.9	
引張強度	MPa	440〜530	360	540	
破断伸度	%	30〜45	60〜70	50	
引裂強度	N/mm	2.4	3.4	2.7	
熱収縮率 MD/TD	%	0.01/0.01	0.01/−0.02	0.03/0.05	200℃, 10 min.
	%	0.09/0.03	0.74/0.74	0.60/0.65	400℃, 2 Hr
線膨張係数	ppm/℃	2.5	18	16	室温から200℃の平均値
吸湿膨張係数 MD/TD	ppm/RH%	10.2/10.2	12.2/14.0	10.0/10.4	15%RH→75%RH
表面抵抗率	Ω	$>10^{17}$	$>10^{17}$	$>10^{17}$	DC 500 V
体積抵抗率	Ω·cm	1.5×10^{16}	1.5×10^{16}	1.5×10^{16}	DC 500 V
比誘電率	−	3.8	3.8	3.5	12 GHz
誘電正接	−	0.014	0.007	0.011	
絶縁破壊電圧	KV/mm	350	450	390	

MD：フィルム長さ方向，TD：フィルム幅方向

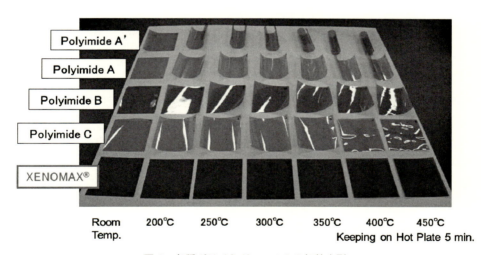

図8 各種ポリイミドフィルムの加熱変形

るほど顕著になる。また一部のポリイミドでは高温にて波状変形が生じており，高温において軟化していることが示唆される。

3.4 耐薬品性

有機溶剤，酸，アルカリに浸漬した際の外観変化を表2に示す。いずれのポリイミドフィルムも有機溶剤と酸に対しては十分な耐性を示している。

ポリイミドの機能向上技術と応用展開

表2 ポリイミドフィルムの耐薬品性*

耐薬品性	XENOMAX®	Polyimide A (PMDA/ODA系)	Polyimide B (BPDA/PDA)
トルエン	変化無し	変化無し	変化無し
n-ヘキサン	変化無し	変化無し	変化無し
メタノール	変化無し	変化無し	変化無し
ジメチルホルムアミド	変化無し	変化無し	変化無し
10 wt%-硫酸	変化無し	変化無し	変化無し
10 wt%-水酸化ナトリウム	変化無し	溶解	変化無し

* 室温×24 hr 浸漬後の外観変化

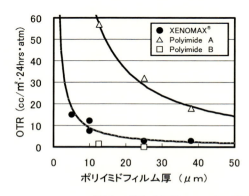 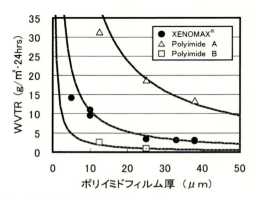

図9 ポリイミドフィルムの酸素透過度(OTR)と水蒸気透過度(WVTR)

ポリイミドAがアルカリに溶解することはよく知られており,アルカリ薬液によるエッチング加工も実用化されている。ポリイミドB,XENOMAX®については外観上の変化は見られないが,いずれもフィルム最表面部分では加水分解が生じており,アルカリ薬液を用いた処理には十分な注意が必要である。

3.5 ガス透過性

各ポリイミドフィルムのガス透過度の膜厚依存性を図9に示す。XENOMAX®はポリイミドフィルムA,Bの中間的な特性を示している。一般にフィルムのガス透過度は,拡散に関するFickの法則にしたがいフィルム厚に反比例する。酸素透過度(OTR),水蒸気透過度(WVTR)共にフィルム厚に反比例しており,これからXENOMAX®気体透過係数を求めると,酸素透過係数は4 cc・20 μm/(m2・24 hr・atm),水蒸気透過係数は5 g・20 μm/(m2・24 hr・atm)となる。

3.6 難燃性

表3にXENOMAX®のUL取得一覧(ULファイル No.QMFZ2.E247930)を示す。10~50 μm

第 1 章　耐熱・低線膨張ポリイミドフィルムとその応用

表 3　XENOMAX® の UL 登録状況（File No.E247930）

Thickness [mm]	Flame Class	HWI	HAI	RTI Elec	RTI Str
0.005	VTM-0	0	4	220	220
0.100	VTM-0	0	3	240	240
0.025	V-0	0	3	240	240
0.050	V-0	0	2	260	240

HWI：ホットワイヤー発火性，HAI：高電流アーク発火性，RTI：相対温度指数，D495：耐アーク性，CTI：耐トラッキング指数

の範囲にて UL94V-0 を取得している。温度指数についても 240～260℃ と有機物フィルムとしての最高のランクを達成している。

4　XENOMAX® の応用技術

4.1　半導体パッケージ用サブストレート

4.1.1　ビルドアップ層

　XENOMAX® をビルドアップ構造サブストレートのビルドアップ層に用いることにより，サブストレートの CTE を押さえ込むことができる。微細配線層が形成されるビルドアップ層においては，信号線路の特性インピーダンスを均一化するために絶縁層厚の制御が求められてきており，その観点からもプリプレグに代えてポリイミドフィルムを用いることが好ましいといえる。XENOMAX® の積層には接着手段が必要となる。一般にポリイミドフィルムは化学的反応性が乏しいため接着性が悪く，表面処理がほぼ必須とされており，XENOMAX® も例外ではない。表面処理としては一般ポリイミドフィルムと同様に真空プラズマ処理，大気圧プラズマ処理が適用でき，各種接着剤に合わせて使い分けされている。

4.1.2　コア層

　複数枚の XENOMAX® を積層することにより低 CTE の板状体を得ることができる。図 10 に本積層板をルーター加工した事例を示す。一般的なエンジニアリングプラスチックと同様の機械加工が可能であることが解る。図 11 には，本積層板にレーザーを用いて貫通孔を形成した事例の断面写真を示す。高アスペクトの貫通孔が狭ピッチで形成されている様子が解る。これらのように本積層板は，Si ウエハや窒化珪素セラミックスに相当する低 CTE を示し，さらにウエハやセラミックスでは得られない軽量・易加工性という特性を有するエンジニア・プラスチック部材として使用できる。

　本積層板をビルドアップ構造サブストレートのコア層に用いることにより，半導体チップに近い低 CTE を示すサブストレートの実現が期待できる。本積層板の厚さ方向 CTE は銅に対して大きいが，実際にセミアディティブ法を用いてスルーホール接続を形成しヒートサイクル試験を

 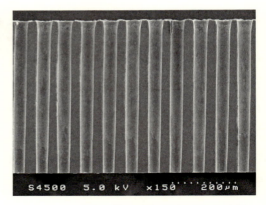

図10　XENOMAX® 積層板のルーター加工事例　　図11　XENOMAX® 積層板の孔明け加工事例

行った結果から十分な信頼性が得られることが示唆されている。ただし，故障モードは一般的なガラスエポキシ基材で報告されている結果と異なっており，XENOMAX® 積層板の特性に応じた設計が求められる。

　先に述べたとおり，フリップチップ接続では半導体チップ側の電極と，プリント配線板側の電極とが直接向き合った形で接続されるため，両者のCTE差に基づく歪みがチップと配線基板とをつなぐ電気的接続点に直接的に加わることになる。したがってチップを搭載するためのインターポーザないしパッケージ用サブストレートのCTEはチップに合わせるべきである。XENOMAX® を用いた低CTEのサブストレートが実現できれば，従来セラミック基板が用いられてきたハイエンドの半導体パッケージ分野においても有機基板の採用がさらに進むものと期待される。

4.2　三次元実装パッケージ

　メモリー，システム in パッケージなど，複数の半導体チップが同一基板上に搭載されるパッケージにおいて，これまで平面的に配置されてきたチップを三次元的に積み上げる実装形態が増えてきている。三次元実装におけるチップ間の再配線にはシリコンインターポーザなどの適用が提案されている。また三次元実装においては，半導体チップ自体の薄葉化が進められており，インターポーザや実装基板には配線機能に加え，薄くて脆い半導体チップのサポートという機能も期待されてきている。シリコンと同等の線膨張係数を示し，なおかつ靭性のあるXENOMAX® は，三次元実装パッケージにおける再配線基板として有用であると期待している。

4.3　無機薄膜形成用フレキシブル基板
4.3.1　誘電体薄膜，厚膜

　部品内蔵基板のキャパシタ層には強誘電体フィラーを配合した熱硬化性樹脂が用いられることが多いが，フィラー配合量に限界があり，小面積大容量のキャパシタ形成には限界がある。強誘

第1章　耐熱・低線膨張ポリイミドフィルムとその応用

電体自体の薄膜ないし厚膜を用いることができれば，より大容量のキャパシタ形成が可能であるが，強誘電体結晶の成長には少なくとも400～600℃の高温が必要とされ，セラミック基板を除いては実用化されていない。XENOMAX®は，有機フィルム上での強誘電体薄膜ないし厚膜の形成を試みるに十分な耐熱性を有していると考えている。

4.3.2　半導体薄膜

大面積の平面型ディスプレイ素子や太陽電池におけるポリシリコン，化合物半導体などの薄膜形成に関しても，400～500℃程度以上の高温が必要とされる場合が多い。このような高温度領域では，高分子フィルムはもちろんのこと，従来のポリイミドフィルムにおいても，そり，熱収縮などが大きくなり使用することができない。やむなくガラス板やステンレス鋼などの金属箔が基板として使用されているが，いずれもフレキシブル性，軽量化などの点で満足できるものではない。

近年，液晶表示素子に代わる新しいディスプレイデバイスとしてEL表示素子などの自発光デバイス，電気泳動表示素子などの反射型表示デバイスが注目されている。これらの表示方式は，液晶表示方式とは異なりTFT基板に透明性が不要である。これらの用途においてXENOMAX®はTFT基板として適用できる十分なポテンシャルを有していると考えている。

5　まとめ

以上，新規な構造を有するポリイミドフィルム：XENOMAX®について紹介してきた。XENOMAX®は，ポリイミドフィルムの特長である優れた機械特性，電気特性，難燃性を有し，さらに広い温度範囲において半導体チップと同等の低CTEと高弾性率を維持する新規な耐熱性高分子フィルムである。XENOMAX®は高密度実装を実現する次世代回路基板材料，薄型・大面積の光電変換素子，平面型ディスプレイ素子用基板など，従来のポリイミドフィルムでは実現できなかった用途における耐熱性のフレキシブル基板材料として有望である。

171

第2章　感光性ポリイミドの展開と将来動向

富川真佐夫*

1　はじめに

　ポリイミドは，Bergrtらによる一連のアミノフタール酸の反応検討で，縮合物の合成が報告されたのが最初であると思われる[1]。しかし，これは不溶・不融の固体で実用性はなかった。その後Edwardらにより，ピロメリット酸と脂肪族ジアミンを用いた縮合体が発明された[2] さらに，Sroogらが2ステップ法という合成法を発明しポリマー状態で不溶・不融の芳香族からなるポリイミドをその前駆体の状態で加工し，加工したものを熱硬化することで，材料固有の優れた耐熱性，電気絶縁性，機械特性を色々な形で発現できるようになった[3]。これによりポリイミド前駆体溶液を耐熱エナメル線の絶縁塗料として使われるようになり，各社から絶縁ワニスが上市され，その後多様な展開をしていった。

2　電子材料への展開

　ポリイミドは，熱分解温度が400℃を超える，弾性率が無機材料より小さく加熱・冷却で発生する熱応力が小さくなることに加え，酸無水物とジアミンをN-メチルピロリドンのような極性溶媒中に混合することと反応が進みポリイミド前駆体が得られるために，出発物の原料と溶媒の純度が高いと，純度の高いポリマーを容易に得られる。これらのことから，日立製作所の佐藤らはポリイミドを半導体の層間絶縁膜に使うことを検討し，汎用的に使われる酸化ケイ素膜より高い信頼性を示すことを示した[4]。この結果をもとに，ポリイミドがアナログICの層間絶縁膜に使われるようになった。この用途に用いるため，ポリイミドは250℃から350℃程度の温度でキュアを行い，これをヒドラジン系のエッチング液でエッチングすることで，比較的微細なパターンを形成することができた[5]。しかし，ヒドラジンの有する毒性のため，この方式が廃止され，120～140℃でポリアミド酸溶液をベークし，より弱いアルカリであるポジ型フォトレジストの現像液であるテトラメチルアンモニウム水溶液（TMAH）で，フォトレジストの現像と同時にエッチングする手法が使われるようになった[6]。
　またIntelのMayらはDRAMの記憶素子が，当時のDRAMで使用していたセラミックパッケージの不純物として含まれていた放射性原子から出てくるα線で誤動作し，この対策として高純度の樹脂を半導体チップ上に塗布することが効果的であるということを示した[7]。これより，

---

　　*　Masao Tomikawa　東レ㈱　リサーチフェロー　電子情報材料研究所　研究主幹

第2章　感光性ポリイミドの展開と将来動向

ポリイミドをα線遮蔽膜として厚く塗布することが進められた。

半導体素子用でのポリイミドコーティング剤の最大の用途はバッファーコートである。バッファーコートは、半導体素子を基板に実装するときに、モールド樹脂と半導体チップの熱膨張率の差により生じる熱応力により半導体素子内のパッシベーション膜が割れる、配線のずれが起こる、モールド樹脂が割れるなどの問題が起こった。これに対して柔軟で、耐熱性があり、モールド樹脂と接着に優れる樹脂を塗布することが有効であると報告された[8]。

バッファーコートの採用では、まずは感光性のないポリイミドコーティング剤を塗布して、フォトレジストをマスクにウェットエッチングする手法がとられたが、加工寸法の高精度化、加工工程の短縮ということから感光性ポリイミドを適用するという動きがあり、半導体メーカー各社で評価が進められた。

感光性ポリイミドはポリイミドやその前駆体に感光性を有する基を導入したり、感光する成分を加えることで作ることができる。最初に報告されたのは Kerwin らが報告した重クロム酸化合物をポリアミド酸に加えたものである[9]。重クロム酸化合物を感光成分に用いるものとしては、カゼインやポリビニルアルコールに混合し、これをブラウン管マスクやリードフレームのエッチング用レジストとして用いられていた[10]。しかし、この手法では毒性の高いクロム化合物を用いること、溶液の保存安定性が悪いことがあり、使われることはなかった。

これに対して、Siemens の Rubuner らは、ポリイミドの原料である酸無水物に感光性のあるアルコールを反応させジカルボン酸ジエステルを作り、次に残ったカルボン酸とジアミンを縮合させて感光性のポリイミド前駆体を得た[11]。この手法はジカルボン酸とジアミンの反応に酸クロリド化するなどの必要があり、合成工程が煩雑になること、不純物の除去が必要であること、熱硬化時に感光成分が除きにくいなどの欠点があるが、ポリイミドメーカーに技術移転され、精力的な研究の結果、極めて容易にパターンを得ることができるようになり、半導体のバッファーコートに幅広く展開されるようになった[12]。

エステル型に対抗する技術として、東レの Hiramoto らはポリアミド酸に感光性のある3級アミンを加えることで感光成分をポリアミド酸のカルボキシル基にイオン的に導入する手法を開発した[13]。この手法は極めて容易に感光性ポリイミドが得られること、熱硬化時に感光成分が容易に揮発するだけでなく、イミド化の触媒となり、より低温で硬化が完了するなどの特徴があり、最初にスーパーコンピューターの実装基板の層間絶縁膜として実用化された感光性ポリイミドとなった[14]。また、この感光機構については、光反応性のアクリル基の反応が見られないことから不明であったが、ポリアミド酸が紫外線で光電荷分離を起こし、反応が進むことがわかった[15]。

他にネガ型としては、Pfifer らが開発したオルト位にアルキル基を有したベンゾフェノンテトラカルボン酸を用いた可溶性ポリイミドがある[16]。このポリイミドの感光機構は、Horie らにより検討され、紫外線でベンゾフェノンが励起され、アルキル基から水素引き抜きを起こして、架橋不溶化する機構が示された[17]。

さらに Omote らは、ポリアミド酸にニフェジピン化合物を加えることで、ニフェジピンの光

反応でアミンが生成し，その後，ベークすることでイミド化が進み，ネガ型の画像を得るというものである[18]。

フォトレジストは，最初は紫外線が照射された部分が不溶化するネガ型と露光部が可溶化するポジ型がある。最初にネガ型が実用化され，その後，ポジ型が出てきた。一般にネガ型はアクリル基などの紫外線反応基が紫外線で光重合を起こし，架橋構造を作ることで現像液に不溶化する。架橋するため，現像液に膨潤し微細なパターンを形成することが難しい。一方，ポジ型はアルカリ水溶液に可溶なフェノール性水酸基を有したノボラック樹脂にジアゾナフトキノン化合物を加え，未露光部はジアゾナフトキノン化合物がアルカリに不溶であることから溶解せず，露光部はジアゾナフトキノン化合物がインデンカルボン酸になることでアルカリ水溶液に可溶になり，画像を得ることができる[19]。このポジ型の技術をポリイミドに展開することについても早くから検討され，まず GAF 社の Loprest らがポリアミド酸とジアゾナフトキノン化合物によるポジ型感光性ポリイミド前駆体を発明した[20]。しかし，このままではポリアミド酸のアルカリ水溶液に対する溶解性が大きすぎるために良好な画像を得ることができず，このまま実用化されることはなかった。この技術の流れは，その後，フェノール性水酸基を有するポリイミド，ポリアミド酸エステルにジアゾナフトキノン化合物を添加するものが発表された[21~23]。また，別に Tomikawa らはポリアミド酸をジメチルホルムアミドジアルキルアセタールで試薬添加量に応じてエステル化率を変えられ，アルカリ水溶液に対する溶解性を制御できることを見出し，これを用いたポジ型感光性ポリイミドを得た[24]。

新たに Siemens の Rubner らは，ポリイミドと同程度の耐熱性を有する複素環ポリマーとして，ポリベンゾオキサゾールを使ったポジ型耐熱材料を発明した[25]。これは，ポリベンゾオキサゾールの前駆体がポリヒドロキシアミドとなり，フェノール性水酸基を有したポリアミドになっており，適度なアルカリ可溶性がある。これにジアゾナフトキノンジアジド化合物を加えることで，画像形成できるポジ型耐熱材料が得られる。この技術は住友ベークライトなど各社に展開され，幅広く使われている[26]。

また，別の観点からポジ型感光性ポリイミドの開発も検討され，三菱電機の Kubota らは，ポリアミド酸の o-ニトロベンジルエステルを用いたものを発表した[27]。これは o-ニトロベンジル基が紫外線で脱離するため，露光した部分はポリアミド酸になりアルカリ可溶性になる。さらにネガ型で説明した千葉大学の表らが開発したポリアミド酸にニフェジピン化合物を添加するものは，露光後のベーク条件により水素結合性が変化し，ポジ型の画像を得ることもできる[28]。

他に東レの田村らは，イオン結合型感光性ポリイミドを露光後に 130~150℃でベークするとポジ型の画像を得られることを見出した[29]。この機構については，露光部と未露光部でガラス転移温度が異なり，露光部のガラス転移点（Tg）が少し高くなる。この Tg の違いを利用し，Tg 付近でベークを行うと，Tg の高い露光部のイミド化は進まず，Tg の低い未露光部のイミド化が進むことで Tg の高い露光部がアルカリ現像液に可溶化することでポジの画像を得るというものであることがわかった[30]。

第2章　感光性ポリイミドの展開と将来動向

　現在のフォトレジストは化学増幅といわれる，紫外線で酸を発生し，この酸でアルカリ可溶基を保護している置換基を脱離するものが主流になっている。この技術についてもポリイミドへの展開が検討され，t-BOC（ターシャルブトキシカルボニル）基などの酸で脱離可能な保護基でフェノール性水酸基を有した溶媒可溶性のポリイミドの水酸基を保護したものに光酸発生剤を添加したもの[31,32]，ポリアミド酸オリゴマーとメチロール化合物をプリベーク時に架橋させ，それを光酸発生剤で開裂させポジ画像を得るもの[33]などが発表されている。

　さらに，より大きな露光部と未露光部の溶解コントラストを付け，ポリイミドやPBOの前駆体をそのまま使えるものとして，Uedaらは未保護のポリマー，フルオレン構造を有した溶解抑止剤，光酸発生剤による3元系を提案している[34]。この手法によると，ポリマー自体を保護する必要はなく，酸で脱離する保護基を付けた溶解阻害剤を加えることで，露光部と未露光部の溶解速度比が2,000を超えるようなものも得ることができている。

　また，Oyamaらはポリイミドとして汎用なポリエールイミド（Ultem）を用いて，ジアゾナフトキノン化合物を使い，現像液としてNMPなどの極性溶媒とモノエタノールアミンなどの求核性の塩基を加えたものでポジ型の画像を得た[35]。さらにこの手法ではポリカーボネートなどのエンジニアリングプラスチックも使用可能であることを示した[36]。この画像形成機構として，現像中に露光部はジアゾナフトキノン化合物からできた酸と現像液のアルカリにより構成された塩が親水性の現像液の露光部への浸透を早め，露光部での現像液由来の求核反応が進み，主鎖の切断が起こる。一方，未露光部は現像液の塩形成がなく，主鎖の反応は遅いために未露光部が残るという画像形成であると報告されている[35]。また，この技術はネガ型の画像も得ることも可能であり，ポリマーにフェニルマレイミドとジアゾナフトキノンジアジド化合物を加え，TMAH水溶液にアルコールを加えた現像液で現像することで得られた[37]。さらに半導体加工で一般的に採用されているTMAH水溶液での現像も可能であると報告されている[38]。このような感光化技術は，今後，より物性の優れたポリマーを感光材料として適用可能であることを示しており，興味ある技術である。また，ポリイミドの異性体であるポリイソイミドとジアゾナフトキノン化合物を加えても，同様に露光部はアルカリ可溶となり，画像を得ることが報告されている[39]。

　半導体用の材料として，前記したように半導体チップ表面を保護するためのバッファーコートとして適用されたが，さらに半導体を小さく実装するために，ワイヤーボンド法という半導体チップ上の電極（パッド）から導線を用いてリードフレームに接合し基板に電気信号を伝える手法から，半導体チップに基板と接合するためのバンプといわれる突起電極を形成し，直接基板と接合するフリップチップスケールパッケージ（FC-CSP）という手法が出てきた[40]。この手法は小型化とともに高速の信号伝送が可能になるが，感光性ポリイミドなどでチップのパッドから再配線という手法でパッドをチップ全面に形成することが必要になる。この再配線の形成に感光性ポリイミドを適用することが進められ，各社で材料開発が進められた[41,42]。

　さらに，最近はファンアウト型ウェハーレベルパッケージ（FO-WLP）の数量が増えてきている。この技術はInfineonで開発されたもの[43]であり，前記で述べたFC-CSP技術がチップの

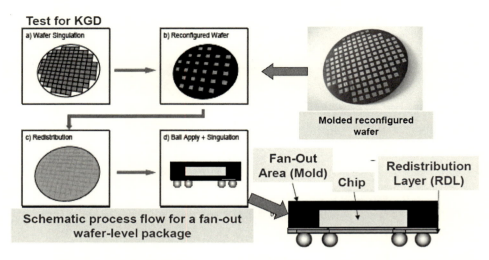

図1　FO-WLPの構成
ウェハー上で作ったチップを切断し，別のウェハーに載せ，外部への接続のための電極とその配線，パッケージを作る。

面積で再配線を作りバンプを形成していたのに対して，FO-WLPではより多数のバンプに対応するため，チップの外にも再配線層を形成する（図1）。そのため，チップをモールド樹脂に入れ，モールド樹脂の部分にも再配線を作る。よって再配線に使う材料はエポキシ樹脂とシリカフィラーより構成されるモールド樹脂の耐熱温度以下で形成する必要が出てくる。

その結果，再配線には200℃以下で焼成可能な材料が必要になってきている。さらにFO-WLPでは，チップ，モールド樹脂と直接感光性ポリイミド，PBOが接着するため，熱膨張率差による熱衝撃で感光性ポリイミドやPBO，半田バンプが破壊しないことが必要になり，この面で破断伸度などの機械特性が重要視され，これに向けた製品開発が行われている[44]。また，FO-WLPでは微細化も進んでおり，2μmのライン＆スペースで配線形成が進められている[45]。

低温硬化に向けて，各種の研究がされている。イミド閉環を低温で行うために熱塩基発生剤を加えるもの[46]，既に閉環したポリイミドを使うこと[47]などが行われている。また，ポリイミドの主鎖構造に着目し，ジアミン成分の酸性度を高くすること，低温でイミド化するという発表がされた[48]。

さらに，PBOについても低温環化に向けた検討がされており，PBOを構成する構造を柔軟にすると低温硬化が可能なこと[49]，熱でスルホン酸を発生する熱酸発生剤を加えることと低温で環化することなどが報告されている[50]。

このような技術を使うなどして低温硬化可能な感光性ポリイミド，PBOが開発されており，最近の特許をもとに一例を紹介していく。日立化成デュポンマイクロシステムズでは低温硬化のためにPBO前駆体の酸成分に柔軟なアルキル基を有したものを使う[51,52]。光酸発生剤としてジ

第2章 感光性ポリイミドの展開と将来動向

ヨードニウム塩，イミドスルホニウム塩を用い，酸の存在下にカルボキシル基を生成する化合物を加えたもの[53] 同様にアルキル基を有した酸を用いたPBO前駆体に光酸発生剤と酸で架橋する化合物よりなるネガ型の感光性ポリイミド[54]などがある。

住友ベークライトではジアミノフェノールのアミノ基の隣に置換基を有したPBO前駆体で低温硬化性とともに露光波長領域で透明性に優れる[55]，電子吸引基で挟まれた2級アミノ基を有する化合物を加えると低温環化性に加え，高感度化ができる感光性PBO前駆体[56]，ジエン構造を有したポリイミド前駆体，PBO前駆体を用いることで200℃でも十分な機械特性を示すもの[57]，ポリノルボルネンのような環状オレフィンを用いたもの[58]，PBO前駆体を構成するビス（アミノフェノール）の2つの芳香環を回転させた時の最安定構造の生成熱と最不安定構造の生成熱の差を規定したもの[59]，オキサゾール環化触媒として脂肪族スルホン酸を含むもの[60]などの出願がある。

旭化成からは特定のフェノール樹脂と光酸発生剤よりなるもの[61〜65]，フェノール樹脂にトリアゾール化合物を添加したもの[66]，フェノール樹脂にテトラゾール，プリン体を添加したもの[67]，アルカリに可溶化できるシリコーン樹脂を用いたもの[68]，特定構造のポリイミド前駆体に特定のモノカルボン酸化合物，光重合開始剤よりネガ型[69] ジアミン側鎖にアルキル変性したもの[70]，光塩基剤を添加したもの[71]，脂環式テトラカルボン酸と環状脂肪族ジアミン，鎖状脂肪族ジアミンを用いたポリイミドに3官能以上のアクリルモノマーを加えたもの[72]，ポリアミド酸，光塩基発生剤，重合開始剤，重合性化合物を含んだもの[73]などが出されている。

富士フイルムより，酸でエステル基が脱離するポリアミド酸エステルと光酸発生剤を組み合せ，低温での反りが小さくなるもの[74]，ポリアリーレンエーテルにベンゾオキサジンを加えたもの[75]，アルカリ可溶基を保護したポリイミド前駆体，PBO前駆体にスルホン酸を加えたもの[76]，ディスプレイ用にアクリル系ポリマー，重合性モノマー，3級アミノ基と芳香族含窒素複素環を有する化合物よりなるもの[77]などが出願されている。

東レではPBOと可溶性ポリイミドの共重合体[78]，アルカリ可溶性ポリイミドに2官能以上のエポキシ化合物を添加するもの[79]，アルカリ可溶性ポリイミド，S-S結合を有する化合物を含むもの[80]，アルカリ可溶性ポリイミド，PBOに熱架橋基を有するフェノール樹脂を添加したもの[81]，などの出願が行われている。感光性ポリイミドを得る手法はほぼ出尽くした感はあるが，上記したように近年，特に低温硬化性に重点をおいたかなりの数の特許が出されている。

また，海外での開発も進められており，エルジーケムから酸無水物に特徴のあるもの[82,83]，枝分かれしたポリマーを用いたもの[84]，イミダゾリル基を側鎖に有するもの[85,86]，チェイル・インダストリーズのPBO前駆体を用いたもの[87,88]。コリアクンホペトロケミカルからPBO前駆体にシルセキオキサンオリゴマーを加えたものなどが出願されている[89]。

今後，携帯電話では高周波を活用して多量のデータを短時間に送受信できること，携帯電話の多機能化に向けて制御を行っているアプリケーションプロセッサーの動作周波数が高くなっていること，自動車の衝突安全性向上のためミリ波レーダーの採用が進んでいることなどから，高周

波での材料を使うことがこれまで以上に多くなる。これに向けてフッ素ポリマー[90]，液晶ポリエステル[91]，BCB（ベンゾシクロブテン）[92]，ポリフェニレンエーテル[93]，シクロオレフィンポリマー[94]などの材料が，高周波領域での誘電率，誘電損失が低いことから使われてきたが，接着性が低いなどの問題もあり，ポリイミドでも多孔質化するなどで低誘電率化，低誘電損失化が検討されている[95]。これらの材料については，布重が概説している[96]。

このように新規な材料は今後もさらなる開発が必要になると思われる。これに加えて，低温硬化，膜の機械特性，微細加工性，絶縁信頼性は今後も必要となる技術であり，この面での研究・開発は進んでいくものと思われる。

さらに3次元半導体，FO-WLPを作るには，シリコンウェハーやガラスなどの基板の上で加工を行い，最後に，基板から剥がすことが行われる（図2）。そのため，耐熱性のある仮貼り材料としてのポリイミドについても検討されている。レーザーで剥離するもの[97]，室温で機械剥離するもの[98]などが報告されている。

また，感光性を使わずにパターンを形成する方法として，スクリーン印刷できるポリイミドがあり，平井らによるとペーストの静止時の粘度の$\tan\delta$，印刷時の$\tan\delta$が一定の範囲に入る設計が必要であることを示した[99]。インクジェット方式でパターンを形成することも検討されており[100]，インクジェット法で塗布可能なポリイミド溶液の発表がされている[101]。印刷については安価にパターンを形成できる可能性があるため，解像度の限界などもあるかとは思われるが，今後も検討が進むものと思われる。

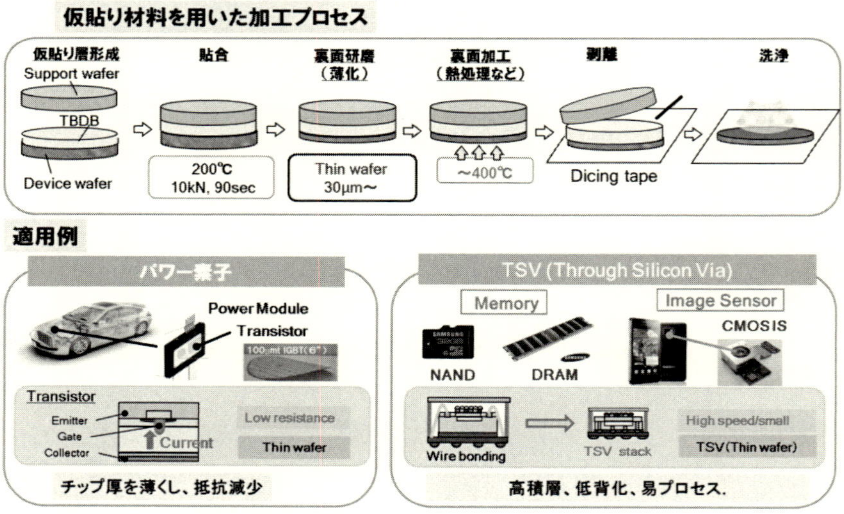

図2　仮貼り材料を用いた加工プロセスと適用例

3 リチウムイオン電池への展開

リチウムイオン二次電池（LiB）は，放電電圧が高いことと，電池のメモリー効果がほとんどないこと，自己放電が少ないことなどから高エネルギー密度の蓄電池として，携帯電話，ノートPC，電動工具などに幅広く用いられている。特に近年はスマートフォンの急拡大により大きく数量を伸ばしており，今後はさらにハイブリッド自動車や電気自動車などにも適用が進んでいる。電力消費が激しいスマートフォン，走行距離を伸ばす取り組みがなされている電気自動車などの用途では，これまで以上に放電できる量を増加させる必要があり，電池の充放電を担っている正極，負極の活物質について種々の検討がなされている。

負極活物質として，現在，一般に使われているのはグラファイトやハードカーボンといわれる炭素系のものである。グラファイトの層間にリチウムイオンが出入りすることで充放電が行われ，理論容量は 372 mAh/g である。最近の電池はほぼこの理論容量にまで到達しており，さらなる高容量化のためには，活物質を変える必要がある。高容量化できる活物質候補として，炭素に代わり，より多くのリチウムイオンの出し入れができるシリコンやスズ系の化合物を負極の活物質にすることが検討されている[102]（図3）。これらの化合物は，層間にリチウムイオンが入るのではなく，化学変化を起こす。このために反応により活物質の体積が大きく変わるということが問題となる。

黒鉛や非晶質炭素を負極活物質に用いる場合，活物質を銅板と貼り合わせるバインダーとして

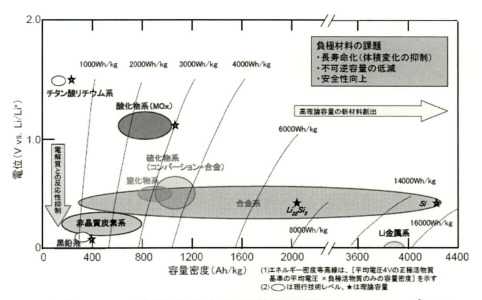

出典　NEDO自動車用次世代蓄電池開発ロードマップ2008

図3　各種負極材料と容量密度の関係
Si が 4,000 mAh/kg を超えている

ポリイミドの機能向上技術と応用展開

スチレン・ブタジエン・ラバー（SBR）やポリフッ化ビニリデン（PVDF）が主に使われている。しかし，大容量活物質のバインダーにこれらの樹脂を使うと十分な強度，接着力を得ることができず，充放電中に活物質がどんどん剥がれ落ち，電池の充放電サイクル特性が大幅に低下するという問題があった。これに対してポリイミド系の材料をこのような大容量の負極活物質のバインダーに用いるとサイクル特性が大幅に向上するという報告がされている[103〜105]。

また，バインダーとしても構造による影響があり，産総研の境らはある種の構造のポリイミドバインダーが特に優れるという報告をしている[106]。さらに，Wilkesらによると芳香族ポリイミドと脂環式ポリイミド，PVDFを比較し，芳香族ポリイミドのイミド環がリチウム化するが，その後のサイクルでは脂環式ポリイミド，PVDFより安定していることを報告している[107]。また，源崎らによると，ポリイミドと同様の耐熱樹脂であるポリベンズイミダゾール（PBI）も優れたサイクル特性を示し，これらは柔軟な変成を行うと低下することから，機械特性が重要であることを示した[108]。

ポリアミドイミドをリチウムイオン電池のバインダーに用いるという試みは比較的古くからあった[109] しかし，1回目の充電量に対して取り出せる放電量が小さくなるという問題があること，硬化温度が300℃を超えることなどから適用はされてこなかった。また，ポリイミドをバインダーとして用いるというものも出願されている[110]。

また，負極だけでなく比較的放電電圧が低く高温でも安定なリン酸鉄（LFP）を正極活物質に用いた正極にもポリイミドをバインダーとして使うことで高温から低温まで出力特性の優れた電池が得られることを報告している[111]。また，ポリイミドバインダーについて充放電時の化学反応についても検討されている[112]。

ポリイミドバインダーについては，より適用しやすくするため水溶液化したポリイミドバインダーが発表された[113]。これは200℃程度で焼成可能であるとともに溶媒を含んでおらず乾燥で溶媒除去の必要がない。

さらにポリイミドを用いたセパレーターの研究も行われており，Kanamuraらはポリイミドにシリカフィラーを混合したものを製膜し，そこからシリカフィラーを溶解させ，多孔質膜となったポリイミドをセパレーターとして使うと，これまでのセパレーターよりイオン導電性が高いためレート特性が良く，安全性も高いリチウムイオン二次電池ができることを報告した[114]。他にポリイミドバインダーの研究としては，ポリイミド溶液をキャストし，そこの雰囲気管理を行うことで相分離させ，多孔質のポリイミドを得るもの[115]，エレクトロスピニング法でポリイミドのナノファイバーを形成し，これをセパレータとするもの[116]などが報告されている。ポリイミドをセパレータとして用いることで，高温まで安定であり，より安全な電池ができると期待される。

リチウムイオン二次電池の分野は低コスト化が重要となるが，発火などの事故も最近報告されており，電池に対する安全性は重要である。これらを受け，ポリイミドの適用が進められるのではないかと期待される。

第2章　感光性ポリイミドの展開と将来動向

4　ディスプレイ分野への展開

　ポリイミドのディスプレイへの適用の最初の例は，液晶ディスプレイの配向膜であると思われる。配向膜は，文字通り液晶を並べるために用いられ，数百Å程度の厚さで塗布し，その後，一定の方向に液晶を並べるために，ナイロンなどで擦るラビング処理を行うことで配向させている[117]。さらに，紫外線露光による配向処理を行うなどの技術も開発されている[118～120]。塗布は一般にグラビア印刷などが行われてきた[121]が，最近はインクジェット法を用いた塗布手法も出てきている[122]。

　液晶ディスプレイがTN型，STN型，VA型，IPS型へと変化するにつれ，それに適した配向膜用のポリイミドが開発されていった。当初は，PMDAとODAからなるような芳香族ポリイミドがTN型に用いられていたが，STN型ではプレチルト角を高くすることが要求され，極性の低い置換基を有したポリイミドが使われるようになった[123]。さらに数多くの研究がなされ，シクロブタン構造などを有した可溶性の剛直なポリイミドに側鎖を有したもの[124]，あるいはステロイド骨格を有したポリイミドが提案されるようになった[125]。

　液晶の配向状態と配向膜の関係については，ラビング処理の影響，ポリイミドの分子構造の観点から数多くの研究がなされてきた（例えば文献126～130など）。さらに，その後，SPring-8などの放射光設備を使い系統的な一連の基礎的な検討がなされ，これをもとに配向膜の設計指針が出された（文献131～136など）。配向膜の研究は，日産化学の袋，JSRの西川らの先駆的な研究，さらにSPring-8などを活用した基礎的な研究の積み重ねの結果，先進的な配向膜が日本で開発されてきたものと考える。

　また，特許からみると，当初は日本の出願がほとんどであったが，最近は液晶ディスプレイ産業の主力である韓国から出願が目立つようになってきており，酸無水物に特徴のあるものが多い（例えば文献137～142など）。

　次世代のフラットパネルディスプレイとして大きく数量を伸ばしてきている有機ELディスプレイ（OLED）の断面構造の概略図を図4に示す。図にあるように画素と画素の間を分けるために絶縁層がある。この絶縁層は発光層と直接接触するために，絶縁膜から水分，有機ガスなどが出ることは画素の信頼性に重大な影響を与える。さらに，配線に電流の集中を抑えるために断面の形状はなだらかな順テーパーが好ましい。これらのことから，本用途に耐熱性，電気絶縁性が高く，なだらかな断面形状が得やすいポジ型感光性ポリイミドが適していることを東レでは見出した[143]。さらに低温硬化に向けた取り組みがなされ，架橋成分を加えることで低温でも十分な耐薬品性を発現することを報告した[144]。

　OLEDディスプレイが，携帯電話に使われるにつれ，基板サイズの大型化が進み，スリットダイを用いた塗布が使われるようになり，それに合わせた乾燥を制御するために溶媒の乾燥速度を制御するもの[145]などの特許が出願されている。

　また，フルカラー化に際して絶縁層を黒色化することでコントラストを上げる試みもあり，こ

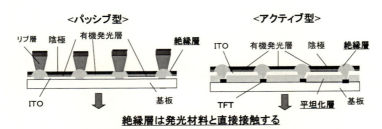

図4　有機 EL（OLED）ディスプレイの構造模式図

れに向け感光性を有しながら黒色化するために，複数の色素で着色するもの[146,147]などが出願されている。他に耐候性を上げるために光吸収剤を添加したもの[148]，フェニルマレイミドを重合したもの[149]などが出願されている。

また，液晶ディスプレイの平坦化材料はアクリル系の材料にエポキシ樹脂を加えたものが主である[150]。これを OLED ディスプレイの絶縁膜，平坦化膜に適用する検討もされており，数多くの出願がされている（例えば文献 151～153 など）。他に新たにオレフィン系の樹脂で優れた信頼性を出すというものも報告されている[154]。さらに近年，脂環式の酸成分を用いたポリイミドを用いるもの[155]，ポリイミドやポリアミド酸にフェノール樹脂を加えたもの[156～158]なども出願されている。

海外からは，コーロンからイミド化を 50～70％に進めたポリマーを用いるものなどが出願されている[159]。

近年，フレキシブルディスプレイが注目されてきた。これはポリイミドなどの樹脂基板の上にディスプレイを形成するもので，液晶ではギャップ間距離が変わり表示に影響が出るのに対し，OLED の場合，このような影響がなく，曲げられるディスプレイが提案されている（例えば文献 160, 161 など）。このディスプレイの実現に向けては，透明で耐熱性の優れるポリイミド基板材料[162]，ガス透過を抑制するバリア材[163]など各種材料の開発が必要になっている。他に基板材料として PEN，PES などを用いる例もある[164,165]。

近年は透明ポリイミド基板材料に関する出願が目立っている[166～199]。これらは酸無水物に脂環族を用いるもの，フッ素系，脂環式のジアミンを用いるものなどとなっている。ポリイミドの透明性を高めるための分子設計については，安藤の総説に詳しいので，参考にされたい[200]。

5　イメージセンサーへの展開

イメージセンサーはデジタルカメラ，携帯電話のカメラなどに幅広く使われ，最近は交通システムの監視，自動車の自動運転など，幅広い分野に使われるようになってきた。この用途では透明な高屈折率の樹脂でレンズを作ると光が効率的に集めることができる。

一般にポリイミドは芳香族を使っていることもあり，屈折率がカプトンなどでは 1.7 以上と大

第2章 感光性ポリイミドの展開と将来動向

きな値を示す。しかしながら多くのポリイミドは黄褐色に着色しており，イメージセンサーのレンズ，導波路などに使うのは困難である。これに対して，前述した安藤は光学材料としてのポリイミドを適用するための指針を示している[200]。また，このようなことから透明で屈折率を高めるには硫黄原子を導入するのが良いとされ，一連の透明高屈折率ポリイミドを提案した[201~206]。また，硫黄原子含有ポリイミドと架橋材と光酸発生剤よりなる屈折率が1.74の感光性ポリイミドを提案している[207]。別の手法として屈折率を高めるために，高屈折率の無機物からなるチタニアを添加したものが提案されており，感光性で屈折率1.8を超えるものが報告されている[208]。

また最近は，トリアジン構造を導入したポリアミド系ポリマーで屈折率を高めたものが発表された[209]。これはフィラーを添加せずに1.7程度の屈折率を得ることができる。また，トリアジン構造にフルオレン構造を加えたもの[210]，さらにこれはハイパーブランチ構造とすると屈折率がさらに高くなり1.8を超えると報告されている[211,212]。これまでフィラーレスでこのような高屈折率で透明な材料は出ておらず，新しい取り組みとして今後の展開が期待される。

6 おわりに

ポリイミドが実用化されて50年ほどになるが，まだ新しい用途に向けての開発が進められてきている。これはポリイミドという材料が簡単に合成でき，優れた耐熱性などを維持して他の物性をさまざまに変えることができる設計自由度の高さによるものである。今後も設計自由度と，耐熱性，絶縁性などの優れた特性から新しい展開が進められるものと思われる。

文　献

1) M. T. Bogert, R. R. Renshaw, *J. Am. Chem. Soc.*, **30**, 1135 (1908)
2) Dupont 社，US Patent 2710853 (1955)
3) C. E. Sroog, A. L. Endrey, S. V. Abramo, C. E. Berr, W. M. Edward, K. L. Oliver, *J. Polym. Sci., Part A*, **3**, 1373 (1965)
4) K. Sato, S. Harada, A. Saiki, T. Kimura, T. Okubo, K. Mukai, *IEEE Trans. on PHP*, **PHP-3**, 3 (1973)
5) J. I. Jones, *J. Polym., Sci. Polym. Symp.*, **22**, 773 (1969)
6) G. C. Davis, C. L. Fasoldt, *Proc. 2nd Ellenville Conf. on Polyimides*, 381 (1987)
7) T. C. May, W. H. Woods, Annu. Proc. Reliab. Phys. Symp., **16**, 33 (1978)
8) 佐々木，芹沢，金田，電子情報通信学会論文誌C, **J71-C**, 834 (1988)
9) R. E. Kerwin, M. R. Goldrick, *Polym. Eng. & Sci.*, **11**, 426 (1971)
10) 上田，防食技術, **38**, 231 (1989)

11) R. Rubner, B. Bartel, G. Bald, *Siemens Forsch Entwickl. Ber.*, **5**, 235 (1976)
12) 例えば富士通，特開平 05-41499 号公報
13) N. Yoda, H. Hiramoto, *J. Makromol. Sci. Chem.*, **A21**, 1641 (1984)
14) T. Ohsaki, T. Yasuda, S. Yamaguchi, T. Kon, *Preprint, Electronic Manufacturing Technol. Symp.*, 178 (1987)
15) M. Tomikawa, M. Asano, G. Ohbayashi, H. Hiramoto, Y. Morishima, M. Kamachi, *J. Photo Polym. Sci. & Technol.*, **5**, 343 (1992)
16) J. Pfifer, O. Rohde, *2nd International Conference on Polyimides*, 130 (1985)
17) H. Higuchi, T. Yamashita, K. Horie, I. Mita, *Chem. Mater.* **3**, 188 (1991)
18) T. Omote, T. Yamaoka, *Polym. Eng. Sci.*, **32**, 1634 (1992)
19) O. Sus, *Ann.*, **556**, 65, 85 (1944)
20) GAF 社，US Patent 4093461 (1978)
21) Hochest 社，US Patent 4927736 (1990)
22) D. N. Khanna, W. H. Mueller, *Polym Eng Sci.*, **29**, 954 (1989)
23) S. L. C. Hsu, Po-I. Lee. J-S King, J-L Jeng, *J. Appl. Polym. Sci.*, **90**, 2293 (2003)
24) M. Tomikawa, S. Yoshida, N. Okamoto, *Polym. J.*, **41**, 604 (2009)
25) R. Rubner, *Adv. Mater.*, **2**, 452 (1990)
26) H. Makabe, T. Banba, T. Hirano, *J. Photopolym. Sci. & Technol.*, **10**, 307 (1997)
27) S. Kubota, Y. Tanaka, T. Moriwaki, S. Eto, *J. Electochem. Soc.*, **138**, 1080 (1991)
28) T. Yamaoka, S. Yokoyama, T. Omote, K. Naito, K. Yoshida, *J. Photopolym. Sci. & Technol.*, **9**, 293 (1996)
29) 東レ，特開平 6-273932 号公報
30) S. Yoshida, M. Eguchi, K. Tamura, M. Tomikawa, *J. Photopolym. Sci. & Technol.*, **20**, 145 (2007)
31) T. Omote, K. Koseki, T. Yamamoka, *Macromol.*, **23**, 4788 (1990)
32) R. Hayase, N. Kihara, N. Oyasato, S. Matake, M. Oba, *J. Appl. Polym. Sci.*, **51**, 1971 (1994)
33) T. Nakano, H. Iwasawa, N. Miyazawa, S. Takahara, T. Yamamoka, *J. Photopolym. Sci. & Technol.*, **13**, 715 (2000)
34) T. Ogura, T. Higashihara, M. Ueda, *J. Photopolym. Sci. & Technol.*, **22**, 429 (2009)
35) T. Fukushima, Y. Kawakami, T. Oyama, M. Tomoi, *J. Photopolym. Sci. & Technol.*, **15**, 191 (2002)
36) 大山，友井，高分子，**55**，887 (2006)
37) 大山，高分子論文集，**67**，477 (2010)
38) T. Oyama, S. Sugawara, Y. Shimizu, X. Cheng, M. Tomoi, A. Takahashi, *J. Photopolym. Sci & Technol.*, **22**, 597 (2009)
39) H. Seino, A. Mochizuki, O. Haba, M. Ueda, *Macromol.*, **23**, 4788 (1990)
40) 浅田，天野，日笠，菅原，大島，小野，古河電工時報，**119**, 13 (2007)
41) T. Yuba, M. Suwa, Y. Fujita, M. Tomikawa, G. Ohbayashi, *J. Photopolym. Sci. & Technol.*, **15**, 201 (2002)
42) K. Yamamoto, T. Hirano, *J. Photopolym. Sci. & Technol.*, **15**, 173 (2002)

第2章 感光性ポリイミドの展開と将来動向

43) M. Brunbauer, E. Fergut, G. Beer, T. Meyeer, H. Hedler, J. Belonio, E. Nomura, K. Kikuchi, K. Kobayashi, 56th Electronic Comp. & Technol. Conf. (2006)
44) Y. Shoji, Y. Koyama, Y. Masuda, K. Hashimoto, K. Isobe, R. Okuda, *J. Photopolym. Sci & Technol.*, **29**, 277 (2016)
45) W. K. Choi, D. J. Na, K. O. Aung, A. Yong, J. Lee, U. Ray, R. Radojcic, B. Adams, and S. W. Yoon, IMAPS (2015)
46) K. Fukukawa, T. Ogura, Y. Shibasaki, M. Ueda, *Chem. Lett.*, **34**, 1372 (2005)
47) H. Onishi, S. Kamemoto, T. Yuba, M. Tomikawa, *J. Photopolym. Sci. & Technol.*, **25**, 341 (2012)
48) T. Sasaki, *J. Photopolym. Sci & Technol.*, **29**, 379 (2016)
49) K. Iwashita, T. Hattori, S. Ando, F. Toyokawa, M. Ueda, *J. Photopolym. Sci. & Technol.*, **19**, 281 (2006)
50) F. Toyokawa, Y. Shibasaki, M. Ueda, *Polym. J.*, **37**, 517 (2005)
51) 日立化成デュポンマイクロシステムズ，特開 2011-2852 号公報
52) 日立化成デュポンマイクロシステムズ，特開 2013-167742 号公報
53) 日立化成デュポンマイクロシステムズ，特開 2016-130831 号公報
54) 日立化成デュポンマイクロシステムズ，特開 2012-203359 号公報
55) 住友ベークライト，特開 2013-256506 号公報
56) 住友ベークライト，特開 2012-78542 号公報
57) 住友ベークライト，特開 2012-68413 号公報
58) 住友ベークライト，特開 2016-177012 号公報
59) 住友ベークライト，特開 2009-155481 号公報
60) 住友ベークライト，特開 2006-10781 号公報
61) 旭化成イーマテリアルズ，特開 2016-18043 号公報
62) 旭化成イーマテリアルズ，特開 2015-64484 号公報
63) 旭化成イーマテリアルズ，特開 2015-55862 号公報
64) 旭化成，特開 2014-186124 号公報
65) 旭化成，特開 2013-15642 号公報
66) 旭化成，特開 2014-178471 号公報
67) 旭化成，特開 2014-164050 号公報
68) 旭化成イーマテリアルズ，特開 2014-222367 号公報
69) 旭化成イーマテリアルズ，特開 2011-191749 号公報
70) 旭化成エレクトロニクス，特開 2008-83468 号公報
71) 旭化成エレクトロニクス，特開 2009-19113 号公報
72) 旭化成イーマテリアルズ，特開 2009-186861 号公報
73) 旭化成イーマテリアルズ，特開 2010-250059 号公報
74) 富士フイルム，特開 2013-50699 号公報
75) 富士フイルム，特開 2011-75987 号公報
76) 富士フイルム，特開 2009-36863 号公報
77) 富士フイルム，特開 2016-71379 号公報

78) 東レ，特開 2016-204506 号公報
79) 東レ，特開 2012-208360 号公報
80) 東レ，特開 2013-72935 号公報
81) 東レ，特開 2012-63498 号公報
82) エルジーケム，特開 2010-209334 号公報
83) エルジーケム，特表 2011-513985 号公報
84) エルジーケム，特開 2012-21133 号公報
85) エルジーケム，特表 2014-511909 号公報
86) エルジーケム，特表 2014-529632 号公報
87) チェイル・インダストリーズ，特開 2010-97220 号公報
88) チェイル・インダストリーズ，特開 2011-138133 号公報
89) コリアクンホペトロケミカル，特開 2011-150276 号公報
90) 斉藤，塚本，高分子，**41**，770 (1992)
91) 岡本，日本ゴム協会誌，**81**，86 (2008)
92) Y. Iseki, E. Takagi, N. Ono, J. Onomura, K. Yamaguchi, M. Amano, M. Sugiura, H. Yamada, Y. Shizuki, T. Togasaki, K. Higuchi, K. Tateyama, *Int. J. Microcircuits and Electronic Packaging*, **23**, 203 (2000)
93) 新井，横山，木下，片寄，回路実装学会誌，**10**，113 (1995)
94) 宮澤，回路実装学会誌，**16**，394 (2013)
95) 川島，田原，太田，山田，第 16 回エレクトロニクス実装学術講演大会，122 (2002)
96) 布重，エレクトロニクス実装学会誌，**16**，389 (2013)
97) M. P. Zussman, C. Milasincic, A. Rardin, S. Kirk, T. Itabashi, *J. Microelectronics and Electronic Packaging*, **7**, 214 (2010)
98) 東レプレスリリース，2015 年 8 月 20 日
99) 平井，小野，坂田，西沢，日本印刷学会誌，**36**，250 (1999)
100) 平田，安，小野瀬，金子，日立化成テクニカルレポート，(41)，27 (2003)
101) チッソプレスリリース，2007 年 8 月 20 日
102) NEDO 自動車用次世代蓄電池開発ロードマップ 2008
103) M. Yamada, A. Inaba, K. Matsumoto, *Battery Technology*, **22**, 72 (2010)
104) J-H Park, J-S Kim, K-W Park, Y. T. Hong, Y-S Lee, S-Y Lee, *Electrochem. Comm.*, **12**, 1099 (2010)
105) N-S Choi, K. H. Yew, W-U Choi, S-S Kim, *J. Power Sources*, **177**, 590 (2008)
106) T. Miyuki, Y. Okuyama, T. Kojima, T. Sakai, 51st Battery Symposium in Japan, Nagoya, Japan, 230 (2010)
107) B. N. Wilkes, Z. L. Brrown, L. J. Krause, M. Trimert, M. N. Obrovac, *J. Electrochem. Soc.*, **163**, A364 (2016)
108) 源嵜，村山，増田，平成 23 年度三重県工業研究所報告 **36** (2012)
109) 東洋紡，特開平 07-292245 号公報
110) 旭硝子，特開平 11-102708 号公報
111) T. Miyuki, Y. Okuyama, T. Sakamoto, Y. Eda, T. Kojima, T. Sakai, *Electrochem.*, **80**, 401

第 2 章 感光性ポリイミドの展開と将来動向

(2012)
112) J. S. Kim, W. Choi, K. Y. Cho, D. Byun, J. C. Lim, J. K. Lee, *J. Power Sources*, **244**, 521 (2013)
113) 東レプレスリリース, 2016 年 1 月 28 日
114) H. Munakata, D. Yamamoto, K. Kanamura, *J. Power Sources*, **178**, 596 (2008)
115) H. Wang, T. Wang, S. Yang, L. Fan, *Polym.*, **54**, 6339 (2013)
116) Y-E. Miao, G-N. Zhu, H. Hou, Y-Y. Xia, T. Liu, *J. Power Source*, **226**, 82 (2013)
117) 袋, 遠藤, 高分子, **45**, 842 (1996)
118) H. Shitomi, T. Ibuki, S. Matsumoto, H. Onuki, *Jpn. J. Appl. Phys, suppl.*, **38-1** 176 (1999)
119) 宮地, シャープ技報, **100**, 10 (2010)
120) M. Kimura, S. Nakata, Y. Makita, Y. Matsuki, A. Kumano, Y. Takeuchi, H. Yokoyama, *JSR Technical Review*, **111**, 12 (2004)
121) 例えば htttp://www.chusho.meti.go.jp/keiei/sapoin/monozukuri300cha19fy/3kantou/12chiba/12chiba_04.pdf
122) 生田, 月刊ディスプレイ, **15**, 67 (2009)
123) 西川, 松木, 別所, 信学技報, EID94-133, ED94-161, SDM94-190 (1995-2002)
124) 袋, 液晶, **16**, 122 (2012)
125) 松木, 西川, 河村, 山本, 六鹿, JSR Technical Review, **118**, 15 (2011)
126) K. Sawa, K. Sumiyoshi, Y. Hirai, K. Tateishi, T. Kamejima, *Jpn. J. Appl. Phys.*, **33**, 6273 (1994)
127) H. Nejoh, *Surf. Sci.*, **256**, 94 (1991)
128) N. J. A. M van Aerle, A. J. W. Tol, *Macromol.*, **27**, 6520 (1994)
129) K. Weiss, C. Woll. E. Bohm, B. Fiebranz, G. Forstmann, B. Peng, V. Scheumann, D. Johannsmann, *Macromol.*, **31**, 1930 (1998)
130) J. Stohr, M. G. Samant, *J. Electron Spectrosc. Relat. Phenom*, **98-99**, 189 (1999)
131) 小野, 2009 年 液晶検討会 2a09 (2009)
132) I, Hirosawa, Into Display Workshop (IDW) 04, 179 (2004)
133) T. Koganezawa, I. Hirosawa, H. Ishii, T. Sakai, *IEICE Trans. Electron.* **E92.C**, 1371 (2009)
134) I. Hirosawa, T. Koganezawa, H. Ishii, *IEICE Transactions on Electron Devices*, **E97-C** 11, 1089 (2014)
135) N. Kawatsuki, Y. Inada, M. Kondo, Y. Haruyama, S. Masui, *Macromol.*, **47**, 2080 (2014)
136) 冨永, 日本接着学会誌 **49**, 409 (2013)
137) コーロン, 特表 2010-513591 号公報
138) コーロン, 特表 2010-513592 号公報
139) コーロン, 特表 2010-538103 号公報
140) チェイル インダストリーズ, 特表 2011-501208 号公報
141) チェイル インダストリーズ, 特表 2010-524041 号公報
142) チェイル インダストリーズ, 特表 2006-516157 号公報
143) R. Okuda, K. Miyoshi, N. Arai, M. Tomikawa, *J. Photopolym. Sci. & Technol.*, **17**, 207 (2004)
144) 三好, 越野, 奥田, 富川, 高分子論文集, **68**, 160 (2011)

145) 東レ，特開 2004-54254 号公報
146) 東レ，特開 2004-326094 号公報
147) 東レ，特開 2004-145320 号公報
148) 東レ，特開 2005-139433 号公報
149) 東レ，特開 2004-190008 号公報
150) 高橋，林田，緒方，野中，栗原，ネットワークポリマー，**28**, 230 (2007)
151) 例えば日産化学工業，特開 2004-203817 号公報など
152) 例えば日本ゼオン，特開 2006-179423 号公報など
153) 例えば富士フイルム，特開 2010-262259 号公報など
154) Y. Nakajima, Y. Fujisaki, T. Takei, H. Sato, M. Nakata, M. Suzuki, H. Fukagawa, G. Motomura, T. Shimizu, Y. Isogai, K. Sugitani, K. Katou, S. Tokito, T. Yamamoto, H. Fujikake, *J. Soc. Info Display*, **19**, 861 (2011))
155) JSR 社　特開 2014-66764 号広報
156) JSR 社　特開 2014-170080 号広報
157) JSR 社　特開 2015-52770 号広報
158) JSR 社　特開 2015-215397 号広報
159) コーロン，特表 2014-529770 号公報
160) 栗田，NHK 技研 R&D, **145**, 4 (2014)
161) 二星，塚本，菊池，三ツ井，池田，瀬尾，平形，山崎，シャープ技報，**108**, 17 (2015)
162) 安藤，高分子，**64**, 427 (2015)
163) A. Sugimoto, A. Yoshida, T. Miyadera, *Pioneer R&D*, **11**, 48 (2010)
164) M. Mizukami, N. Hirohata, T Seki, K. Otawara, T. Tada, S. Yagyu, T. Abe, T. Suzuki, Y. Fujisaki, Y. Inoue, S. Tokito, T. Kurita, *IEEE Electron Device Lett.*, **27**, 249 (2006)
165) 時任，鈴木，都築，井上，光学，**24**, 716 (2000)
166) JX エネルギー，特開 2016-102147 号公報
167) セントラル硝子，特開 2016-76481 号公報
168) 東レ，特開 2016-72246 号公報
169) 東レ，特開 2016-68401 号公報
170) 東レ，特開 2015-227418 号公報
171) 新日鉄住金化学，特開 2015-187987 号公報
172) JX 日鉱日石エネルギー，特開 2014-237820 号公報
173) 新日鉄住金化学，特開 2014-25059 号公報
174) カネカ，東邦大学，特開 2013-82876 号公報
175) 三菱樹脂，特開 2013-60005 号公報
176) コニカミノルタ，特開 2013-18931 号公報
177) 新日本理化，東邦大学，特開 2007-169304 号公報
178) 三井化学，再表 2014/41816 号公報
179) 旭化成，再表 2014/98235 号公報
180) 旭化成，特開 2014-70139 号公報
181) 旭化成イーマテリアルズ，特開 2014-139302 号公報

182) カネカ，特開 2015-214597 号公報
183) カネカ，特開 2013-40301 号公報
184) カネカ，特開 2013-28688 号公報
185) カネカ，再表 2014-7112 号公報
186) 宇部興産，特開 2016-164271 号公報
187) 宇部興産，特開 2016-138280 号公報
188) 宇部興産，特開 2016-74915 号公報
189) 宇部興産，特開 2016-35073 号公報
190) 宇部興産，特開 2016-29177 号公報
191) 宇部興産，特開 2015-101710 号公報
192) 宇部興産，特開 2012-41530 号公報
193) 宇部興産，特開 2012-41531 号公報
194) 宇部興産，特開平 05-32894 号公報
195) コーロン，特開 2010-254935 号公報
196) コーロン，特表 2015-527422 号公報
197) コーロン，特表 2015-521687 号公報
198) コーロン，特表 2016-520078 号公報
199) コーロン，特表 2015-522454 号公報
200) 安藤, 光学, **44**, 298 (2015)
201) J-G. Liu, Y. Nakamura, Y. Suzuki, Y. Shibasaki, S. Ando, M. Ueda, *Macromol.*, **40**, 7902 (2007)
202) J. Liu, Y. Nakamura, Y. Shibasaki, S. Ando, M. Ueda, *Macromol.*, **40**, 4614 (2007)
203) N-H. You, Y. Suzuki, D. Yorifuji, S. Ando, M. Ueda, *Macromol.*, **41**, 6361 (2008)
204) N-H. You, N. Fukuzaki, Y. Suzuki, Y. Nakamura, T. Higashihara, S. Ando, M. Ueda, *J. Polym. Sci. Part-A*, **47**, 4428 (2009)
205) N-H. You, Y. Suzuki, Y. Nakamura, T. Higashihara, S. Ando, M. Ueda, *J. Polym. Sci. Part-A*, **47**, 4886 (2009)
206) N-H. You, Y. Suzuki, T. Higashihara, S. Ando, M. Ueda, *Polym.* **50**, 789 (2009)
207) Y. Saito, T. Higashihara, M. Ueda, *J. Photopolym. Sci. & Technol.*, **22**, 423 (2009)
208) M. Suwa, H. Niwa, M. Tomikawa, *J. Photopolym. Sci. & Technol.*, **19**, 275 (2006)
209) 岩手大学，日産化学工業，特開 2011-38015 号公報
210) 岩手大学，日産化学工業，特開 2015-172209 号公報
211) 岩手大学，日産化学工業，特開 2014-98101 号公報
212) 岩手大学，日産化学工業，特開 2016-50293 号公報

第3章 ポリイミドからのグラファイト作製と応用

村上睦明*

1 緒言

炭素材料は極限と言える多様な材料物性を有し,21世紀は炭素の世紀となるだろうと言われている。炭素材料の多様性は炭素原子が sp^3, sp^2, sp 結合のいずれの結合をも取り得ることによっている。すべての炭素材料はこれらの結合の組み合わせからなっており,結合様式によりその物性は大きく異なる。sp^3 結合のみからなるダイヤモンド,sp^2 結合のみからなるグラファイト(黒鉛),sp 結合のみからなるカルビンはこれらの結合を代表する炭素同素体である。

グラファイトは優れた耐熱性,高電気伝導性,高熱伝導性などの性質により産業界において広く使用される工業材料である。しかしながら,すべての結合が sp^2 からなる高品質なグラファイトを人工的に作製するのは非常に難しく,その作製方法も,液相(溶融金属)から作製するKishグラファイト,気相から作製するHOPG (Highly Oriented Pyrolytic Graphite),固相(高分子)から作製するグラファイトが知られているだけである[1,2]。

高分子材料の炭素化,グラファイト化の研究は古くから行われ,例えばポリアクリロニトリルを用いた炭素繊維は現在大きな産業になっている。これに対して高分子からグラファイトを作製する方法は1986年に発表された方法であり[3],HOPGやKish法が小さなブロックや燐片状のグラファイト結晶としてしか得られないのに対して,高分子固相法では大面積フィルム,大型ブロックなどが作製でき,工業的な高品質グラファイト作製手法として重要である[4~6]。

本稿ではポリイミドから高品質グラファイトを作製する方法,特性,応用について述べる。この手法で作製されたグラファイトフィルムは,熱拡散シートとして現在携帯電話などの小型電子機器に広く使用されており,高配向性グラファイトブロックは放射線光学素子として,またグラファイト薄膜(厚さ3μm以下)は加速器ビームセンサーとして商品化されている。

2 ポリイミド(PI)からグラファイトへ

2.1 PIの熱分解反応

高品質グラファイトになる高分子として,約10種類の芳香族ポリイミド(PI),ポリオキサジアゾール,ポリパラフェニレンビニレンなどが知られている[6]。中でもPIは最も多くの研究が

---

* Mutsuaki Murakami ㈱カネカ 先端材料開発研究所 テクニカルアドバイザー;
大阪大学招聘教授

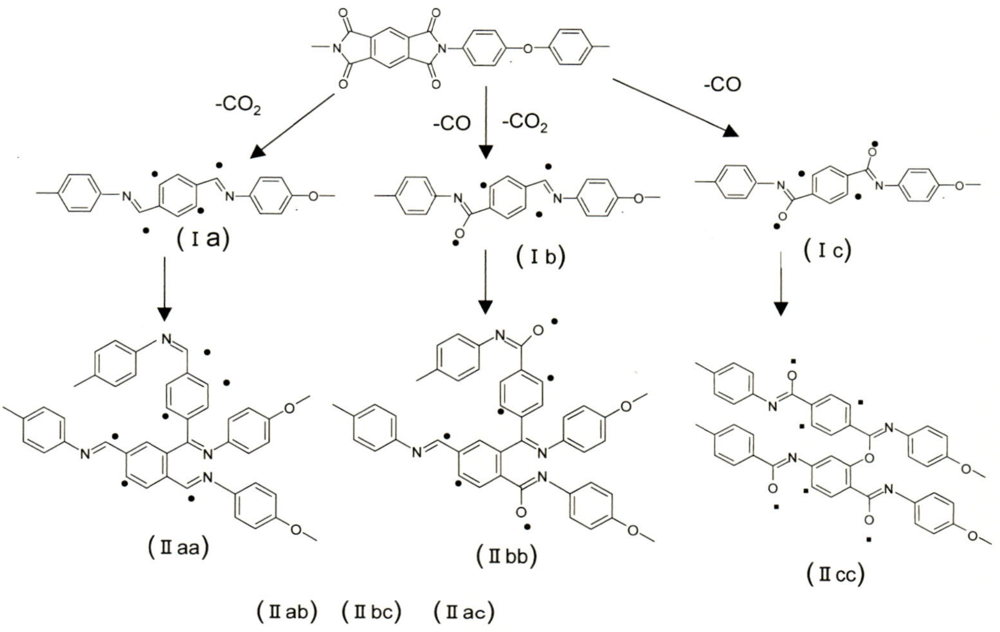

第3章　ポリイミドからのグラファイト作製と応用

図1　PMDA/ODA 型ポリイミドの熱分解と再結合機構（500～600℃）

成され，得られたグラファイトの物性や原料の影響について多くの文献がある[7~9]。ここでは代表的な芳香族 PI である PMDA/ODA 型（Kapton 型）を取り上げその熱分解から炭素化を経てグラファイトに至る機構について述べる[9]。

　不活性ガス中での高分子の熱分解は主に3つの機構で進行する。すなわち，①ランダム分解または解重合による低分子化，②溶融炭素化，③固相炭素化である。①の機構では分解物がガス化によって散逸するので炭素化物は得られないが，②および③の機構では何らかの炭素化物が得られる。PI はほとんどが②または③の機構で熱分解が進行し，高品質グラファイトになるのは③の機構による場合である。

　PMDA/ODA は不活性ガス中 500～600℃の温度領域で熱分解し，800℃付近ではガラス光沢を持つ黒色となるが，この間溶融することなく炭素前駆体が生成する。その分解機構を図1に示した。ガスの分析結果から熱分解はイミド環の解裂によって始まること，ベンゼン環の炭素の 90％が最終的にグラファイトになること，XPS の結果からエーテル結合は比較的高温領域まで存在することが分かっている。このことから初期段階でイミド結合が解裂しても高分子鎖は完全には解裂せず，隣接する高分子鎖間での結合が形成されると考えられている。

2.2　炭素前駆体の形成

　図2には炭素前駆体形成反応から炭素化に至る反応機構を示す。高分子鎖間結合の後，高分子鎖は解裂し窒素を含む炭素前駆体（Ⅲ）となる。処理温度 HTT＝700～1,000℃での生成物（Ⅳ，

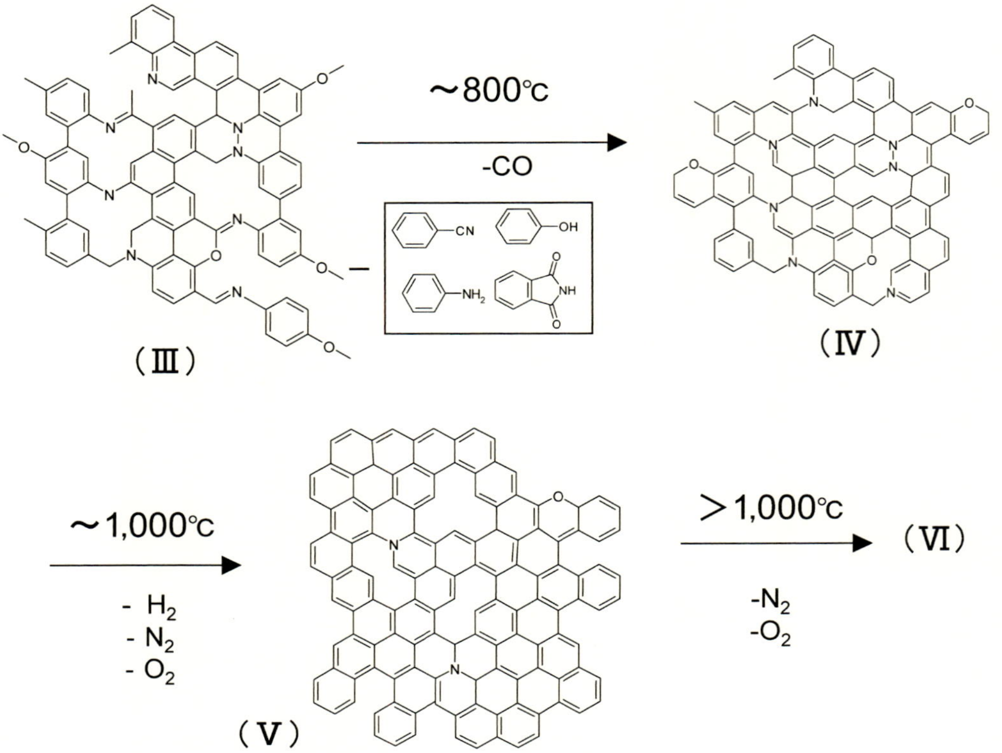

図2　炭素前駆体の形成と炭素化の反応機構（700〜1,000℃）

V）は窒素，酸素が含まれた炭素前駆体である。この炭素前駆体は元素分析，XPS分析などからその構造が推定されている。XPS分析などの結果から，カルボニル炭素は完全に消失してベンゼン環中の炭素のみとなること，酸素はエーテル結合によるもののみが残存していること，窒素はベンゼン環中の炭素が一部窒素に置き換わった形で存在している，と考えられている。断面透過電子顕微鏡（TEM）測定の結果から，炭素縮合多環構造の存在が観察でき，制限視野回折（SAD）測定結果から，炭素縮合多環構造は全体としてフィルム面方向に平行に配向していることが分かっている。この様な配向のためにこの炭素縮合多環体は易グラファイト化炭素となるが，それはPMDA/ODAが分子配向していることに起因している。実際に意識的に作製した分子配向のないPIフィルムからは難グラファイト化炭素しか得られないことも知られている。すなわち平面性・配向性を持った易グラファイト化炭素前駆体形成のためには，①炭素前駆体形成のための原料高分子の分子構造，②高分子中での分子配向，③高分子の形態（フィルム，厚さ），④熱処理条件などの因子が重要である。

2.3　グラファイト化反応

グラファイト化反応の進行はフィルム断面のTEM観察によって詳しく検討されている。

第3章　ポリイミドからのグラファイト作製と応用

HTT＝1,600℃の試料からは炭素多環構造が発達する様子を直接観察でき，HTT＝2,000℃の試料では全体としてフィルム面と平行方向に配向したグラファイト層構造の形成が観察される。この構造はさらに高温で処理することにより明確なグラファイト構造になるが，フィルム内部のグラファイト化反応は不均一に進行し，最終的に約20層程度（すなわちLc＝6〜7 nm）の極めて良質のグラファイト層が積み重なった構造になる。

3　PIより得られるグラファイトの物性

3.1　理想的グラファイトの物性

グラファイトは炭素L殻電子の内の3個が同一面内で，となりのσ電子と共有結合して六角網平面（a-b面）を構成し，残りの1個は面と垂直方向に配向したπ軌道を形成した結晶構造を持つ。六角網平面同士の結合（c軸方向）はπ電子相互作用による弱い *van der Waals* 力である。グラファイトの物性はその構造に由来する異方性を持ち，最高品質のグラファイトにおけるa-b面の電気伝導度は24,000〜25,000 S/cm，c軸方向は5 S/cmである。グラファイトのキャリヤ密度はおよそ1.0×10^{19} cm^{-3}であって，金属の電子密度（Cu：5.8×10^{23} cm^{-3}）よりも10^4倍以上小さいが，a-b面方向でのキャリヤ移動度（μ）は金属（Cu：16 cm^2/V・sec）に比べてはるかに大きく（10,000 cm^2/V・sec），その結果グラファイトa-b面の電気伝導度は銅の1/20（Cuは580,000 S/cm）となる[10]。

固体の熱伝導キャリヤには電子とフォノン（格子振動）があり，金属では電子が，半導体や絶縁体ではフォノンによる伝導が主体となる。最高品質グラファイトの場合a-b面方向の熱伝導率は1,950〜2,000 W/mK，c軸方向は5 W/mKであり，a-b面の熱伝導は金属を遥かに凌駕しダイヤモンドに匹敵している。グラファイト熱伝導への電子による寄与は全体の1％程度で，その熱的性質はほとんどフォノンによって記述できる。

3.2　グラファイト膜（Graphinity）の物性

カネカでは高分子焼成法により高熱伝導性のグラファイトシート（商品名：Graphinity，厚さ25 μm品，40 μm品の2種類）を商品化した。その作製方法は以下の通りである。原料であるPIフィルムは，PI前駆体であるポリアミド酸を乾燥・イミド化させることにより製造する。最終的に得られるグラファイト膜の厚さは，芳香族ポリイミドの場合，元の高分子フィルムの厚さの60〜40％程度となるので，このことを考慮して原料PIの厚さを決定する。炭素化は出発物質である高分子フィルムを不活性ガス中1,000℃程度で行う。次に超高温炉を用いてグラファイト化を行う。グラファイト化は不活性ガス中で行うが，不活性ガスとしてはアルゴンが最も適当である。処理温度は高いほど良質のグラファイトに転化でき，通常2,800℃以上で処理を行う[11]。

得られたGraphinityの特性を，天然グラファイトを原料とした市販グラファイトシート（NAGS）と比較して表1に示す。NAGSは膨張グラファイトから得られるシートであり，その

表1 Graphinity（㈱カネカ）と市販膨張グラファイトの物性比較

		Graphinity (40 μm)	膨張グラファイトシート (NAGS)
密度（g/cm^3）		1.0〜2.0	1.0〜1.8
熱伝導度（W/mK）	a-b 面	1,500	200
	c 軸	4〜6	2〜6
電気伝導度（S/cm）	a-b 面	10,000〜16,000	1,000
	c 軸	2〜7	2〜6
引っ張り強度（Kgf/cm^2）		2.0	0.2
圧縮率（%）		71.3	44.4
屈曲性能（270 degree：回）		10,000 以上	55

面方向の熱伝導度は 200 W/mK である[12,13]。NAGS は比重が小さく（Cu のおよそ 1/9）単位重量当たりの熱輸送能力は Cu よりも大きくなるために熱拡散シートとして広く使用されている。しかし，熱伝導率のみを比較すると Cu の 1/2，理想的なグラファイトの熱伝導率の 1/8 に過ぎない。これに対して Graphinity の面方向の電気伝導度は 10,000〜16,000 S/cm，熱伝導率は 1,500 W/mK である。熱伝導率の値は銅の熱伝導の 3〜4 倍，単位重量当たりの熱輸送能力では 20〜30 倍に相当する。この特性は実用的な熱伝導シートとしては最も優れている。また，Graphinity は引っ張り強度，圧縮率，屈曲性能などの点でも NAGS に比べてはるかに優れた物性を持っており，例えば引っ張り強度は NAGS の 10 倍に達する。

3.3 グラファイトブロック（GB）の物性

複数枚の PI フィルムを加圧しながら高温処理し，高品質・高配向性のグラファイトブロック（GB）を作製することができる[4]。GB の作製工程は，まず厚さ 25 μm の PI フィルム 400〜4,000 枚を所望の大きさに切断して重ね合わせ，グラファイト製の容器に収納し炭素化を行う。次に 2,800〜3,000℃でグラファイト化を行うが，フィルム間を密着させ配向性を向上させるためグラファイト化を加圧下で行う。加圧中の昇温速度，圧力の大きさ，加圧のタイミングなどが特性に影響を与える重要な工程になる。得られる GB の物性は HOPG と同等である。

3.4 超薄膜グラファイトの物性

先に述べた Graphinity の物性は NAGS に比べると遥かに優れているが，3.1 項で述べた最高品質グラファイトの値に比べると劣るものである。そのため，我々は現在，NEDO（The New Energy and Industrial Technology Development Organization）プロジェクトにおいて，高分子焼成法により 100 nm〜3 μm の範囲の厚さと最高品質グラファイトの物性を持つ超薄膜グラファイト（多層グラフェン）の開発を行っている。超薄膜グラファイト作製のプロセスは基本的に Graphinity の作製プロセスと同じであるが作製には高度なノウハウを必要とする。我々は芳香族ポリイミド薄膜の製造技術，熱分解プロセスの制御，最適炭素化プロセスの開発，3,000℃

第3章 ポリイミドからのグラファイト作製と応用

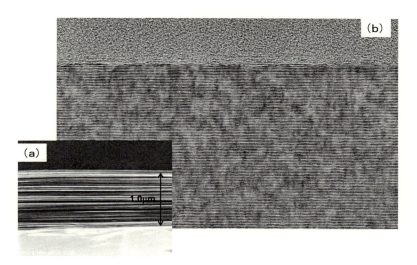

図3 グラファイト超薄膜（1 μm）の断面 SEM 写真(a)と断面 TEM (b)写真

以上でのグラファイト化プロセスの確立，大面積フィルム焼成技術，シワ・ピンホール低減技術などの要素技術を開発し，目的とする高品質超薄膜グラファイトの製造に成功した。開発された超薄膜グラファイトは高い配向性を有し，電気伝導度（≧24,000 S/cm）や熱伝導度（≧1,900 W/mK）などの優れた特性を有している。これらの値は最高品質のグラファイト値とほぼ同等である。開発された超薄膜グラファイトの断面 SEM および TEM 写真を図3に示す。

4 グラファイトの応用

4.1 放熱シートとしての応用

CPU の高速・高性能化はその発熱量を増大させ電子機器の熱問題は大きな課題となっている[14]。Graphinity の a-b 面方向の優れた熱拡散率特性は，熱の拡散と拡散に伴う放熱効率の向上には最適な特性であるため，現在電子機器の冷却には熱拡散シートとして，携帯電話，各種ゲーム機，パソコンなどの機器で広く使用されている。

1例として Graphinity の熱拡散シートとしての評価実験結果を図4に示す。ヒーター（2.0 W：サイズ $10 \times 10 \times 1.8$ mm^3，CPU チップを仮定）に熱伝導ゲル（熱伝導度 6.5 W/mK：厚さ 0.3 mm）を介して各種の熱拡散シート（$50 \times 50 \times t$mm^3）を貼り付け，赤外線画像測定装置を用いてヒーターの温度を測定した。熱拡散シートを用いない場合ヒーター温度は149℃であったが，Graphinity（40 μm）を用いると59℃に，ほぼ同じ厚さのアルミシートでは82.9℃，銅では71.5℃になった。この様な実験によって Graphinity は非常に優れた熱拡散（温度低下）効果を持っている事が確認された。

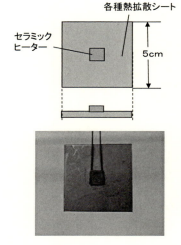

	シート表面温度	ヒーター温度
なし	149.0℃	149.0℃
KSGS (25μm)	59.0℃	62.7℃
KSGS (40μm)	56.0℃	59.4℃
NAGS (80μm)	61.8℃	64.5℃
銅　　(35μm)	71.8℃	71.5℃
アルミ (25μm)	82.0℃	82.9℃

図4　各種熱拡散シートの性能評価法と熱拡散シートを用いた時のシート表面温度とヒーター温度

4.2　グラファイトブロック (GB) の応用

高分子焼成法によるグラファイトブロック (GB) の作製はHOPG法に比べて遙かに簡易で，大型ブロックが得られるため，X線回折装置，蛍光X線分析装置の分光結晶（モノクロメータ）や中性子線の波長フィルタとして広く使用されている[15～19]。X線グラファイト分光結晶特性はab面の配向性（モザイクスプレッド値：MS）で決定され，①GBのMS値はHOPGと同等 (0.3°)，②HOPGよりX線反射強度が高い，③回折強度の均一性が良い，④反射特性（ロッキングカーブ）が良いという特徴がある。この様な特徴から，GBはX線回折装置，蛍光X線分析装置などの分光結晶として広く使用されている。

また，X線の単色化と集光が同時に湾曲成型したGBも開発されており，平板型結晶に比べて約5～10倍の集光特性が得られる。さらに高性能なX線集光素子としてトロイダル型集光素子も開発されており213.7倍の集光特性が得られる。これらの素子により強い強度を持つX線が容易に得られX線測定の効率化が実現できる。

中性子線用フィルタはモノクロメータで単色化された中性子線から高次の中性子線を取り除くために用いられる。中性子線用フィルタ用GBの特性は，$(I/I_0)_\lambda = 0.724$，$(I/I_0)_{\lambda/2} = 2.1 \times 10^{-4}$，である。これは波長$\lambda$の中性子線は72.4%を透過するが，除去したい$\lambda/2$の中性子線は0.0021%しか透過しないことを示している。この様な優れた特性のためこの中性子フィルタは現在世界各地の研究機関で使用されている。

4.3　グラファイト超薄膜の加速器応用

グラファイト超薄膜は加速器の分野で荷電変換膜やビームセンサーとしての応用が期待されている。加速器は荷電粒子を加速する装置の総称で最先端の高エネルギー物理学，物質科学，生命

第3章 ポリイミドからのグラファイト作製と応用

科学などの分野で大きな役割を担っている。加速器は素粒子生成実験に使用される大強度・高エネルギーのものから，医療（がん治療）用途などの小型のものまで多種多様である。この様な粒子加速器においてはビームの形状を破壊せずにリアルタイムに観測することが重要である。具体的にビーム形状を測定するセンサーには以下の4点が求められる。

① 通過ビームがセンシングによってほとんどエネルギーロスを受けないこと。
② 長期連続使用できる高い耐久性があること。
③ 検出感度が十分であること（ビームの通過で放出される2次電子の数が多いこと）。
④ 細いリボン状への加工が可能で，加工によって破断しないこと。

この様な精密なビーム壊診断用材料として高品質グラファイト薄膜が理想的な材料であることが，J-PARC（高エネルギー加速器研究機構／日本原子力開発研究機構（Japan Proton Accelerator Research Complex））のビームと，比較的小型のがん治療加速器である HIMAC（放射線科学総合研究所）とを用いて実証されていた[20~21]。しかしながら，センシングによるエネルギーロスを抑えるためには $1~2\,\mu m$ 程度の極めて薄いグラファイト膜であること，高い検出感度と耐久性の実現のために高品質であること，ビームセンサー作製のため大面積であることが必要であり，その様なグラファイト薄膜の製造は極めて困難であったためその商品化は実現していなかった。この様な背景から，KEK からの開発要請を受けてカネカでは上記①～④の条件を満

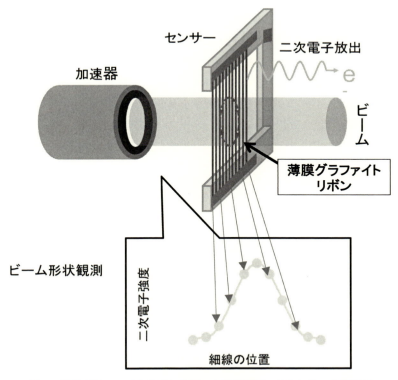

図5 薄膜グラファイトリボンを用いた加速器ビームセンサーの原理図

足する高品質超薄膜グラファイトの安定的な製造に取り組み,大面積で厚さ約 1.5 μm の膜の開発に成功した。この膜は高品質であるだけでなく機械的特性に優れていることから,耐久性の課題（②）と加工性の課題（④）は解決できた。

図5には超薄膜グラファイトを用いた診断方法の原理を示す。この方法では膜を 1～2 mm 程度にレーザーカットしたリボンをターゲットとして用いる。このターゲットにカーボンなどの重イオンビームや大強度ビームを照射して試験した結果,ビームの電磁的なエネルギーがターゲット与える影響は 0.0002%（J-PARC の 3 GeV エネルギーの陽子ビームの場合）であった。この放出した2次電子の数をリボン1本ごとに電流値として検出するが,リボン状にすることで従来の金属ワイヤーと比べて2次電子の放出を 100 倍以上にでき,さらに耐熱性が高いため大強度ビームや低いエネルギーのビームの領域まで広範囲に適用できることが分かった。この様な検討によって開発された超薄膜グラファイトはビームセンサーとして実際のビームラインに導入可能となった。このプロファイルモニターは精密な高品質ビームを診断するために大きな威力を発揮し,近年増えつつあるがん治療加速器などの高精度加速器においては,この様なセンサーが必須の診断装置となると予想される。

5　結論

ポリイミドから熱伝導性,電気伝導性などの物性に優れた高品質グラファイトシートが作製される。このシートはその高い熱伝導性を利用した熱拡散フィルムとして広く使用されている。また,複数枚の PI フィルムを積層,高温加圧成形をしてグラファイトブロックが得られ,X 線モノクロメータや中性子線フィルタとして利用されている。高分子焼成法を高度化することによりさらに優れた熱伝導性,電気伝導性,機械的強度を有する高品質超薄膜グラファイトを得ることができ,さらなる応用展開が期待される。

謝辞

高品質グラファイト超薄膜（多層グラフェン）に関する研究開発は NEDO（The New Energy and Industrial Technology Development Organization）プロジェクト,「低炭素社会を実現するナノ炭素材料実用化プロジェクト」,「ナノ炭素材料の応用基盤技術開発」,「ナノ炭素材料の革新的薄膜形成技術」において成されたものです。また,加速器用ビームセンサーへの応用に関する研究開発は高エネルギー加速器研究所,橋本義徳氏とそのグループによって成されたものです。ここに感謝します。最後に,多層グラフェンの共同開発者である,立花正満博士,多々見篤博士に感謝します。

第 3 章　ポリイミドからのグラファイト作製と応用

文　　献

1) A. W. Moore, Highly Oriented Pyrolytic Graphite, Chemistry and Physics of Carbon, **11** (1973)
2) L. Spain, A. R. Ubbelohde, D. A. Young, *Philosophical transactions of the Royal society*, **262**, 345 (1967)
3) M. Murakami, K. Watanabe, S. Yoshimura, *Appl. Phys. Lett.*, **48** (23), 9, p.1594 (1986)
4) 村上睦明, ㈭日本学術振興会, 炭素材料 第 117 委員会, 炭素材料の新展開, p.343 (2007)
5) M. Murakami, N. Nishiki, K. Nakamura, J. Ehara, T. Kouzaki, K. Watanabe, T. Hoshi, S. Yoshimura, *Carbon*, **30**, 255 (1992)
6) 鏑木裕ほか, ㈭日本学術振興会, 炭素材料 第 117 委員会, 炭素材料の新展開, p.49 (2007)
7) 羽島浩章, 山田能生, 白石稔, 資源環境技術総合研究所報告, 17, p.1 (1996)
8) M. Inagaki, T. Takeichi, Y. Hishiyama, A. Oberin, *Chem. Phys. Carbon*, **26**, pp.245-333 (1999)
9) 村上睦明, 太田祐介, 炭素, **251**, p.2 (2012)
10) I. L. Spain, *Chem. Phys. Carbon*, **16**, p.119 (1981) ; **8**, p.1 (1973)
11) 西木直巳, 武弘義, 村上睦明, 吉村進, 吉野勝美, 電気学会論文誌 A, **123**, 1115 (2003)
12) 広瀬芳明, ㈭日本学術振興会, 炭素材料 第 117 委員会, 炭素材料の新展開, p.322 (2007)
13) 西木直巳, 武弘義, 渡辺和廣, 村上睦明, 吉村進, 吉野勝美, 電気学会論文誌 A, **124**, 812 (2004)
14) 国峰尚樹, 機能材料, **26** (11), p.18 (2006)
15) 村上睦明, 星敏春, 西木直巳, 放射光, **6** (3), 43 (1993)
16) K. Ohno, M. Murakami, T. Hoshi, Y. Kobayashi, T. Shoji, T. Arai, *Advance in X-ray Analysis*, **37**, 545 (1994)
17) N. Nishiki, N. Metoki, K. Koike, J. Suzuki, S. Fujiwara, Y. Haga, S. Koizumi, *J. Phys. Soc. Jpn.*, **70**, 480 (2001)
18) 西木直巳, 川島勉, 中裕之, 牧野正志, 松原英一郎, まてりあ, **38** (1), 43 (1999)
19) 西木直巳, 川島勉, 村上睦明, 吉村進, 吉野勝美, 電気学会論文誌 A, **124**, 1059 (2004)
20) Y. Hashimoto *et al.*, Proceeding of HB2010, Morschach, Switzerland, p.429-433 (2010)
21) S. Otsu, Y. Hashimoto, T. Toyama, S. Muto, M, Mitani, Proceeding of the 8th Annual Meeting of Particle Accelerator Society of Japan (2011)

第4章　ポリイミドガス分離膜の設計開発

風間伸吾[*1]，永井一清[*2]

1　はじめに

　優れた機械強度，耐熱性と耐薬品性を併せ持つポリイミド膜は，酢酸セルロース膜やポリスルホン膜と並んで実用化されているガス分離膜の代表格である。国内では，通商産業省（現：経済産業省）が実施した大型プロジェクト「一酸化炭素等を原料とする基礎化学品の製造法（1980年度～1986年度）」の研究成果を活用して，宇部興産からポリイミド膜モジュールが市販されている。ポリイミド膜の用途は，①圧縮空気から最高99.9%の窒素を作る窒素富化，②ガスを乾燥する除湿，③石油精製所や化学工業のオフガスなどから水素やヘリウムを分離する水素分離，④水との共沸組成物から脱水する有機蒸気の脱水があり[1]，他にも天然ガスからの炭酸ガス除去などがある。

　ポリイミドは，イミド環が作り出す剛直な化学構造がガス分離膜の材料として有望であることから，前述の他にも数多くのポリイミド膜の研究成果が報告されており[2]，今でも革新的なポリイミド膜の研究が継続されている。本稿では，これまでの研究開発を紹介すると共に，更なる性能向上を目指して，ポリイミドガス分離膜の設計開発の指針を述べる。

2　高分子膜のガス透過モデル

　ガス分離膜は，透過速度がガスの種類で異なる現象を利用して，混合ガスから目的とするガスを分離する。材料の種類で，高分子膜，金属膜，無機膜に大きく分類される。図1に，高分子膜のガス透過モデルである「溶解・拡散モデル」を示す。

　図中で，ガス透過の駆動力は膜を挟んだ供給側と透過側の圧力差である。「溶解・拡散モデル」では，ガス分子は供給側（高圧）で膜の表面に溶解した後に，膜の中を拡散して透過側（低圧）で放出される。詳細は他の文献[3]に譲るが，高分子のガス透過性は，単位面積，単位時間，単位差圧，単位膜厚当たりのガス透過量である透過係数 P（$Nm^3 m/(m^2 s Pa)$）で表す。この透過係数 P は，膜表面におけるガスの溶解係数 S（$Nm^3/m^3 Pa$）と膜中のガスの拡散係数 D（m^2/s）の積として表され，ガスの種類で異なる。

[*1]　Shingo Kazama　　明治大学　高分子科学研究所　研究・知財戦略機構　客員研究員
[*2]　Kazukiyo Nagai　　明治大学　理工学部　応用化学科　教授

第4章 ポリイミドガス分離膜の設計開発

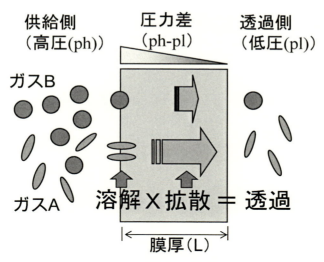

図1 高分子膜のガス透過モデル（溶解・拡散モデル）

$$P = D \times S \tag{1}$$

この透過係数Pは，高分子膜のガス透過実験から求める。単位面積（m^2）の膜に，圧力差（ph－pl）（Pa）を印加した場合の単位時間（s）当たりのガス透過量を透過流束F（$Nm^3/(m^2 s)$）と称し，この透過流束Fを圧力差で除した値を透過速度（パーミアンス）Q（$Nm^3/(m^2 s Pa)$）と称する。更に，この透過速度Qに膜厚L（m）を乗じた値が透過係数Pである。但し，実際の分離膜では正確に膜厚を求めることが難しいことから，分離膜のガス透過性を透過速度（パーミアンス）Qで表すことが多い。また，混合ガスでは，全圧にガス種のモル分率を乗じた分圧を圧力差として用いる。

$$Q = F/(ph - pl),$$
$$P = Q \cdot L \tag{2}$$

気体透過係数Pの単位として，慣用的に，$cm^3(STP) cm/(cm^2 s cmHg)$ を用いる。また，Barrer（1 Barrer = $10^{-10} cm^3(STP) cm/(cm^2 s cmHg)$）も用いる。透過速度Qの単位としてGPU（Gas Permeation Unit）を用いることがあり，1 GPU = $10^{-6} cm^3(STP)/(cm^2 s cmHg)$ である。

膜の分離性は，ガス A とガス B の透過係数比（P_A/P_B）である理想分離係数 α で表す。

$$\alpha_{A/B} = P_A/P_B = D_A/D_B \times S_A/S_B = Q_A/Q_B \tag{3}$$

ここで，拡散係数比 D_A/D_B を拡散選択性，溶解係数比 S_A/S_B を溶解選択性と称する。(3)式から，大きな分離係数を得るためには，拡散選択性と溶解選択性が共に大きな材料の開発が必要で

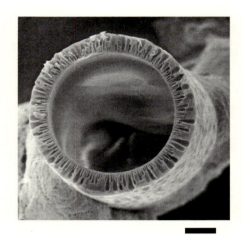

図2 カルド型ポリマーの非対称中空糸膜の断面写真[4]

ある。

　分離性能に優れる分離膜とは，透過性と分離性が共に優れる膜であり，①透過係数と理想分離係数が大きい高分子材料を用いて，②膜厚が薄い膜の開発を目指す。高分子材料の透過性が優れても，膜厚が厚いと分離膜としての十分なガス透過量を得ることができない。

　この膜厚が薄い膜構造の一つに非対称膜がある。図2に，カルド型ポリマーの非対称中空糸膜の断面構造を示す[4]。

　非対称膜は，良溶媒に溶解した高分子を貧溶媒でゲル化させる相転換法で製造され，分離機能を有する緻密で薄い分離機能層と圧力を支える多孔構造からなる。図2では，中空糸膜の内表面が分離機能層であり，一般的な非対称膜の分離機能層の厚さは100 nm～1 μmである。実用的な透過速度を有するポリイミド膜を得るためには，ピンホールフリーな薄い分離機能層を作り出すことが必要である。そのためには，適切な溶媒に溶解するなど，ポリイミドが加工性を有することが必要である。

3 膜材料としてのポリイミド

　ポリイミド膜では芳香族ポリイミドを好んで用いる傾向がある。これは，芳香族ポリイミドの剛直な化学構造がガス分離に有効と考えるからである。一方で，高分子主鎖などのパッキング性の制御や，溶媒溶解性を付与する目的で，エチレングリコール構造や脂肪族構造を有するポリイミドも開発されている。ポリイミドは，等モル量の酸無水物類とジアミン類との重縮合反応により，その前駆体であるポリアミド酸を経由して合成される[5]。酸無水物は，実験室レベルも含めると50種類以上が知られており[6]，ポリイミド膜の研究には試薬としても入手可能な図3に示

第4章　ポリイミドガス分離膜の設計開発

す酸無水物が好んで用いられる。ジアミンは非常に種類が多く，試薬としての入手も容易である。種類が豊富な酸無水物とジアミンの組合せでポリイミドの化学構造を任意に系統的に変えられる

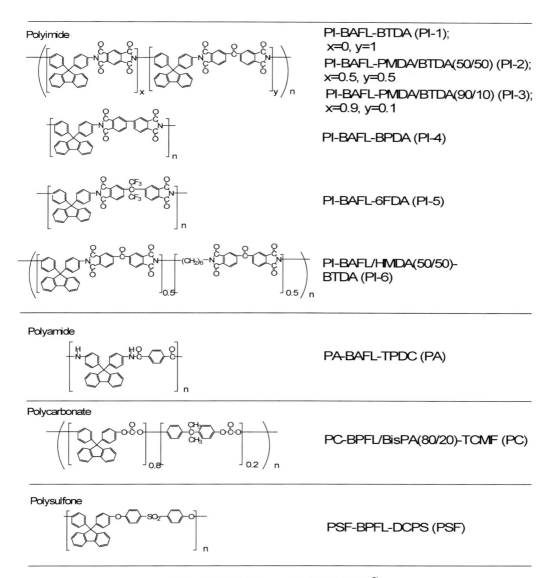

図3　分離膜に用いる代表的な酸無水物の化学構造

図4　カルド型ポリマーの化学構造と略号[7]

ことは，化学構造と分離性能の相関を研究する上での大きな利点でもある。

4 ポリイミドの分離性能

図4に，カルド型構造を有するポリイミド，ポリアミド，ポリスルホン，ポリカーボネートの化学構造を示す[7]。図5には，これらのフィルムのCO_2/N_2分離性能とO_2/N_2分離性能を示す[7,8]。図5で，縦軸は理想分離係数α，横軸はガス透過係数Pである。図中で，右上に位置するポリマーが分離性能に優れるが，CO_2/N_2分離とO_2/N_2分離のいずれにおいても，ポリイミドがポリアミド，ポリスルホン，ポリカーボネートに対して分離性能に優れることが分かる。

一方で，ポリイミドのαとPには右下がりのトレードオフの関係が認められ，Pが大きいポリイミドではαが小さい。Robesonは，高分子材料のαとPにトレードオフの関係があり，「Upper Bound」が存在することを報告した[9]。この「Upper Bound」を大きく超えるポリイミド膜が開発目標である。

5 ポリイミド膜の分離性能向上

ガスAとガスBの混合ガスからガスAの回収を考える場合に，優れた分離膜とは透過係数P_Aと理想分離係数$\alpha_{A/B}$（$=P_A/P_B$）が共に大きい膜である。ここでP_Aを拡散係数D_Aと溶解係数S_Aに分解すると，ガスAのD_AとS_AをガスBに対して選択的に増大させることで「Upper Bound」を超えるポリイミド膜の開発が期待できる。以下では，ポリイミド膜のDとSの増大に関して述べる。

5.1 拡散係数（D）の増大

高分子中のガス拡散は，高分子鎖のファンデル・ワールス体積で専有されない空隙，即ち，自由体積をガス分子が移動する現象である。図6に，ガス拡散の「DiBenedetto and Paulモデル」を示す[10]。図中で，4本の高分子鎖に囲まれたガス分子（球体で近似）は，熱運動で形成される高分子鎖の間隙がガス分子の直径よりも大きい活性化状態の場合に移動（＝拡散）が可能となる。また，形成された自由体積が長いと，1回のジャンプ距離が大きく，拡散係数が大きい。

ガスAとガスBの分離を考える。ここで，ガスAとガスBの直径はそれぞれd_Aとd_B（$d_A < d_B$）であり，ガス分子を挟んで対面に位置する高分子鎖間の活性化状態における距離をd_fとする。ここで，(4)式を満たす条件が常に成立すると，ガスAのみが拡散できる理想的な分子篩膜となる。

$$d_A < d_f < d_B \tag{4}$$

しかし，高分子鎖の絡み合いの形態は複雑であり，熱運動もランダムであることから，d_fは大

第4章　ポリイミドガス分離膜の設計開発

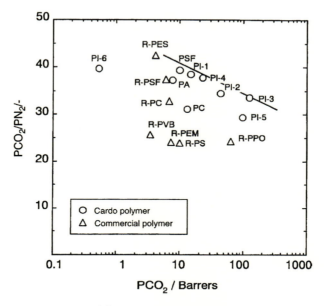

(a)　CO_2/N_2 分離性能

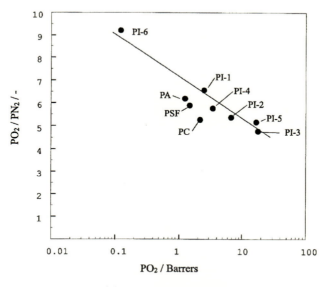

(b)　O_2/N_2 分離性能

図5　各種カルド型ポリマーの CO_2/N_2 分離性能と O_2/N_2 分離性能：
PCO_2 と $\alpha CO_2/N_2$，PO_2 と $\alpha CO_2/N_2$ の関係[7,8]
（図中の記号は図4の通り）

きな分布を持つ。従い，$d_B<d_f$の状態も存在して，現存の高分子膜では理想的な分子篩は報告されていない。

ガスAの拡散係数（D_A）を大きくする方策は，d_fをd_Aに対して大きくすることである。しかし，d_fに分布があることを考えると，同時にガスBの拡散係数（D_B）も大きくなる。この結果，拡散選択性（D_A/D_B）が小さくなる。これは，図5で透過性と分離性にトレードオフの関係が認められた原因の一つである。

以上の微視的な考察からガスAの拡散係数を選択的に増大するための指針として，①高分子鎖間の距離d_fがガス分子Aの直径d_Aよりも大きくガス分子Bの直径d_Bよりも小さいこと，②高分子鎖間隙に形成される自由体積が膜表面の垂直方向に長いこと，③熱運動に因る高分子鎖間の距離d_fの分布が小さいことが挙げられる。

自由体積が占める割合である自由体積分率（FFV）を，マクロ物性である高分子の比容積から算出することができる[11]。このFFVはDと良い相関を有しており，数多くのポリイミドにおいて1/FFVとlogDのプロットが負の直線関係を示し，FFVが大きいポリイミドのDが大きい[2]。この結果は，DiBenedetto and Paulモデルにおいて自由体積が大きい場合に拡散係数が大きい考察と定性的に一致する。このことからポリイミドで大きなDを得る方法の一つは，FFVが大きな化学構造を設計することである。

ポリイミドのFFVは主鎖構造が剛直なほど大きい傾向があり，図3に示した酸無水物から合成するポリイミドでは，ピロメリット酸二無水物（PMDA）＞ビフェニル酸二無水物（BPDA）＞ベンゾフェノン酸二無水物（BTDA）の順にFFVが大きい傾向にある[2]。

剛直な構造に加えて，トリフルオロメチル基（CF_3基）のような嵩高い置換基の導入もFFVの増大に有効である。この剛直な構造と嵩高い構造の導入によるFFVとDの増加の効果は，多

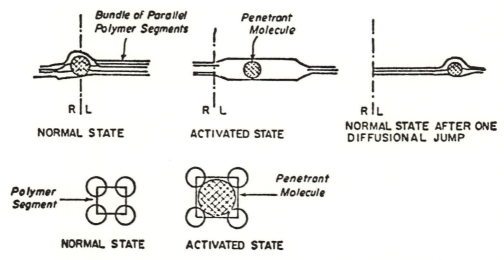

図6　高分子における気体分子の拡散モデル（DiBenedetto and Paulモデル）[10]

第4章 ポリイミドガス分離膜の設計開発

くのポリイミド膜で報告されている。一方で，FFV の増加は同時に他のガスの D の増加も招くので，拡散選択性の低下を招き，その結果 α が減少する。Robeson の壁を越えるためには，比容積から計算した FFV を指標に用いるポリイミド膜の研究には限界があり，自由体積の大きさと形状を分子レベルで制御する手法の開発が必要である。その為には，新規な化学構造の創出が期待される。同時に，分子レベルの構造解析技術が必要である。陽電子消滅法は自由体積の大きさを観察する方法として今後の発展が望まれる[12,13]。加えて，高分子鎖の局所運動を知る方法として固体 NMR を用いる緩和時間測定がある[14]。更に，量子化学計算が高分子膜のガス透過の評価に用いられる[15]。今後は，これらの解析方法も活用した革新的なポリイミド膜の研究に期待したい。

5.2 架橋構造の導入による拡散係数 (D) の制御

前述の通り，拡散選択性を低下させることなく拡散係数を増大させる為には，ポリイミド主鎖の間隙と熱運動の制御が重要である。この目的で，異なる酸無水物とジアミンを用いた主鎖構造と，種々の側鎖置換基の導入が検討されている。加えて，局所的な熱運動を制御する方法としては架橋構造の導入が有効であり，僅かな量の架橋構造の導入が，ガス透過性と分離性に大きな影響を与える[16]。興味深い架橋方法として，ポリイミド鎖の末端を固定する方法が提案されている[17]。架橋構造の導入は，CO_2 に因る高分子膜の可塑化対策としても有効である[18]。

5.3 炭化による拡散係数の制御

高分子を炭化した膜が開発されており，焼成温度の違いで，得られた炭素膜のガス透過性と分離性が大きく異なる[19]。焼成温度でガス透過性と分離性が大きく変わるのは，炭化の程度で，高分子鎖の熱運動性が変わること，また，自由体積の大きさと形状が変わることが原因と推測する。この結果から，高分子の炭化は高分子鎖の熱運動と自由体積を制御する方法としても有効と考える。

高分子鎖の間隙と熱運動性の制御を目的とする場合には，目的とする部位を部分的に炭化することが有効と推察する。その部分炭化の方法として，熱安定性が異なる構造を含むブロックコポリマーを熱処理することが考えられる。ここで，部分炭化すると著しく加工性が低下することから，実用的な膜構造である非対称膜などに加工してから炭化するプロセスが望まれる[20]。炭化は，耐熱性と耐溶媒性の向上にも有効である。

5.4 溶解係数 (S) の向上

透過係数 P に影響するもう一つの因子が溶解係数 S である。ここでは，P の向上を目的とした S の向上方法を述べる。

イミド環のカルボニル基は，酸素原子に $\delta-$ の電荷，炭素原子に $\delta+$ の電荷を有する分極した構造である。この分極により，極性分子である H_2O や NH_3 との間で静電相互作用が生じて，ポ

リイミド膜はその他のポリマーよりも極性分子に対して高いSを示す。また，分極しているCO_2などに対しても同様にSが大きい。この結果，ポリイミド膜はH_2O，CO_2のPが大きく，同時に溶解選択性も大きくαが大きい。

ポリイミドのSを選択的に向上する方法として，透過させたいガスと親和性を有する官能基の導入が有効である。H_2Oでは，親水性の官能基であるスルホン酸基などを導入したポリイミド膜がある[21]。また，CO_2ではアミノ基やポリエチレングリコール構造などの導入が知られている[22]。

自由体積の制御によるDの向上では拡散選択性が低下し易いのに対して，親和性官能基を導入するSの向上では，同時に溶解選択性も向上する利点を有する。しかし，官能基の量が増えて官能基同士の相互作用が強くなると，ポリマー主鎖の熱運動性が低下してDが減少することが懸念される。また，PEGなどの柔軟な構造の導入はイミド環の特徴である剛直性を弱めて，ポリイミドの特性を損なう可能性もある。

ガラス状高分子であるポリイミドでは，ガラス転移温度が高く自由体積分率が大きいとSが大きい。これは，ラングミュアー型のガス吸着挙動がSの向上に貢献した結果である。

ラングミュアー型のガス吸着では，ポリイミドの自由体積の大きさと形状がSに影響すると推察されることから，Dの向上と同様に，自由体積の大きさと形状，局所的な熱運動の制御が，Sの向上にも重要である。

5.5 ブロックコポリマーによる拡散係数（D）と溶解係数（S）の制御の可能性

物性が異なるAとBのユニットを含むブロックコポリマーの分離膜が報告されている[23]。ここでは，物性が異なるユニットAとユニットBのミクロ相分離構造を作り出し，それぞれの長所を併せ持つ分離膜の開発を目指す。図7に，ブロックコポリマーのミクロ相分離構造を示す[24]。コポリマーのユニットAとBの分率が変わると，球状，シリンダー状，らせん状，ラメラ状の異なる相分離構造を取る。

ブロックコポリマーが作り出すミクロ相構造を活用して，DとSを同時に制御する方法を考察する。図7で，ユニットBとしてSの大きな構造を選択して，このユニットBの高分子鎖の間隙を制御する手段として，ユニットAの構造を選択する。例えば，ユニットAに嵩高く分子鎖間隙が大きい構造を選べば，ユニットBの分子鎖間隙を固有の状態に比較して意図的に大きくできる可能性がある。このように，Sが大きい高分子鎖の間隙を制御する方法として有効と考える。

5.6 他素材とのハイブリッドとその他の方法

異なる素材とハイブリッド化することでポリマー膜の性能を向上させるMixed Matrix Membrane（MMM）が1970年代から研究されている[25]。ポリイミド膜に関する最近のMMMの研究例として，金属有機構造体（MOF）を用いた研究[26]，イオン液体を用いた研究[27]，ゼオ

第4章 ポリイミドガス分離膜の設計開発

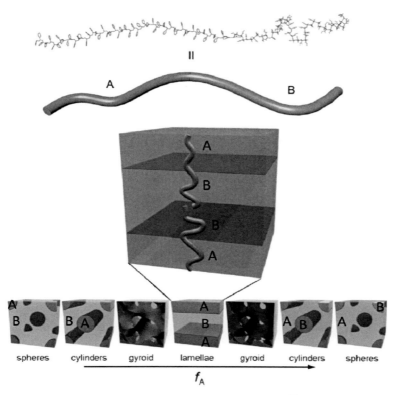

図7 ブロックコポリマーの相分離構造[24]

ライトとイオン液体を用いた研究[28]がある。いずれのMMMもCO_2分離用途に研究されており，高いCO_2分離性能を有する素材を安定な分離膜として活用する方法を提供する。ポリイミドではないが，同じガラス状ポリマーであるポリ-4-メチル-2-ペンチンにフュームドシリカをハイブリッド化した分離膜で，自由体積の増加と分離性能の向上が報告されている[29]。

自由体積の制御方法として，ガラス転移温度の近傍で熱処理を行うことでポリマー鎖を再配列する方法が提案されている。ポリイミド膜でもCO_2分離性能が向上することが報告されている[30]。

以上で開発したポリイミド膜の分離性能を最大限に引き出すためには，ピンホールフリーで非常に薄い分離機能層への加工と，ガス流れ効率が高い膜モジュール構造の開発も同時に必要である。

6 ポリイミド膜の展望

以下では，市場の拡大を期待するO_2/N_2分離とCO_2分離に関して，ポリイミド膜の展望を述べる。

6.1 酸素富化空気の製造：O_2/N_2 分離

　酸素濃度が 30% 程度の酸素富化空気は，燃焼炉の省エネに有効であると同時に，自動車の燃費向上やディーゼル粉塵の低減にも有効と考えられている。しかし，これらの用途に適用する場合には，現行の膜性能から 1.5 桁以上の大幅な Q の向上が必要である。

　酸素富化膜を用いて酸素濃度 30% を得るには，3 以上の α が必要である。一方で，前述のカルド型ポリイミドの α は 4.8〜9.2 であり，多くのポリイミド膜で α が 3 以上の条件を満たしている。ここで，酸素富化膜が実用化されない最大の理由は，膜の O_2 透過速度が小さいことから，必要な酸素富化空気を得るために膨大な膜面積を必要とすることである。単純計算では，Q が 1 桁大きいと必要な膜面積は 1/10 となり，その分だけ装置も小型化してコスト削減が可能となる。α が 3 以上を維持しながら高い P を得るには，拡散選択性を維持しながら DO_2 を大幅に増加することになる。しかし，前述の通り拡散選択性を維持しながら DO_2 を増加することは容易ではないが，剛直な化学構造を有して，モノマーの選択で化学構造を容易に制御可能なポリイミドへの期待が大きい。

6.2 CO_2 回収技術

　有力な温暖化対策技術として CO_2 回収・貯留（CCS）がある[31]。CCS は，石炭火力発電所などにおいて発生した CO_2 を分離回収して地中に貯留する技術であり，2050 年に全 CO_2 削減量の 17% を担うと試算されている。CCS を目的とする CO_2 回収では，火力発電所に代表される CO_2/N_2 分離，天然ガスの CO_2/CH_4 分離，そして IGCC の CO_2/H_2 分離などが対象となる。これらの CO_2 発生源の圧力は，大気圧から 100 気圧であり，ガス源の組成と圧力に適した分離膜の開発が必要となる。(公財)地球環境産業技術研究機構（RITE）では，1990 年の設立当時から CO_2 分離膜を研究しており，それぞれの用途に適したカルド型ポリイミド膜やポリアミドアミンデンドリマー（PAMAM）膜を開発してきた[32,33]。

　ポリイミド膜の CO_2/N_2 分離と CO_2/CH_4 分離では，アミノ基などの CO_2 親和性が大きい置換基の導入による S の向上が有効である。一方で，分子サイズが CO_2 よりも小さい H_2 からの分離においては，ポリイミド膜単独での CO_2 回収は難しい。改善策として，ポリイミドが形成する剛直な微細孔にポリアミドアミンデンドリマーを封じ込める構造が提案されている[34]。

　天然ガスからの CO_2 除去で，酢酸セルロース系分離膜が天然ガス採掘の洋上プラントで実用化されている。今後，CO_2 濃度が高い劣質なガス田の開拓のために CO_2 分離膜の需要が増えると考えられ，高性能なポリイミド膜の開発が期待される。

7　おわりに

　省エネルギーな分離技術として膜分離法への期待は大きい。これまでの豊富な基礎データの蓄積を基に，「自由体積の大きさと形状」，「分子鎖の運動性」などを分子レベルで制御する新しい

第4章 ポリイミドガス分離膜の設計開発

アイデアで，革新的なポリイミド膜が創出され，新たなガス分離膜の市場が開拓されることを祈念する。

文　　献

1) 宇部興産 HP，http://www.ube-ind.co.jp/japanese/products/chemical/chemical_14.htm
2) 岡本健一ほか，高分子加工，**41**（1），p.16（1992）
3) 永井一清，高分子論文集，**61**（8），p.420（2004）
4) S. Kazama *et al.*, *J. Membr. Sci.*, **243**, 59（2004）
5) 日本化学会編，第5版 実験化学講座〈26〉高分子化学，p.128 丸善（2005）など
6) D.-J. Liaw *et al.*, *Prog. Polym. Sci.*, **37**, 907（2003）
7) S. Kazama *et al.*, *J. Membr. Sci.*, **207**, 91（2002）
8) S. Kazama *et al.*, *High Performance Polym.*, **17**, 3（2005）
9) L. M. Robeson, *J. Membr. Sci.*, **320**, 390（2008）
10) C. E. Rogers, Polymer Permeability J. Comyn ed., p.47, Elsevier Applied Science Publishers（1985）
11) A. Bondi, Physical Properties of Molecular Crystals, Liquids and Glasses, Wiley（1968）
12) K. Tanaka *et al.*, *Macromolecules*, **33**, 5513（2000）
13) Y. Kobayashi *et al.*, *J. Phys. Chem. B*, **118**, 6007（2014）
14) M. Mikawa *et al.*, *J. Membr. Sci.*, **163**, 167（1999）
15) 福田光完，膜，**32**，62（2007）
16) K. Vanherck *et al.*, *Prog. Polym. Sci.*, **38**, 874（2013）
17) S. Kanehashi *et al.*, *Polym. Eng. Sci.*, **53**, 1667（2013）
18) C. Chen *et al.*, *J. Membr. Sci.*, **382**, 212（2011）
19) Rungta *et al.*, *Carbon*, **50**, 1488（2012）
20) Kusuki *et al.*, *J. Membr. Sci.*, **134**, 245（1997）
21) N. L. Le *et al.*, *J. Membr. Sci.*, **454**, 62（2014）
22) Y. Xiao *et al.*, *Prog. Polym. Sci.*, **34**, 561（2009）
23) M. G. Buonomenna *et al.*, *RSC Advances*, **2**, 10745（2012）
24) S. B. Darling, *Prog. Polym. Sci.*, **32**, 1152（2007）
25) M. Rezakazemi *et al.*, *Prog. Polym. Sci.*, **39**, 817（2014）
26) M. Askari *et al.*, *J. Membr. Sci.*, **444**, 173（2013）
27) S. Kanehashi *et al.*, *J. Membr. Sci.*, **430**, 211（2013）
28) R. Shindo *et al.*, *J. Membr. Sci.*, **454**, 330（2014）
29) T. C. Merkel *et al.*, *Macromolecules*, **36**, 6844（2003）
30) D. F. Sanders *et al.*, *J. Membr. Sci.*, **409-410**, 232（2012）
31) 茅陽一監修，CCS技術の新展開，シーエムシー出版（2011）

32) S. Kazama *et al.*, Greenhouse Gas Control Technologies 7, 5 (2005)
33) I. Taniguchi, S. Kazama *et al.*, *J. Membr. Sci.*, **475**, 175 (2015)
34) S. Kazama *et al.*, Annual Technical Report of Global Climate & Energy Project (2012), http://gcep.stanford.edu/research/technical_report.html

第5章 芳香族ポリイミドの炭素化による燃料電池用カソード触媒

難波江裕太*

1 はじめに

ポリイミドなどの芳香族系高分子は，化学的・熱的安定性，機械的強度などに優れており，スーパーエンジニアリングプラスチックとして様々な工業分野で応用されているが，触媒の分野との繋がりは，これまでそれほど大きくない。筆者はポリイミドの窒素含有量と不融性に着目し，燃料電池の白金代替カソード触媒として注目されているカーボン系カソード触媒の前駆体として，ポリイミド微粒子の合成法とその効率的な炭素化法を探求している。本章では，ポリイミド微粒子の合成法，炭素化法，および燃料電池触媒としての実力など，最近の研究の動向を紹介する。

2 研究背景

世界に先駆けて日本の自動車メーカーから「MIRAI」や「クラリティ FUEL CELL」などの燃料電池自動車が市販され，また家庭用燃料電池エネファームの累計導入台数が15万台を超えるなど，固体高分子形燃料電池（PEMFC）の注目度は年々大きくなっている。図1にPEMFC単セルの模式図を示す。PEMFCは燃料の水素と空気中の酸素の燃焼エネルギーを，直接電力に変換するデバイスであるが，水素の酸化を担うアノード，酸素の還元を担うカソードともに，炭素に担持した白金触媒（Pt/C触媒）が用いられている。酸素還元反応は水素酸化反応と比較して「遅い」反応であると認識されており，PEMFCで求められる酸素還元速度を得るには，多量の白金（車1台あたり数十グラム）を使用する必要がある。もしカソードの白金触媒を他の元素で代替できれば，白金のコストおよび希少性の問題を解決する大きなブレークスルーとなるので，世界中で非白金カソード触媒の開発が競うように行われている。最近注目されている非白金カソード触媒には，酸化物系[1]とカーボン系に大別されるが，ここではFe, N, Cを熱処理して作製されるカーボン系カソード触媒（Fe/N/C系触媒，カーボンアロイ触媒とも呼ばれる）を取りあげる。

窒素と遷移金属を含む前駆体を熱処理して酸素還元触媒を得る研究は，かなり古くから行われてきた。1960年代にJasinskiが熱処理を施していないCoフタロシアニンの酸素還元活性を報告

---

* Yuta Nabae　東京工業大学　物質理工学院　材料系　助教

した[2]。これはヘモグロビンなどの生体酵素を模倣した触媒と見ることもでき，以後フタロシアニンやポルフィリンなどの大環状錯体が盛んに研究された。一方1970年代にJhankeがこの種の大環状錯体を熱処理することによって，触媒活性と耐久性が大幅に向上することを報告して以来[3]，図2に示すような様々な前駆体を様々な条件で熱処理して触媒を調製する例が，数多く報告されている。基本的にFe，N，C源を含む前駆体を酸素が遮断された雰囲気で熱処理（600～1,000℃）すれば，程度の差こそあれ必ず酸素還元触媒活性が発現するといっても過言ではない。

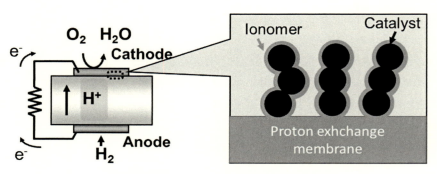

図1　PEMFCおよびカソード触媒層の模式図

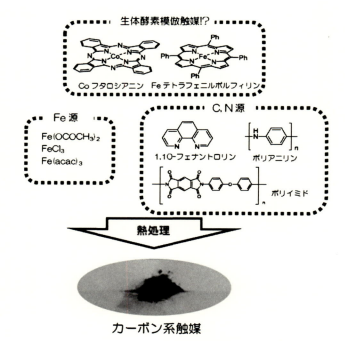

図2　カーボン系カソード触媒の調製

第5章　芳香族ポリイミドの炭素化による燃料電池用カソード触媒

3　カーボン系カソード触媒の機能・要求特性

　さて，触媒作製法の詳細な議論に移る前に，反応スキームと活性点構造に関して，現時点の筆者の考えを簡単に整理したい。図3に酸素還元の反応スキームを，図4に酸素の電気化学的還元サイトに関してこれまで提案されてきた構造の概略を示す。燃料電池では，酸素が水へ還元される4電子還元パスが望ましい反応パスである。高活性なカーボン系カソード触媒に関して，回転リングディスクボルタンメトリーなどの手法で見かけの反応電子数を見積もると，確かに4に近い値が算出される。これまで根強く信じられてきている活性点モデルはFeN_x構造である。生体酵素に見られる大環状錯体の構造が，熱処理によって炭素担体上に固定化された，あるいは類似構造がグラフェンの面内やエッジに熱処理によって生成し，その上で酸素の4電子還元が進行するという考え方である。しかしカーボン系触媒に関する筆者らの最近の研究では，正味4電子還元に見える反応でも，前半の2電子反応と後半の2電子反応が別々に進行する逐次還元パスが，酸素還元電流の少なくとも半分以上を占めていることが明らかとなっている[4]。さらに前段の2電子還元反応については，Feを含まないNドープカーボンが充分な触媒活性を有することも分

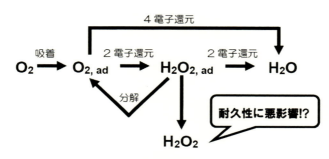

図3　酸素還元反応スキーム

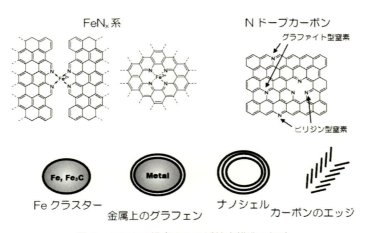

図4　これまで提案された活性点構造の概略

かっている[5]。ただしFeを含まない触媒は，酸性電解質中では反応電子数や酸素還元が進行する電位が下がり，正味の4電子還元触媒として作用しないのも事実である[6]。したがって筆者は，カーボン系触媒の酸素還元反応は，かなりの割合で2+2電子の逐次還元反応パスで進行し，前段の2電子還元をNドープカーボンが，後段の2電子還元ないしは直接4電子還元をFeN_x構造が促進しているのではないかと考えている。この考え方に基づけば，高活性なカーボン系カソード触媒には，カーボン中にNがドープされたサイトとFeN_x構造が充分な密度で存在しなければならないと考えられる。

カソード触媒として適切であると思われるカーボン材料のモルフォロジーについても本節で言及したい。図1に示すように，カソード触媒層は，触媒材料がアイオノマー（ナフィオンなどの陽イオン交換樹脂）で被覆された構造を取っている。酸素はカソード触媒層中の空隙を拡散してきて，アイオノマー層を介して輸送されたプロトンと，触媒の炭素を介して輸送された電子によって還元される。アイオノマーと触媒材料の界面を増やすためには，触媒の粒子径は小さい方が望ましい。しかし触媒層の電子導電性を考えればアイオノマーによってカーボン粒子が孤立するような状況は望ましくない。また有効に働く活性点の数を増加させる観点から，カーボン粒子中の細孔構造もある程度発達していた方が良い。特に上で述べたような逐次反応パスが存在する場合，反応基質と触媒の接触時間を長くすることによって，最終生成物であるH_2Oへの反応選択性を，言い換えれば正味の反応電子数を増加させられると期待できる。

4　ポリイミド微粒子から作製したカーボン系カソード触媒の性能

筆者らは前節で述べたような特性を実現するための適切なカーボン前駆体として，ポリイミドに着目している。ポリイミドは適切な量の窒素を含有しており，また高い炭素化収率も期待できる。そしてポリイミドの不融性は，前述したモルフォロジーを実現するために有利に働く。重合時に微粒子形状を形成できれば，それを融着させることなく形態を維持したまま炭素化できるからである。

図5は，次節に示す方法で作製したポリイミド微粒子を，図中上段に示す熱処理プロトコルによって得た炭素粉末のFE-SEM像，組成，BET比表面積である[7]。粒子径が100 nm，および60 nm程度のポリイミド微粒子を熱処理したところ，粒子形状を維持したまま炭素化することに成功した。比較として示したPt/C触媒のカーボンの一次粒子径（30〜40 nm程度）に近く，PEMFCのカソード材料として適切なモルフォロジーを達成していると示唆される。また得られた炭素は，2 wt%弱のFe，3 wt%弱の窒素を含有している。Feの化学状態をX線吸収分光で調べたところ，大部分はクラスター状に還元されたFe種であるが，一部がFeN_x種として存在することが示唆された。

このようにして得た炭素粉末をカソード触媒に用いて，PEMFCの単セル試験を行った結果を図6に示す[7]。図中左の分極曲線において，1 A cm^{-2}の電流密度を，カソードガスに純酸素を用

第5章　芳香族ポリイミドの炭素化による燃料電池用カソード触媒

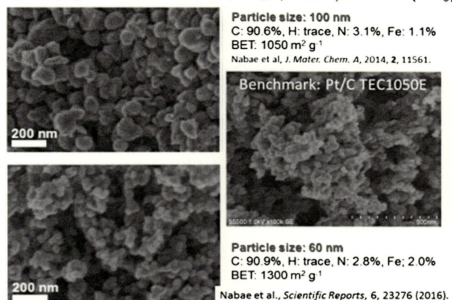

図5　ポリイミド微粒子を炭素化して得た触媒

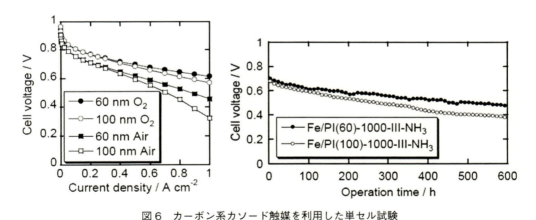

図6　カーボン系カソード触媒を利用した単セル試験
電解質：Nafion NR211，アノード触媒：PtRu/C 触媒 0.4 mg-PtRu cm^{-2}，カソード
触媒：カーボン系触媒 4 mg cm^{-2}，測定温度：80℃，全圧：0.2 MPa
右図は 0.2 A cm^{-2} の電流密度を保持した際の電圧の経時変化

いた場合は 0.6 V で，カソードガスに空気を用いた場合は 0.46 V でそれぞれ達成している。これまで公開されている文献ベースでは，カナダの Dodelet グループ[8]やアメリカの Mukerjee グループ[9]の報告が非白金カソード触媒のトップデータとされてきたが，我々のポリイミド由来の触媒では，純酸素下では既報のトップデータと同等，空気下では既報を上回った出力を示してい

る。空気中の酸素分圧は純酸素に比べて低く、カソード触媒の酸素の拡散による分極が大きくなり易く、触媒材料のモルフォロジーの重要度が相対的に増加しており、ポリイミド微粒子によって触媒のモルフォロジーを注意深く制御することが奏功していると考えられる。右図には単セルの連続運転試験の結果を示す。時間とともに出力が低下するのは事実であるが、600 h 以上の運転を達成している。また微粒子化によって耐久性が若干向上していることも興味深い。これは微粒子化によってカソード触媒層中での基質と触媒の接触時間が増加し、H_2O_2 の生成量が低下したためであると考えられる。

5 ポリイミド微粒子の作製法、および炭素化法

本節では、筆者らが取り組んでいるポリイミド微粒子の合成法について解説する。ポリイミドのモルフォロジー制御に関しては、浅尾ら[10]や木村ら[11]による先駆的な研究が既にまとめられていたので、それらを参考にした上で、沈殿重合法で微粒子形状を得ることとした。ただし筆者らがターゲットとするような粒子径のポリイミド合成例は過去に見当たらなかったので、重合条件を詳細に検討した。まず図7(a)に示すように、ポリイミドの前駆体として最も一般的な、ピロメリット酸無水物（PMDA）と 4,4'-ジアミノジフェニルエーテル（ODA）に関して、沈殿重合の反応条件を検討した[12]。Fe源としてはFe（acac）$_3$ 錯体を用い、重合時に添加することとした。図8、図9にPMDAとODAのアセトン中での沈殿重合によって作製されるポリイミド微粒子の重合温度依存性、モノマー濃度依存性を示す。重合温度が低い方が、ポリイミドの粒子径が小さい。これは温度の低下によって重合速度、およびポリアミド酸の溶解度が低下し、粒子が成長する前に沈殿が生じたためであると考えられる。モノマーの濃度も粒子径に影響を与え、ある程度高濃度の方が、微細な粒子を与えることが分かった。以上のように、PMDAとODAからは100〜300 nm 程度のポリイミド微粒子の合成に成功し、図5に示すようにその形状を維持したまま炭素化することにも成功した。

さらに微粒子化されたポリイミドの作製を目指し、ポリアミド酸と溶媒の界面を安定化させるために、重合時に分散剤を添加することを検討した。いくつかの候補を検討した結果、沈殿重合に用いるアセトン溶媒中に N,N-ジメチルドデシルアミンを 0.3 wt% 程度添加することによって 60 nm 程度まで粒子径を下げることができることが分かった。しかし、PMDAとODAにこの手法を適用し、図5に示す熱処理プロトコルで炭素化したところ、熱処理中にポリイミドが融着してしまい、微粒子形状を維持することができなかった。恐らく分子量が低く、耐熱性が低下したためであると考えられる。そこで図7(b)に示すようにODAを三官能アミンである 1,3,5-トリス（4-アミノフェニル）ベンゼン（TAPB）に置き換え、耐熱性の向上を試みた。モノマーの仕込み比は、ネットワークポリマーの化学量論比（3:2）とした。その結果図10に示すように、TAPBを用いても 60 nm 程度のポリイミド微粒子が合成できることが分かった。さらにこのポリイミドを熱処理により炭素化したところ、図5に示すように 60 nm の粒子径を維持したまま

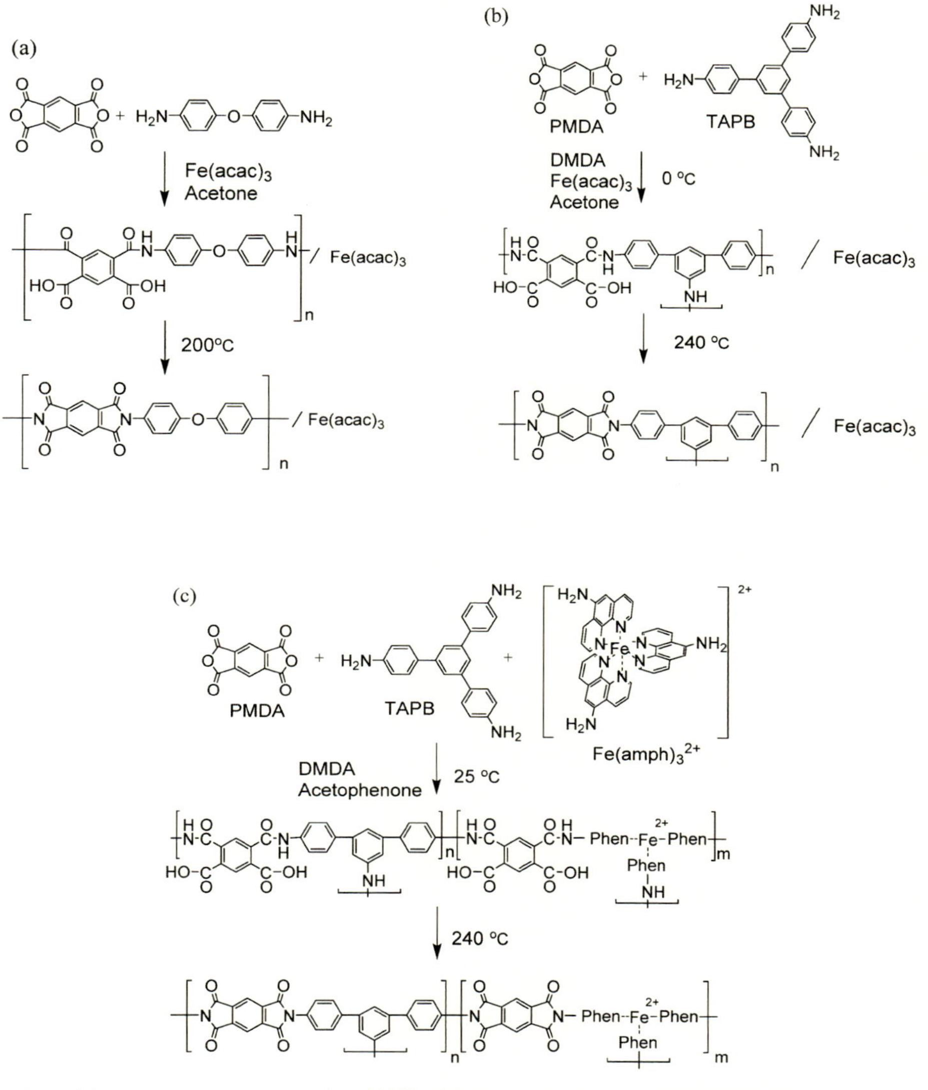

第5章 芳香族ポリイミドの炭素化による燃料電池用カソード触媒

図7 (a) 100～300 nm のカーボン系触媒，(b) 60 nm のカーボン系触媒の作製に用いたポリイミド微粒子，および(c) Fe 錯体が共重合されたポリイミド微粒子の合成経路

炭素化することに成功し，前節で紹介した優れた触媒活性を示すことが明らかとなった。

上で述べたポリイミド微粒子の作製法では，沈殿重合時に Fe（acac）$_3$ 錯体を添加している。しかしこの Fe 錯体は，生成したポリアミド酸，ないしはポリイミドと特に相互作用しておらず，重合後のポリアミド酸溶液を濾過すると，ほぼ全ての Fe 源が濾液側に逃げてしまう。実際の触媒調製では，重合溶液をエバポレーターによって蒸発乾固して，Fe 源の導入量と均一性を確保しているが，スケールアップを行うと均一性の確保が困難になる可能性がある。そこで図7(c)に示すように Fe のアミノフェナントロリン錯体（Fe（amph）$_3$）を用意し，PMDA および TAPB

図8　PMDAとODAの沈殿重合における温度依存性

図9　PMDAとODAの沈殿重合におけるモノマー濃度依存性

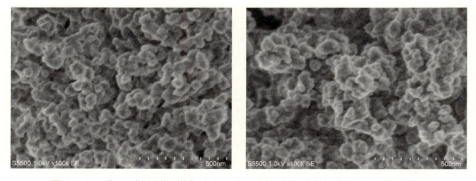

図10　Fe（acac）$_3$錯体（左）とFe（amph）$_3$錯体（右）が共存した沈殿重合

との共重合を行う手法を検討した[13]。Fe（amph）$_3$はアセトンへの溶解性が低く，図7(b)と同じ条件では微粒子形状が崩れてしまった。そこで種々条件を検討した結果，重合溶媒をアセトンからアセトフェノンへ，重合温度を0℃から室温に変更することで，図10に示すような微粒子状のポリイミドを合成することに成功した。得られたポリイミドを炭素化し，電気化学測定を行うことによって，図7(b)の方法で作製した触媒と同等の触媒活性が発現することを確認している。

本節の最後に，ポリイミド微粒子を炭素化する熱処理プロトコルについて，PMDAとODAから作製したポリイミド微粒子を例に挙げて解説する。図11に，PMDAとODAに2wt％のFe源を添加して沈殿重合法により作成したポリイミド微粒子の，炭素化後の組成，比表面積，電気化学測定（RDE）の結果を示す[12]。ポリイミド微粒子を600℃，800℃で一段階の熱処理を

第5章　芳香族ポリイミドの炭素化による燃料電池用カソード触媒

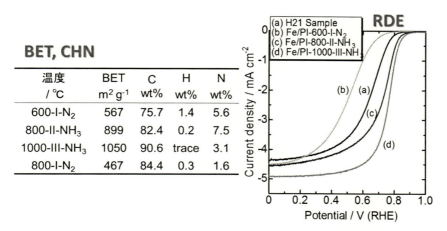

図11　様々な熱処理条件で炭素化したポリイミド微粒子の評価結果

実施すると（600-I-N_2，800-I-N_2），窒素量はそれぞれ5.6 wt％，1.6 wt％となった。Fe源は600℃程度でFeクラスターに還元され，生成したFeクラスターによって，炭素のネットワークが成長していくが，過剰なFeクラスター存在下で800℃程度まで昇温してしまうと，Feクラスターによって窒素種の脱離が促進されてしまう[14]。実際RDEの結果を見ると800-I-N_2の電流密度は他の触媒に比較して著しく低い。そこで筆者らは，熱処理を多段階に分割し，合間に塩酸による洗浄工程を入れた「多段熱処理法」を開発した。具体的には600-I-N_2を一旦塩酸で洗浄して過剰なFe種を除去してから800℃での熱処理を行った（800-II-NH_3）。このときの雰囲気は賦活による表面積増加を意図してアンモニアとした。800-II-NH_3は600-I-N_2と比較して高い比表面積と窒素含有量を示し，RDEの結果も良好である。アンモニアガスは賦活の際に窒素含有量を高く保持することにも貢献していると考えられる。800-II-NH_3をさらに酸洗浄し，1000℃のアンモニア雰囲気下で熱処理した1000-III-NH_3は，さらに比表面積が増加し，触媒活性も増加した。このように，熱処理初期はFeクラスターの炭素化促進効果を積極的に利用し，後半では余剰のFe種を除去しながら高温処理することによって，効果的にポリイミド微粒子を炭素化することに成功した。また最近では，Feの仕込み量を0.5 wt％まで低減し，代わりに酸洗浄工程を省略したプロトコルでも，同様に高活性なカーボン系触媒が合成できることを確認している[4]。

6　メソポーラス化の取り組み

前節までは，沈殿重合法によって作製したポリイミド微粒子の炭素化について紹介したが，本節では筆者らが最近取り組んでいるメソポーラスカーボンの作製法について紹介する。有効な活性点数の向上，および第3節で言及した逐次還元促進の観点から，カーボン系カソード触媒にメソポーラス構造を導入することで，効率的な酸素還元反応が進行すると期待できる。含窒素メソポーラスカーボンは，メソポーラスシリカ内に含窒素モノマーを充填し，熱処理によって重合・

炭素化を行った後にシリカを除去するハードテンプレート法が知られている[15]。しかしこの方法はハードテンプレートの除去工程が煩雑であること，また生成したメソポーラスカーボンが脆く，粉砕による微細化を行えないという欠点がある。実際筆者らもKIT-6をハードテンプレートとした含窒素メソポーラスカーボンの作製法を報告しているが[5]，ボールミルの粉砕に供すると，メソポーラス構造が消滅してしまった。3節に説明した理由により，PEMFCのカソード材料ではある程度微細化した触媒粉末が必要であるので，粉砕が行えないのは致命的である。これに対し筆者らは最近，本書第2編第3章で紹介されている自己組織化イミドフィルムを多段熱処理法によって炭素化し，含窒素メソポーラスカーボンを作製することに成功した[16]。ポリイミドなどの縮合系高分子は，これまで自己組織化による周期構造の形成は困難であると考えられてきたが，本書で解説されているように，最近になって早川らによってソフトテンプレートアプローチによる自己組織化イミドフィルムの合成法が確立された[17]。図12に，自己組織化イミドフィルムの合成法と，筆者らが用いた熱処理プロトコルを示す。Fe源を最初に入れるとミクロ相分離構造の形成に悪影響があるので，まずFe源なしでフィルムの作製と炭素化を実施し，その後Fe源を含浸担持後，アンモニア処理を行った。1,000℃のアンモニア処理後の組成を調べたところ，窒素を2 wt%程度，Feを0.9 wt%程度含有する炭素粉末となった。図13に，作成したメソポーラスカーボンのSAXSパターンと細孔径分布を示す。炭素化前のイミドフィルム，炭素化物のいずれも，明確に回折パターンが観測された。BJH法によって求めた細孔径は約4.8 nmで

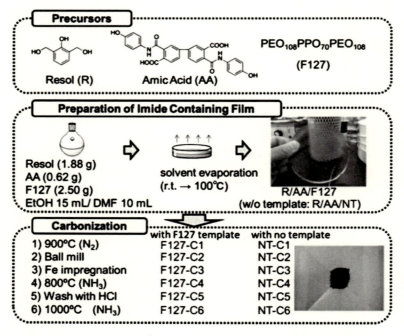

図12　ソフトテンプレート法によるイミド化膜の作成と炭素化

第5章　芳香族ポリイミドの炭素化による燃料電池用カソード触媒

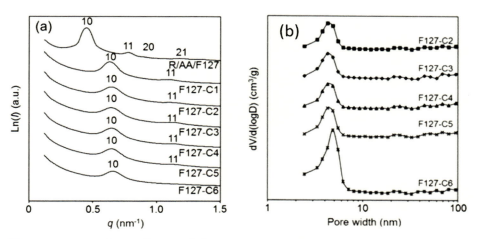

図13　ソフトテンプレート法により作成したメソポーラス炭素のSAXSパターンと細孔径分布

図14　ソフトテンプレート法により作成したメソポーラス炭素のFE-SEM像

あった。特にボールミル粉砕後でもメソポーラス構造に変化が現れなかったことが興味深い。また炭素化前のイミドフィルムの恒等周期長は14.0 nmであったのに対し、炭素化後は9.8 nmとなった。これは筆者らが以前に検討したハードテンプレート法と対照的である。即ち、ハードテンプレート法では、炭素化時にテンプレートが収縮しないので生成する炭素の密度が低下し、粉砕に耐えられない脆い炭素粉末が得られるが、ソフトテンプレート法では、テンプレートがミク

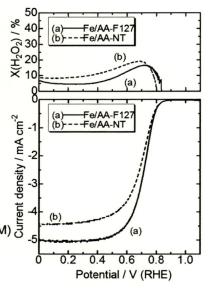

図15 ソフトテンプレート法により作成したメソポーラス炭素のRRDE

ロ相分離構造を維持したまま収縮することにより，炭素化物の密度が増加し，粉砕に耐えうるメソポーラスカーボンの合成に成功したと考察できる。このようにして作製したメソポーラスカーボンのFE-SEM像を図14に示す。粉砕によって粒子は数百ナノメートルとなっており，粒子の表面にメソポーラス構造が明確に観察された。図15に，このメソポーラスカーボンとソフトテンプレートを用いずに作製したカーボンの電気化学測定の結果を示す。実線で示したメソポーラスカーボンにおいて，限界電流密度（電流密度が物質供給に支配され，電位依存性示さない領域）が増加している。これはメソポーラス構造によって酸素の拡散が促進されたためであると考えられる。またH_2O_2の選択率が低下していることも興味深い。今後Fe源の添加量や細孔径を最適化し，さらに高活性な触媒を合成したいと考えている。

7　おわりに

本章で紹介した研究は，筆者らがNEDOの委託を受け，PEMFCの白金代替触媒の開発を目的として実施したものであり，現在も後継プロジェクトで研究が行われている。本章で示したように，ポリイミドは含窒素カーボンの炭素源，窒素源として優れた特性を有しており，電極触媒の分野でのさらなる発展が期待される。また筆者はポリイミド微粒子自体を電極触媒ではなく，より一般的な不均一系触媒の触媒担体として[18]，あるいは末端修飾したポリイミド自身を触媒材料として[19]利用する試みも行っている。今後もポリイミドのモルフォロジー制御や修飾法を突き詰めるとともに，触媒用途での芳香族ポリマーの発展をさらに推し進めたい。

第5章　芳香族ポリイミドの炭素化による燃料電池用カソード触媒

文　　献

1) S. Doi, A. Ishihara, S. Mitsushima, N. Kamiya, K. Ota, *J. Electrochem. Soc.*, **154**, B362 (2007)
2) R. Jasinski, *Nature*, **201**, 1212-1213 (1964)
3) H. Jahnke, M. Schönborn, G. Zimmermann, *Top. Curr. Chem.*, **61**, 133-181 (1976)
4) A. Muthukrishnan, Y. Nabae, *J. Phys. Chem. C*, **120**, 22515-22525 (2016)
5) J. Park, Y. Nabae, T. Hayakawa, M. Kakimoto, *ACS Catal.*, **4**, 3749-3754 (2014)
6) A. Muthukrishnan, Y. Nabae, T. Okajima, T. Ohsaka, *ACS Catal.*, **5**, 5194-5202 (2015)
7) Y. Nabae, S. Nagata, T. Hayakawa, H. Niwa, Y. Harada, M. Oshima, A. Isoda, A. Matsunaga, K. Tanaka, T. Aoki, *Sci. Rep.*, **6**, 23276 (2016)
8) E. Proietti, F. Jaouen, M. Lefevre, N. Larouche, J. Tian, J. Herranz, J.-P. Dodelet, *Nat. Commun.*, **2**, 1-6 (2011)
9) K. Strickland, E. Miner, Q. Jia, U. Tylus, N. Ramaswamy, W. Liang, M. Sougrati, F. Jaouen, S. Mukerjee, *Nat. Commun.*, **6**, 7343 (2015)
10) 日本ポリイミド・芳香族系高分子研究会編，新訂　最新ポリイミド─基礎と応用─ p456, エヌ・ティー・エス（2010）
11) T. Sawai, K. Wakabayashi, S. Yamazaki, T. Uchida, Y. Sakaguchi, R. Yamane, K. Kimura, *Eur. Polym. J.*, **49**, 2334-2343 (2013)
12) Y. Nabae, Y. Kuang, M. Chokai, T. Ichihara, A. Isoda, T. Hayakawa, T. Aoki, *J. Mater. Chem. A*, **2**, 11561-11564 (2014)
13) Y. Nabae, S. Nagata, *J. Photopolym. Sci. Technol.*, **29**, 255-258 (2016)
14) Y. Nabae, M. Sonoda, C. Yamauchi, Y. Hosaka, A. Isoda, T. Aoki, *Catal. Sci. Technol.*, **4**, 1400 (2014)
15) A. Vinu, K. Ariga, T. Mori, T. Nakanishi, S. Hishita, D. Golberg, Y. Bando, *Adv. Mater.*, **17**, 1648-1652 (2005)
16) Y. Nabae, S. Nagata, K. Ohnishi, Y. Liu, L. Sheng, X. Wang, T. Hayakawa, *J. Polym. Sci. Part A Polym. Chem.*, **55**, 464-470 (2017)
17) Y. Liu, K. Ohnishi, S. Sugimoto, K. Okuhara, R. Maeda, Y. Nabae, M. Kakimoto, X. Wang, T. Hayakawa, *Polym. Chem.*, **5**, 6452-6460 (2014)
18) Y. Shi, Y. Nabae, T. Hayakawa, M. Kakimoto, *RSC Adv.*, **5**, 1923-1928 (2015)
19) Y. Mikuni, M. Mikuni, N. Takusari, T. Hayakawa, M. Kakimoto, *High Perform. Polym.*, accepted.

第6章 バイオポリイミドの開発と有機無機複合化による透明メモリーデバイスの作製

金子達雄[*1], 劉 貴生[*2]

1 芳香族生体分子

　グルコースなどの糖分を植物や微生物の作用により変換して生産される生体分子を出発物質とする材料の開発は，持続可能低炭素化社会の構築に有効な手段と成り得る[1)]。それは，バイオ燃料とは異なり，二酸化炭素由来のカーボンを材料中に長期間固定化でき，大気中の二酸化炭素濃度を長期間削減した状態を維持できるためである。もし，リサイクル性のあるバイオプラスチックを長期間流通させることができれば，炭素をすぐに大気中へと戻すことなく"長期カーボンストック"が行える重要な低炭素化概念となる。例えば，ポリ乳酸は最もポピュラーかつ産業的に成功しているバイオプラスチックの一つであり，シェールガス採掘時にも適度な分解性を持つ生分解性プラスチックとして利用され医療分野でも注目されている重要な高分子である。そのほかに，植物由来セルロース類やその他の微生物由来高分子，合成系のポリブチレンスクシネートなど，様々な手法で数多くの環境循環型高分子の研究がなされてきた[2)]。一方，これらのほとんどは脂肪族系であり耐熱温度や力学強度が低いために用途の幅が狭く，現状としては分解性を基本にした応用が中心である。

　他方，非結晶である透明樹脂の力学強度は一般に低い。例えば，ポリカーボネートの力学強度は62 MPa，PMMAは60 MPa，ポリ乳酸は60 MPa程度，バイオナイロンとして有名なナイロン11は67 MPaである。一般に力学強度を向上させるためには，芳香環などの分子間力を高めることのできる構造部位を導入する方法がとられる。例えば，透明かつ高強度の芳香族ポリマーとしてはフッ素化ポリイミド（力学強度129 MPa）が挙げられるが[3)]，フッ素などのヘテロ元素は環境への負荷や高コストが問題であり，持続可能社会における普及には問題がある。

　上記のガス資源とは異なり，植物分子の中には高耐久性や高耐熱性を誘導する芳香族系のものが数多くある。例えば，木皮中に存在する芳香族系高分子であるリグニンはほとんどの植物の中に含まれる最も剛直な天然分子であり，その材料化に関する試みが古くからなされている。しかし，溶解性・加工性に乏しく，材料として利用するにはさらなるブレイクスルーが要求される。かつ，構造が極端に複雑であり画一性もなく常に同じ構造のものが得られるとは限らない。実際，

[*1] Tatsuo Kaneko　北陸先端科学技術大学院大学　先端科学技術研究科
　　　環境・エネルギー領域　教授
[*2] Guey-Sheng Liou　国立台湾大学　高分子科學與工程學研究所　特聘教授

第6章 バイオポリイミドの開発と有機無機複合化による透明メモリーデバイスの作製

リグニンを高濃度に含む留分を天然から得られたとしても，そこに含まれるリグニンの構造や不純物の決定は困難を極める。このリグニンに様々な処理・工夫を施すことにより，プラスチックとして使用できるレベルのものが得られるという先端的研究がなされている。しかし，そのプラスチックの構成成分が決定されないままの実用化は，信頼性・安全性などの問題から困難な状態にある。そこで，リグニンを分解することで構造を決定する研究が広く展開され，様々な分光学的手法の発展も伴って，その構造はより明確となってきた。このような状況の中で，筆者らはリグニンの断片化を行うのではなく，リグニンの生合成前駆体である桂皮酸類に注目してきた。桂皮酸類は芳香族アミノ酸の酵素反応により簡単に合成されるために多くの種類が存在し，最も重要な芳香族生体分子の一つである。図1にその具体例の一部を示すが一番上の段に芳香族アミノ酸が示されてある[4]。これらのアミノ酸が源となりフェニルプロパノイドの一種であり多くのポリフェノールの原料ともなりうる桂皮酸類が生産される。例えば左上のフェニルアラニン（Phe）にフェニルアラニンアンモニアリアーゼ（PAL）という酵素が作用し桂皮酸（cinnamic acid）が生産される。この反応はあらゆる植物中で行われ多くの微生物が持つ酵素の存在下で進行する。同様に中上のチロシン（Tyr）にチロシンアンモニアリアーゼ（TAL）が作用してパラクマ

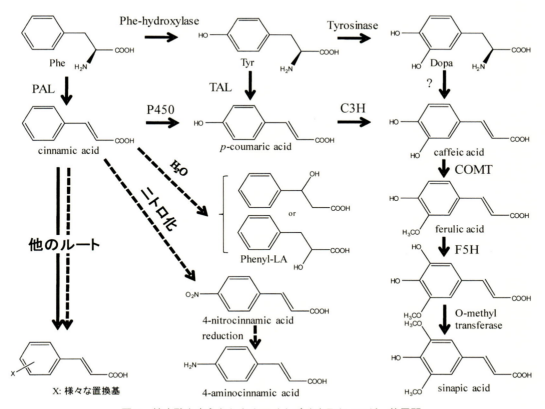

図1　桂皮酸を中心としたホワイトバイオテクノロジー的展開

ル酸（p-coumaric acid）が生産される。これら PAL 酵素と TAL 酵素には厳密な区別はなく，多くの場合に全く同じ酵素がこの両方の反応を促進させることが可能である。つまり，フェニルアラニンの4位の置換基を変化させてもこの種の反応を進行させられることを意味している。アンモニアリアーゼとは基質となるアミノ酸のα-アミノ基をβ位の水素とともに脱アンモニアすることで二重結合を生成する酵素であるが，筆者らの知る限りこれと同等の反応を示す人工的な触媒反応や化学反応はこれらの酵素反応以外に発見されていない。ほとんどの酵素反応が石油化学的手法で再現できるようになってきている中で，これほどの有名な酵素反応が未だ石油化学的に再現できていないのは驚きである。その意味で，この種の酵素は貴重ともいえる。ただ，右上のドーパの脱アンモニアを促進する酵素の報告例はなく，そのすぐ下にあるカフェ酸（caffeic acid）はパラクマル酸を基質とする 3-ヒドロキシアーゼ（C3H）の作用により得られる。このカフェ酸からフェルラ酸が得られるが，フェルラ酸は植物からの抽出により得られることが多く，米ぬかなどから和歌山県工業技術センターと築野食品工業の共同研究により大量生産する手法が開発された[5]。フェルラ酸からの二段階の酵素反応によりシナピン酸（sinapic acid）が得られる。桂皮酸類はマトリックス支援レーザー脱離イオン化（MALDI）質量分析法において，レーザー光線を吸収し検体にプロトンを供与する能力を持つマトリックスとして一般に使用されているが，特にシナピン酸は様々なペプチドおよびタンパク質のための有用なマトリックスである[6,7]。これら桂皮酸類の生産に関しては合成化学的手法も古くから開発されていることと極めて効率の良い光二量化反応を示すために，多くの研究者により研究されてきた経緯がありその付加価値は極めて高い。かつ，上記に示すように酵素反応系が確立されているために，遺伝子組み換え法により必要な酵素をコードする遺伝子を宿主となる微生物に導入することで，これらの微生物をマイクロリアクターとして利用することが可能となる。理想的には適切な発酵条件を与えるだけでグルコースなどの植物資源を桂皮酸類などの高付加価値物質へと水中，室温という極めて環境適応性の高い条件のもとで大腸菌などを用いて one-pot で変換できる。したがって，持続可能社会においては合成化学的手法からこれらの発酵生産に取って代わると予想される。最近，ホワイトバイオテクノロジーという微生物工学的手法と合成化学的手法を組み合わせてあらゆる化合物を生産するための手法論が活発化している。この方法に則れば図1の左下部分に点線で記載したように一般的に用いられる芳香族置換反応などを利用することで桂皮酸類の構造論的幅はさらに広がり，4-アミノ桂皮酸など微生物が不得意とするアミン化合物への展開も可能となる。

　筆者らは高谷直樹教授（筑波大学生命環境科学研究科　教授）らと共にこの 4-アミノ桂皮酸の発酵生産に敢えて挑戦し，かつその超高性能ポリマー原料としての利用方法の開発も行ってきた[8~11]。本章では，科学技術振興機構（JST）戦略的創造研究推進事業・先端的低炭素化技術開発（ALCA）の助成の下で行った「微生物バイオマスを用いた超高性能バイオプラスチックの開発」に関する研究成果の一部を紹介する。

第6章　バイオポリイミドの開発と有機無機複合化による透明メモリーデバイスの作製

2　バイオ芳香族ジアミン

　芳香族ポリアミドは芳香族を高度に含み極めて剛直な構造を持つことが，従来のバイオポリアミドであるナイロン11などとは異なる部分である。このため，スチール繊維の力学強度を超える超高強度を示す「ケブラー」に代表されるように，スーパーエンジニアリングプラスチックの代表例とみなされる。そのモノマーは一般に芳香族ジアミンである。この芳香族ジアミンを微生物に作らせるのは一般に困難であり，今までにも例がない。そこで，筆者らが研究してきた桂皮酸の光二量化の知見[12～15]を基に，4-アミノ桂皮酸の光二量化を利用することで芳香族ジアミンを合成する発想に至った。この際，4-アミノ桂皮酸の生合成は図1に示すルートではなく，ある放線菌 S. pristinaespiralis が作る抗生物質 Pristinamycin I の中に4-アミノフェニルアラニン（4APhe）という芳香族アミン誘導体が含まれるという情報を得たために，4APhe に PAL 系の酵素を作用させれば4-アミノ桂皮酸が得られると考えた[8]（図2）。つまり，4-アミノ桂皮酸を遺伝子組換え微生物により大量合成し，続く光反応によりバイオ由来芳香族ジアミンを得ようという新しい試みである。

　図3に4-アミノ桂皮酸由来ジアミン化合物の合成経路を示す。筆者らは生物学的手法により得られた4-アミノ桂皮酸の光反応を行い，ポリアミドの作成に必要不可欠な芳香族ジアミン化合物の合成を試みたが，4-アミノ桂皮酸はそれ自体は光二量化しないことが分かった。そこで，塩酸塩の状態でヘキサンまたはベンゼン中に分散して高圧水銀灯照射することで光二量化が進行し，4,4'-ジアミノ-α-トルキシル酸塩酸塩が転化率99%以上で得られることが分かった（図3）。続いて，合成物をトリメチルクロロシランの存在下でメタノール中に分散し，数時間エステル化反応を行うことで4,4'-ジアミノ-α-トルキシル酸ジメチル塩酸塩が得られることが分かった。しかし，終始一貫して分散系でアルコール中での反応が進むことが分かった。この反応の際にエタノールを用いた時には，還流条件にすることでエチルエステルの導入も可能であった。これらの反応はいずれも定量的に進行し，且つ分散系であるため回収も容易でありほとんどロスのない優れた反応系であった。この反応は反応開始から終了に至るまで分散システムが維持し続けられることが特徴である。一般には，均一系で反応を進めるとアミノ基の保護がない場合にはアミノ

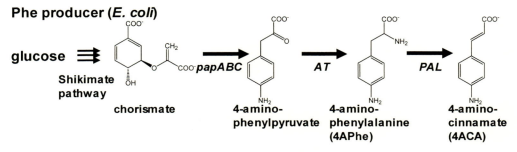

図2　4-アミノ桂皮酸の生合成ルート（高谷直樹教授（筑波大）による提案）

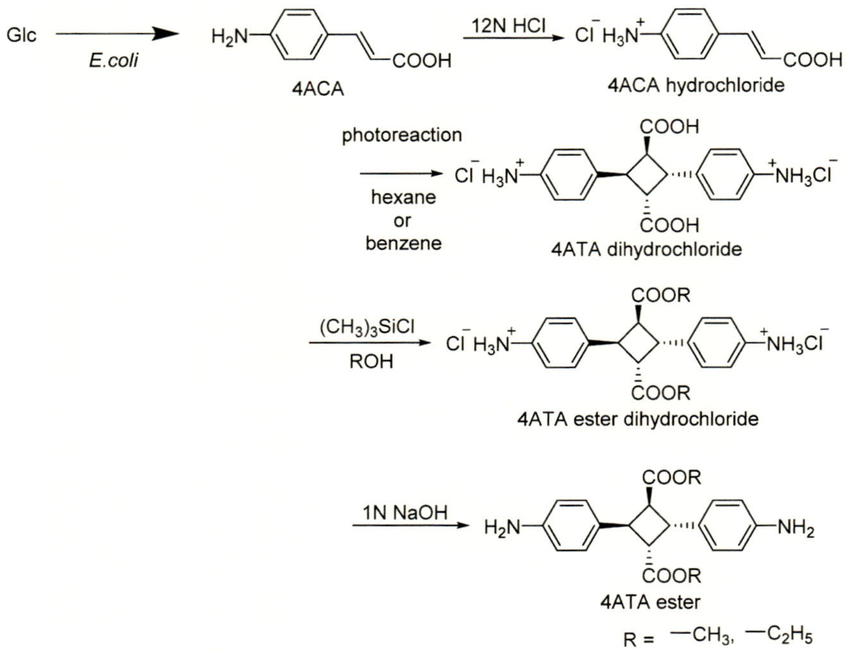

図3 4,4'-ジアミノトルキシル酸の合成ルート

基とカルボン酸との反応が優先的に進むために，アルコールとカルボン酸の反応は定量的には進まない．一方，本方法によりアミノ基を持つカルボン酸化合物のアルコールによるエステル化をアミノ基の保護なしに進めることが可能となった．最終的に得られた塩酸塩を中和し，ソックスレー抽出するだけでモノマーである 4,4'-ジアミノ-α-トルキシル酸エステルの結晶を高収率で得ることができた．これは，初めてのバイオベース芳香族ジアミンであるといえる．

3 芳香族バイオポリイミドの合成

芳香族ポリイミドはカプトン™に代表されるスーパーエンジニアリングプラスチックの一つである．これの特徴は，従来のバイオプラスチックであるナイロン11などとは大きく異なり，芳香族を高度に含みかつ剛いヘテロ環であるベンズイミド構造を持つために極めて剛直な骨格であることがポイントである．そのモノマーは一般に芳香族ジアミンとテトラカルボン酸二無水物である．中でも，芳香族ジアミンを微生物に作らせるのは一般に困難であり，今までにも例がない．そこで，上記のバイオ芳香族ジアミンと種々のテトラカルボン酸二無水物を反応させることで様々な構造のバイオポリイミドを合成することにした（図4(A)）．特に，シクロブタンテトラカルボン酸二無水物（CBDA）は生体分子であるフマル酸ジメチルの光二量化と続く加水分解により得られるものであり，この組み合わせで得られるポリイミドは完全バイオベースである．そ

第6章　バイオポリイミドの開発と有機無機複合化による透明メモリーデバイスの作製

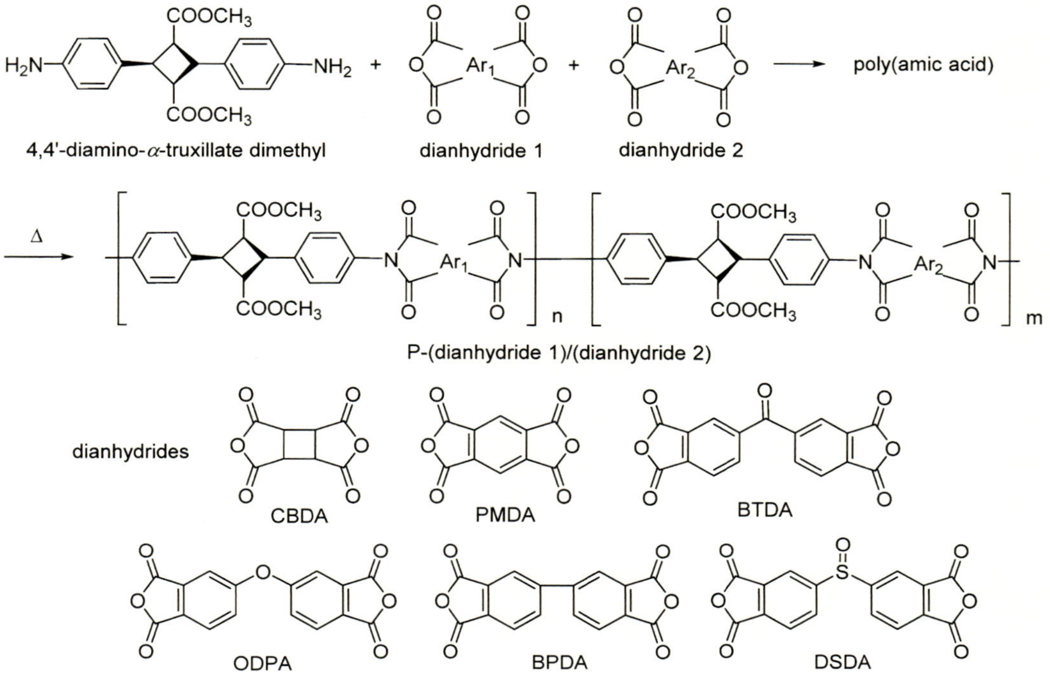

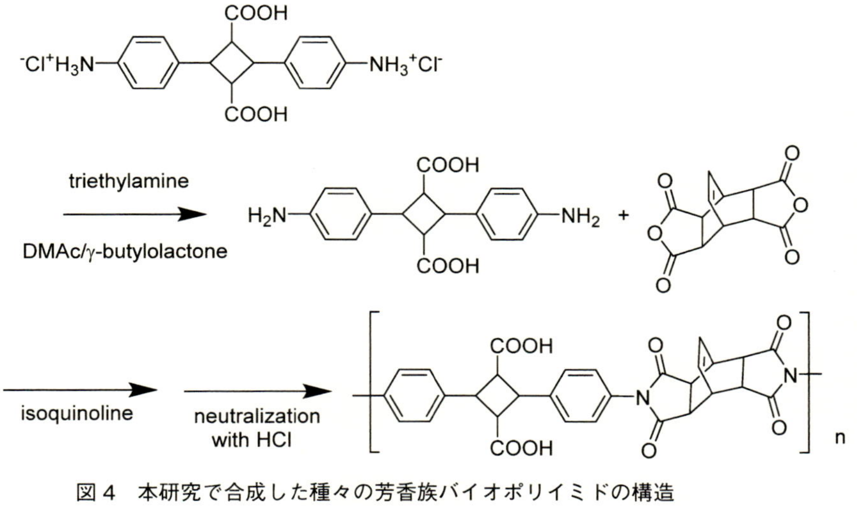

図4　本研究で合成した種々の芳香族バイオポリイミドの構造

の他，部分バイオベースとなるものも含め，図4(A)に示す6種類の主なポリイミド単独重合体とこれらのテトラカルボン酸二無水物を2種類選択して同モル量混合して得た15種類のバイオポリイミド共重合体を合成した。図4(B)には側鎖がメチルエステルのもののみを示したが，側鎖が

エチルエステルであるポリイミドも合成可能であった。分子量は前駆体ポリアミド酸を用いた評価により数平均で $1.7\times10^5 - 8.9\times10^5$ g/mol，重量平均で $2.6\times10^5 - 13\times10^5$ g/mol であり，共重合体を合成した場合に高くなる傾向にあった。またガラス転移温度は 225℃ 以上で検出できないほど高いものもあり，共重合化すると低下する傾向にあった。10%重量減少温度は 390～425℃ であり極めて高い耐熱性を示した。フィルムをキャスト法により成型し，その力学物性を引っ張り試験により調べたところ，単独重合体で破断強度は 71～98 MPa，ヤング率は 4.2～13 GPa であり比較的高い値であった。しかし，破断伸びが 2%程度のものがほとんどであり，もろいことが欠点であった。また，表1の透過率の値から高透明性のポリイミドが得られたことが分かる。特に CBDA を用いた完全バイオポリイミドは高い透明性を示した。その他ピロメリト酸二無水物（PMDA），ベンゾフェノンテトラカルボン酸二無水物（BTDA），またはジフェニルスルホンテトラカルボン酸二無水物（DSDA）を用いて得られた4種のポリマーフィルムは 450 nm の波長の光を 80%以上透過する透明バイオポリイミドであった[3]。一方，共重合体においては，破断強度は 28～113 MPa であり単独重合体よりも幅広い値を示した。つまり，共重合の組み合わせによる相性が重要と考えられる。また，ヤング率は 2.9～4.4 GPa の狭い範囲に収まった。全体として共重合体は単独共重合体よりも柔軟であることが分かる。同時に，破断伸びが高くなり最

表1 本研究で合成した種々の高耐熱バイオポリイミドの熱的力学的物性

Polyimides	数平均分子量 (10^5 Da)	10%重量減少温度 (℃)	ガラス転移温度 (℃)	透過率 (450nm)	ヤング率 (GPa)	破断強度 (MPa)	破断伸び (%)
P-CBDA/PMDA	7.31	415	-	89	4.2±0.46	79 ±21.8	2.8±0.65
P-CBDA/BTDA	6.65	406	243	80	4.3 ±0.34	98 ±24.7	3.2±1.36
P-CBDA/ODPA	4.88	408	243	86	3.5 ±0.23	63 ±1.8	2.1±0.14
P-CBDA/BPDA	7.07	413	250	85	3.7 ±0.06	61 ±37.4	2.1±1.33
P-CBDA/DSDA	7.86	399	245	85	3.1 ±0.15	67 ±9.3	2.5±0.38
P-PMDA/BTDA	8.46	424	-	82	4.1 ±0.49	105 ±17.7	4.9±0.72
P-PMDA/ODPA	6.93	418	-	83	2.9 ±1.01	65 ±24.1	3.5±0.60
P-PMDA/BPDA	7.44	423	-	79	3.7 ±0.20	56 ±5.3	1.9±0.10
P-PMDA/DSDA	7.78	412	270	74	3.8 ±0.46	82 ±14.5	2.9±0.38
P-BTDA/ODPA	8.90	424	225	81	4.1 ±0.08	113 ±5.0	9.4±2.88
P-BTDA/BPDA	8.13	425	225	86	4.4 ±0.38	110 ±11.9	3.0±0.81
P-BTDA/DSDA	7.12	411	236	85	3.1 ±0.69	80 ±16.3	4.0±0.16
P-ODPA/BPDA	8.30	425	208	82	3.9 ±0.67	28 ±6.9	0.9±0.14
P-ODPA//DSDA	5.27	412	227	80	3.6 ±0.28	96 ±10.4	5.1±0.95
P-BPDA/DSDA	6.54	414	243	83	3.9 ±0.39	66 ±1.1	2.2±0.31
P-CBDA	2.78	390	-	88	10.01 ±3.68	75 ±6.62	1.82 ±0.28
P-PMDA	4.61	425	-	80	8.02 ±1.19	89 ±9.24	2.48 ±0.12
P-BTDA	2.25	420	258	79	4.24 ±0.18	48 ±0.75	1.72 ±0.33
P-ODPA	2.20	410	248	68	13.39 ±3.03	98 ±5.71	4.49 ±0.43
P-BPDA	1.70	410	254	65	4.36 ±0.55	71 ±2.14	2.42 ±0.43
P-DSDA	1.97	425	275	82	4.77 ±0.75	90 ±5.30	3.31 ±0.32

第6章 バイオポリイミドの開発と有機無機複合化による透明メモリーデバイスの作製

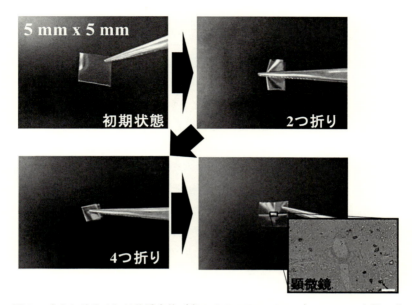

図5 バイオポリイミド共重合体（表1のP-BTDA-ODPA）フィルムを折り曲げた時の様子。右下は四つ折り後に開いて中央付近の顕微鏡観察を行った結果（スケールバーは10μm：亀裂がないことが確認）。

大で10%近くも伸びるサンプルが得られた。この程度伸びると簡単に破断することはなく靭性の高いフィルムとなる。透明度に関しては74～89%の高い値を維持していた。共重合効果を端的にまとめると，耐熱性を若干犠牲にすることはあるが，より強靭な試料を得るには効果的といえる。そこで，10%の破断伸度のバイオポリイミドフィルムの折り曲げ試験を行ったところ，図5の写真から分かるように四つ折りにして広げて顕微鏡観察しても破断箇所は発見できなかた（図5右下の挿入写真）[11]。上記の耐熱温度はバイオベースに限らず透明プラスチックそのものを母集団として考えてもかなり高い方である。最後に単独重合体を用いてL929マウス線維芽細胞を用いて当該ポリイミドの細胞適合性を調べた結果，一般のポリイミドと同様に高い細胞適合性を示すことが分かった。したがって，当該プラスチックは使用時に急性毒性を示すことがなく一般ユーザーも安全に使用できる材料であることが示された。

4 有機無機複合化

有機無機複合化を行うにあたり，一般によく用いられるゾル-ゲル法を取り入れた[16]。そのためにはバイオポリイミドそのものにゾルゲル反応の開始点を導入する方法が最も良いと考え，図4(B)の左上に示すように敢えてカルボン酸部分をエステル化せずに4,4'-ジアミノトルキシル酸を芳香族ジアミンモノマーとして利用する手法を確立した。つまり，4,4'-ジアミノトルキシル酸二塩酸塩をジメチルアセトアミド（DMAc）に溶解させそこに脱塩酸塩とカルボン酸の保護を同時

に行うトリエチルアミンを加え、そのまま bicyclo[2.2.2]-oct-7-ene-2,3,5,6-tetracarboxylic dianhydride (BCDA) という図4(B)右上の構造の酸二無水物を用いた。このBCDAは透明性を保つための脂環式骨格に電荷移動を誘起する二重結合を環状部位として導入することで剛直性を維持した構造となっている。そのままγ-ブチロラクトンを加えて重合を進行させ、続いてイソキノリンを加えて180℃に加熱し15時間加熱処理をすることで、一つの容器のまま直接溶解性バイオポリイミドを得た。ここまで2つの重要なポイントがある。それは、バイオポリイミドは今まで①4-アミノ桂皮酸の塩酸塩化、②光二量化、③メチル化、④逆中和、⑤重合、⑥フィルム化、⑦イミド化の7段階の工程で作製したが、これにより③、④、⑦の工程を省くことで、4段階の工程数のみでバイオポリイミドを得るに至ったことと、汎用溶媒に溶解できるバイオポリイミドを合成できたことである。

続いて、得られたバイオポリイミドのDMAc溶液に少量の塩酸を加え、酸化チタンの原料であるTi(OBu)$_4$を加えて室温で2時間撹拌することでゾルゲル反応を誘導した。得られた反応液を濾過により精製し、ガラス上にキャストすることで酸化チタン／ポリイミド複合フィルムをえた。酸化ジルコニウムに関してはZr(OBu)$_4$を原料として用いる以外は、酸化チタンと同様の手法により複合フィルムを得た。得られた有機無機複合体はもとのバイオポリイミドと比較すると若干着色は見られるものの、透明度は86～93%の高い値を保っていた（図6）。ガラス転移温度も369℃と極めて高く電子材料に適した熱物性を持つことが分かった。

続いて、フィルムをITOガラスとアルミニウムで挟み込み、電圧を徐々に上げていった（図7）。結果を図8に示す。左側のバイオポリイミド単体での結果では電圧を±6Vまで印加しても流れる電流値は10^{-15}A程度のままであり、典型的な絶縁体としての値であった。一方、右側の酸化チタンとの複合体に関しては、Al側からのプラス電圧を印加した際にはやはり電流は低いまま（印加1）であったが、ITO側からのマイナス電圧を印加した際（印加2）には-3.1から

メモリー用バイオポリイミド

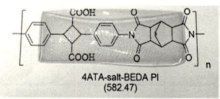

図6 メモリー用バイオポリイミドとその無機酸化物との複合体の外観

第6章 バイオポリイミドの開発と有機無機複合化による透明メモリーデバイスの作製

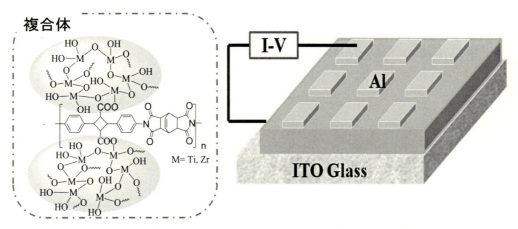

図7 バイオポリイミド／無機酸化物複合体の構造とそれを用いたメモリー効果評価装置の外観

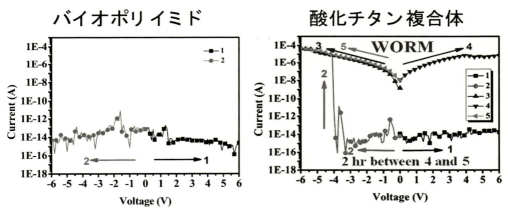

図8 バイオポリイミド／酸化チタン複合体の I-V 特性
図内の数字は電圧を印加した順番を示す。

−4.7 V 付近で突然電流値が上がりはじめ，10^{-7} A 程度まで8桁も急激に上昇することが判明した。その後は電圧を変化させてもずっと流れ続け（印加3〜5），しばらく静置するともとの状態にもどるというメモリー効果を示した。このメモリー効果を維持する時間の長さは導入した金属酸化物の量に依存して長くなった。例えば，酸化チタンを15%導入したフィルムに関しては図8の印加4と印加5の間は2時間のタイムラグがあるにもかかわらず印加5においても高導電状態を維持していた。つまり，不揮発性の片方向 WORM メモリー素子としての可能性があることが分かる。また，酸化チタンを30%導入するとこのメモリー効果が両方向になることも分かった。酸化ジルコニアを用いた際にも同様のメモリー効果を示したが，維持時間はより長くなることが分かった。以上のように，4-アミノ桂皮酸を原料とするバイオポリイミドの側鎖のカルボン酸を利用すれば，金属酸化物との複合化が可能であり，かつ複合体はメモリー効果を示すことが見出

された。また，本複合体は透明性も高いことが分かったため，未来指向型の透明コンピュータの透明メモリーとして有効利用できると考える。例えば，透明タブレット，メガネ装着型コンピュータ，自動車のフロントガラスに装着できるコンピュータなど，様々な効果や展開が期待できる。

5 おわりに

バイオポリイミドは，量産体制を確立するための研究を目下継続中であり，実用化にはまだまだ時間がかかると思われるが，特に，自動車などの輸送機器の軽量化や新たなフレキシブルパネル材料や別途開発した透明メモリーに基く透明 PC などへの応用が期待され，大気中の二酸化炭素の削減に貢献できると考える。また，今後も人類の生活レベルの向上と地球環境の改善を目指し，未利用の芳香族生体分子を用いて高機能・高性能バイオプラスチックを作成していく決意である。

謝辞

最後に科学技術振興機構（JST）のALCAプロジェクトにおける共同研究者である高谷直樹教授（筑波大学生命環境科学研究科）に心より感謝する。

文　献

1) R. T. Mathers, M. A. R. Meier, Green Polymerization Methods : Renewable Starting Materials, Catalysis and Waste Reduction, Wiley-VCH (2011)
2) 白石信夫，谷吉樹，工藤謙一，福田和彦，実用化進む生分解性プラスチック，工業調査会 (2000)
3) G. Hougham, P. E. Cassidy, K. Johns, T. Davidson, Fluoropolymers 2, Properties, Kluwer (1999)
4) R. Verpoorte, A. W. Alfermann, Mteabolic Engineering of Plant Secondary Metabolism, Kluwer (2000)
5) 築野食品工業㈱，和歌山県，フェルラ酸の製造方法，特許第 2095088 号
6) R. C. Beavis, B. T. Chait, *Mass Spectrom.*, **3** (12), 436 (1989)
7) R. C. Beavis, B. T. Chait, *Mass Spectrom.*, **3** (12), 432 (1989)
8) P. Suvannasara, S. Tateyama, A. Miyasato, K. Matsumura, T. Shimoda, T. Ito, Y. Yamagata, T. Fujita, N. Takaya, T. Kaneko, *Macromolecules*, **47** (5), 1586 (2014)
9) X. Jin, S. Tateyama, T. Kaneko, *Polym. J.*, **47**, 727 (2015)
10) S. Tateyama, S. Masuo, P. Suvannasara, Y. Oka, A. Miyazato, K. Yasaki, T.

Teerawatananond, N. Muangsin, S. Zhou, Y. Kawasaki, L. Zhu, Z. Zhou, N. Takaya, T. Kaneko, *Macromolecules*, **49** (9), 3336 (2016)
11) H. Shin, S. Wang, S. Tateyama, D. Kaneko, T. Kaneko, *I&EC Res.*, **55** (32), 8761 (2016)
12) T. Kaneko, M. Matsusaki, T. T. Hang, M. Akashi, *Macromol. Rapid Commun.*, **25**, 673 (2004)
13) T. Kaneko, T. T. Hang, D. J. Shi, M. Akashi, *Nature Mater.*, **5** (12), 966 (2006)
14) K. Yasaki, T. Suzuki, K. Yazawa, D. Kaneko, T. Kaneko, *J. Polym. Sci. Part A Polym. Chem.*, **49** (5), 1112 (2011)
15) S. Wang, D. Kaneko, M. Okajima, K. Yasaki, S. Tateyama, T. Kaneko, *Angew. Chem. Int. Ed.*, **52** (42), 11143 (2013)
16) T.-T. Huang, C.-L. Tsai, S. Tateyama, T. Kaneko, G.-S. Liou, *Nanoscale*, **8**, 12793-12802 (2016)

ポリイミドの機能向上技術と応用展開

2017年4月27日　第1刷発行

監　　修	松本利彦	（T1045）
発行者	辻　賢司	
発行所	株式会社シーエムシー出版	
	東京都千代田区神田錦町1-17-1	
	電話 03(3293)7066	
	大阪市中央区内平野町1-3-12	
	電話 06(4794)8234	
	http://www.cmcbooks.co.jp/	
編集担当	上本朋美／為田直子	

〔印刷　倉敷印刷株式会社〕　　　　　　　　Ⓒ T. Matsumoto, 2017

落丁・乱丁本はお取替えいたします。

本書の内容の一部あるいは全部を無断で複写（コピー）することは，法律で認められた場合を除き，著作者および出版社の権利の侵害になります。

ISBN978-4-7813-1243-9　C3043　¥74000E